구름관찰자를 위한 가이드

The Cloudspotter's Guide: The Science, History, and Culture of Clouds
by Gavin Pretor-Pinney

구름 관찰자를 위한 가이드

신기하고 매혹적인
구름의 세계

개빈 프레터피니
김성훈 옮김

김영사

구름관찰자를 위한 가이드

1판 1쇄 발행 2023. 3. 13.
1판 4쇄 발행 2024. 11. 29.

지은이 개빈 프레터피니
옮긴이 김성훈

발행인 박강휘
편집 김태권 디자인 윤석진 마케팅 정희윤 홍보 장예림
발행처 김영사

등록 1979년 5월 17일 (제406-2003-036호)
주소 경기도 파주시 문발로 197(문발동) 우편번호 10881
전화 마케팅부 031)955-3100, 편집부 031)955-3200 팩스 031)955-3111

값은 뒤표지에 있습니다.
ISBN 978-89-349-4341-9 03450

홈페이지 www.gimmyoung.com 블로그 blog.naver.com/gybook
인스타그램 instagram.com/gimmyoung 이메일 bestbook@gimmyoung.com

좋은 독자가 좋은 책을 만듭니다.
김영사는 독자 여러분의 의견에 항상 귀 기울이고 있습니다.

리즈에게 이 책을 바친다.

차례

상층운

잊지 말아야 할 구름들…

· 들어가면서 ·

나는 언제나 구름을 바라보는 것을 좋아했다. 자연에서 구름만큼 다양하고 극적인 존재가 있을까? 이처럼 숭고하고도 덧없는 아름다움은 없으리라.

만약 노을에 물들어 하늘 가득 장엄하게 펼쳐진 고적운이 한 세대에 한 번 볼까 말까 한 귀한 것이었다면, 그 장관은 분명 우리 시대의 전설 중 하나로 남았을 것이다. 하지만 사람들은 대부분 구름이 끼건 말건 신경 쓰는 것 같지도 않고, 그저 티끌 하나 없는 '완벽한' 여름 하늘을 망쳐놓는 몹쓸 것 정도로 여기거나, 괜히 울적한 기분을 탓할 핑곗거리로만 생각하는 것 같다. 사람들 눈에는 지평선에 걸친 구름만큼 우울한 것이 없나 보다.

몇 년 전, 나는 이런 안타까운 현실을 그냥 두고 보아서는 안 되겠다고 결심했다. 구름한테는 불길한 운명을 나타내는 상징 이상의 대접을 받을 자격이 충분하다. 누군가는 구름을 옹호하고 나서야만 했다.

그래서 2004년에 나는 바로 그 일을 맡을 모임을 시작했다. 나는 이 모임의 이름을 '구름감상협회The Cloud Appreciation Society'라고 부르기로 하고, 콘월에서 열린 문학 축제에서 강연하던 중에 출범시켰다. 혹시 강연을 듣고 마음이 동해 모임에 가입하겠다는 사람이 있을지 몰라서 공식 배지를 만들어서 갔더니, 강연이 끝나고서 사람들이 배지를 받으려고 너도나도 줄을 서는 모습에 무척 놀랐다.

물론 조직이 존재하려면 웹사이트가 있어야 한다. 그래서 강연이 있고 몇 달 후에 나는 인터넷상에서도 모임을 출범시켰다. 처음에는 회원 가입도 구름처럼 자유롭게 열어두었고, 곧 소문이 퍼졌다.

사람들이 직접 찍은 구름 사진을 보내왔고, 나는 다 같이 볼 수 있게 갤러리 페이지에 그 사진들을 올렸다. 처음에는 물방울 떨어지듯 찔끔찔끔 들어오던 사진이 머지않아 둑이라도 터진 듯이 쏟아져 들어오기 시작했다. 그중에는 깜짝 놀랄 만큼 진귀하고 아름다운 형태의 구름 사진도 있었다. 스위스 알프스 정상 위에 걸린 렌즈형 파동구름 사진, 해돋이의 따듯한 빛깔 속에서 물결치는 권적운, 그리고 코끼리, 고양이, 알베르트 아인슈타인, 밥 말리를 닮은 뭉게구름(적운) 등.

전 세계에서 사람들이 몰려들었기 때문에, 얼마 뒤 나는 운영 비용을 충당하기 위해 명목상의 회비를 받아야 했다. 사람들은 구름에 대한 그림이나 시詩도 웹사이트에 보내주었다. 그리고 나는 방문자들이 구름과 관련된 중요한 문제에 대해 논의할 토론의 장을 마련하는 의미로 채팅방도 개설했다.

회원 중에 더러는 기상학자나 구름 물리학자도 있었지만, 대부분 직업적으로 기상과는 아무런 관련이 없는 사람들이었다. 회원은 80세의 전직 활공기 조종사부터 태어난 지 몇 달밖에 안 된 갓난아기까지 다양했다. 아기들이야말로 세상에서 가장 열정적인 구름관찰자라는 사실은 잘 알고 있지만, 그 아기가 대체 어떻게 그 나이에 회원 가입 양식을 다 채울 수 있었는지는 지금 생각해봐도 참 놀라운 일이다.

구름에 대한 사랑은 국경과 문화적 차이마저도 초월하는 듯하다. 유럽 전역은 물론, 호주와 뉴질랜드, 아프리카, 미국, 이라크에서까지 회원이 들어왔다. 그렇게 1년이 지날 즈음에는 회원이 25개국, 1800명으로 늘어났다.• 모두가 하늘을 수놓은 물방울에 대한 사랑 하나만으로 뭉친 사람들이었다.

오래지 않아 회원들은 내게 일반 독자가 읽을 만한 구름 관련 서적을 추천해달라고 부탁해왔다. 그래서 찾아보기는 했으나 결국 겉만 번지르르한 이상한 그림책만 있지, 적당한 책이 없다는 결론을 내리게 됐다.

그리하여 결국 《구름관찰자를 위한 가이드》가 세상에 나오게 된 것이다. 이 책은 구름이 보여주는 별나고 즐거운 온갖 특성들을 안내해주는 길잡이다. '구름감상협회' 회원들이 보내준 사진도 함께 실었다. 이 책은 기상학 교과서가 아니다. 기상에 대해서는 나보다 훨씬 박식한 사람들이 쓴 뛰어난 교과서가 이미 많이 나와 있다(솔직히 고백하자면 파렴치하게도 나는 그 교과서에서 내용을 많이 따왔다). 이 책은 그런 교과서들보다 더 진지한 책이다. 이 책은 아무런 걱정도, 목적도 없이 그저 끊임없이 삶을 긍정하며 즐기는 취미 활동인 구름관찰에 바치는 찬사이니까.

2006년 2월 런던에서

개빈 프레터피니

• 2023년 2월 현재, 전 세계 120개국에서 5만 명 이상의 회원이 활동하고 있다. 한국에서는 44명 정도가 활동하는 것으로 확인된다.

구름감상협회 선언문

....

우리는 구름이 부당한 비난을 받고 있으며
구름이 없다면 우리의 삶도 한없이 초라해지리라 믿어 의심치 않는다.

우리는 구름이야말로 대자연의 시이며
최고의 평등주의자라 생각한다.
사람을 가리지 않고 그 환상적인 모습을 보여주기 때문이다.

우리는 '파란하늘주의'를 만날 때마다 맞서 싸울 것을 맹세한다.
매일 구름 하나 없는 단조로운 하늘만 올려 봐야 한다면
인생은 너무도 지루해질 것이다.

우리는 사람들에게 구름은 하늘의 감정 표현이며
사람의 얼굴 표정처럼 읽어낼 수 있음을 알리고자 한다.

우리는 구름이 몽상가를 위해 존재하며
사색이 몽상가의 영혼을 이롭게 한다고 믿는다.
구름에서 보이는 형태에 대해 사색하는 사람은 모두
정신과 상담료를 아끼게 되리라.

그리하여 귀 기울이는 모든 자에게 이르노니,

고개를 들어 하늘을 보라. 그 덧없는 아름다움에 경탄하라.
그리고 구름 위에 머리를 두고 사는 듯, 공상을 즐기며 인생을 살라.

일러두기

각주의 경우, 저자가 직접 단 주는 설명 끝에 '원주'로 표시했고,
그 외의 모든 주는 옮긴이주이다.

나는 대지와 바다의 딸이며
하늘의 젖먹이다.
나는 바다와 바닷가의 구멍을 통과하고,
변화하나, 죽을 수는 없다.
비가 와서 티끌 하나 없는
하늘의 누각이 그 맨살을 드러내고,
둥글게 번쩍이는 바람과 햇살이
푸르른 창공을 만들어내면,
나는 내 주검 없는 묘비를 보며 소리 죽여 웃고,
엄마 자궁에서 나온 아이처럼, 무덤에서 일어선 유령처럼,
비의 동굴 밖으로 피어올라
다시 그것을 헐어버린다.

퍼시 비시 셸리, 〈구름 The Cloud〉

구름 도표: 구름의 속屬
고도 (km)
13.5
12
10.5
9
7.5
6
4.5
3
1.5
0
권운 (8장)
권층운 (10장)
고층운 (6장)
층적운 (4장)
난층운 (7장)
층운 (3장)

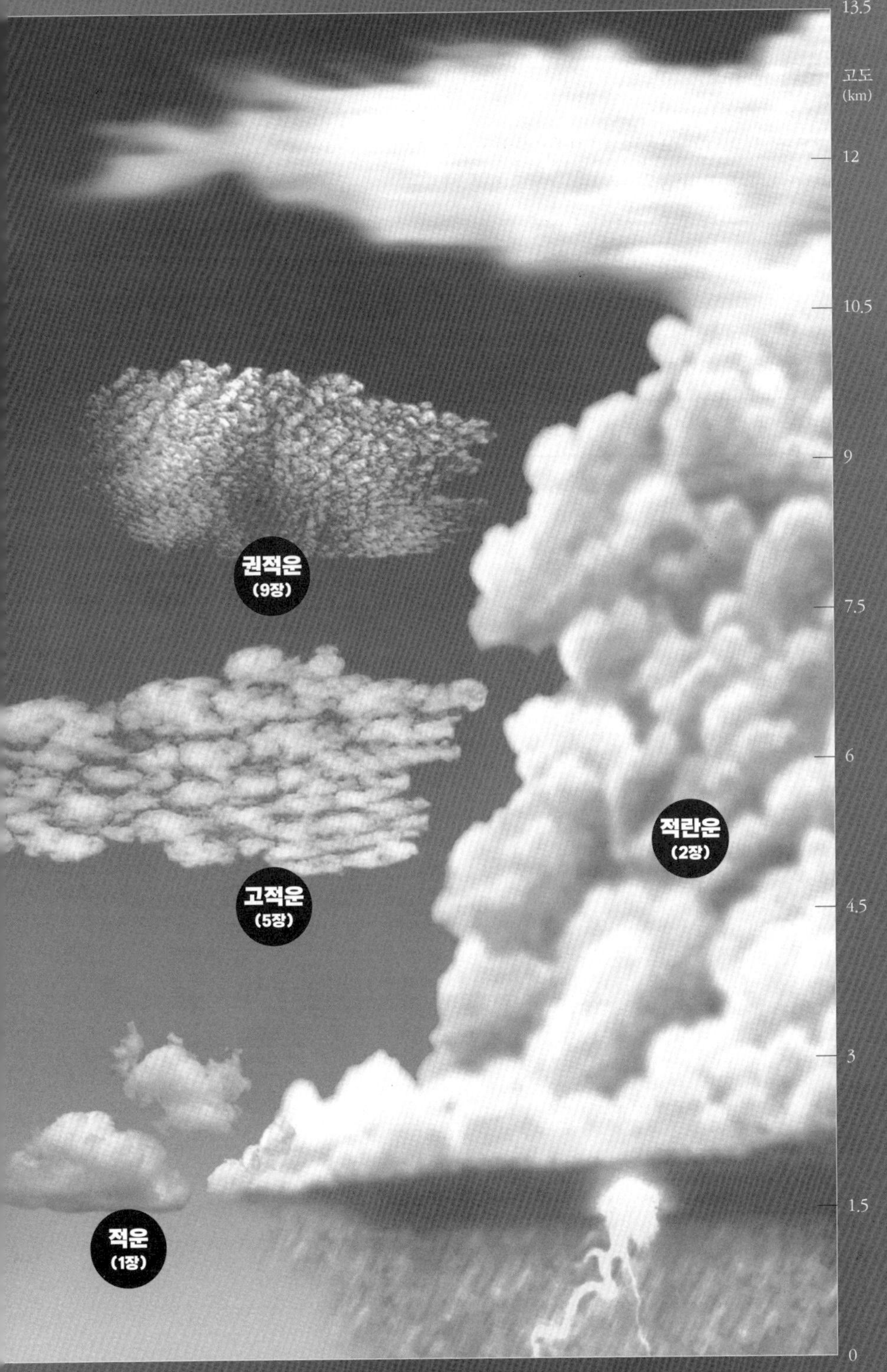
13.5
고도
(km)
12
10.5
9
7.5
6
4.5
3
1.5
0
권적운
(9장)
고적운
(5장)
적란운
(2장)
적운
(1장)

구름 분류표

구름은 라틴어를 사용하는 린네식 분류법에 따라 분류한다(식물이나 동물 분류와 유사하다). 기준은 구름의 높이와 겉모습이다. 대부분의 구름은 '속屬, genus'이라는 열 가지 기본 그룹 중 한 가지에 해당한다. 그 아래로 속에 포함되는 '종種, species' 중 하나로 다시 세분될 수 있고, 다양한 '변종變種, varieties'을 여기에 덧붙일 수 있다. 또한 이 주요 구름 분류와 함께 등장하는 다양한 부속구름accessory cloud과 부가적 특성이 있다. (라틴어에 겁먹을 필요 없으니 걱정 마시길. 나도 라틴어를 보면 겁나는 것은 마찬가지다.)

	속	종 (한 가지만 가능)	변종 (하나 이상 가능)	부속구름과 부가적 특성	
하층운	적운 Cumulus	편평운 humilis		삿갓구름 pileus	아치구름 arcus
		중간구름 mediocris	방사구름 radiatus	면사포구름 velum	편난운 pannus
		봉우리구름 congestus		꼬리구름 virga	깔때기구름 tuba
		조각구름 fractus		강수구름 praecipitatio	
	적란운 Cumulonimbus (세 층에 모두 걸쳐 있다)			강수구름	삿갓구름
		대머리구름 calvus		꼬리구름	면사포구름
		복슬운 capillatus	(없음)	편난운	아치구름
				모루구름 incus	깔때기구름
				유방구름 mamma	
	층운 Stratus	안개모양구름 nebulosus	불투명구름 opacus		
		조각구름	반투명구름 translucidus	강수구름	
			파상구름 undulatus		
	층적운 Stratocumulus		반투명구름		
			틈새구름 perlucidus		
		층상구름 stratiformis	불투명구름	유방구름	
		렌즈구름 lenticularis	이중구름 duplicatus	꼬리구름	
		탑상구름 castellanus	파상구름	강수구름	
			방사구름 radiatus		
			벌집구름 lacunosus		

중층운	고적운 Altocumulus		반투명구름	
		층상구름	틈새구름	
		렌즈구름	불투명구름	꼬리구름
		탑상구름	이중구름	유방구름
		포기구름 floccus	파상구름	
			방사구름	
			벌집구름	
	고층운 Altostratus	(없음)	반투명구름	꼬리구름
			불투명구름	강수구름
			이중구름	편난운
			파상구름	유방구름
			방사구름	
	난층운 Nimbostratus (두 층 이상에 걸쳐 있다)	(없음)	(없음)	강수구름
				꼬리구름
				편난운
상층운	권운 Cirrus	명주실구름 fibratus	얽힌구름 intortus	유방구름
		갈퀴구름 uncinus	방사구름	
		농밀구름 spissatus	늑골구름 vertebratus	
		탑상구름	이중구름	
		포기구름		
	권적운 Cirrocumulus	층상운		
		렌즈구름	파상구름	꼬리구름
		탑상구름	벌집구름	유방구름
		포기구름		
	권층운 Cirrostratus	명주실구름	이중구름	(없음)
		안개모양구름	파상구름	

적운

적란운

층운

층적운

구름은 발생 위치에 따라 상층운, 중층운, 하층운으로 구분할 수 있다. 구름 높이는 지표면에서 구름 바닥면까지로 정하며, 하층운은 고도 2000미터 이하에서 형성된다. 대체로 강수구름인 적운, 적란운, 층운, 층적운 등이 여기에 속한다.

~ 2000m

the low clouds

하층운

1

the Cloudspotter's Guide

적운

積雲, 뭉게구름, Cumulus

햇살이 눈부신 날에 생기는 솜털 같은 구름 다발

레오나르도 다빈치는 구름을 묘사하기를 '표면이 존재하지 않는 물체'라고 했다. 이것이 무슨 뜻인지는 누구나 어렵지 않게 알 수 있을 것이다. 구름은 마치 유령처럼 덧없고, 모호한 존재이다. 우리는 구름의 모양을 볼 수는 있으나, 그 형태가 어디서 시작하고 어디서 끝나는지는 꼬집어 말하기가 쉽지 않다.

하지만 적운, 즉 뭉게구름을 보면 레오나르도 다빈치의 묘사가 꼭 맞는 소리만도 아닌 것 같다. 밝은 하얀색 콜리플라워나 브로콜리 더미 모양으로 솟아오르는 뭉게구름은 다른 형태의 구름보다 속이 더 옹골차 보이고, 경계도 깔끔하고 명확하다. 어렸을 때 나는 사람들이 긴 사다리를 대고 올라가 저 구름에서 솜털을 따오는 것이 틀림없다고 생각했다. 뭉게구름을 보면 마치 손을 위로 뻗어 만질 수

적운(뭉게구름) 관찰법

적운은 낮게 깔리는 둥글둥글한 구름으로, 각각 따로 떨어져 형성되고, 수직적으로 발달하여 낮은 둔덕 모양, 둥근 지붕 모양, 혹은 탑 모양이 되며, 일반적으로 밑면은 편평하다. 윗부분은 브로콜리 모양을 닮은 경우가 많고 햇빛을 받는 부분은 밝은 하얀색을 띠지만, 그늘진 부위는 어둡게 보일 수도 있다. 적운은 하늘에 무작위로 흩어져 생기는 경향이 있다.

고도(중위도 지역 기준): 600~900미터
형성 지역: 남극을 제외하고는 어디서나(남극은 지표면이 차가워 상승기류가 생기지 않는다) 발생한다.
강수: 봉우리적운의 경우 잠깐 소나기가 내리기도 하나 일반적으로 강수는 일어나지 않는다.

편평운

중간적운

봉우리적운

적운의 종

편평운: 수직적 성장이 제일 약하다. 납작하고, 키보다 너비가 크다. 강수 현상을 일으키지 않는다.
중간적운: 중간 정도의 수직적 성장을 보인다. 꼭대기 부분에서 돌기와 구름의 맹아가 보이기도 한다. 키와 너비가 비슷하다. 강수 현상을 일으키지 않는다.
봉우리적운: 수직적 성장이 제일 크다. 꼭대기는 브로콜리 모양이다. 너비보다 키가 더 크다. 잠시 폭우를 쏟기도 한다.
조각적운(편적운)**:** 가장자리가 거칠고, 불규칙하게 조각나 있다. 비구름 아래의 습한 공기 중에서 형성될 수 있다.

방사 중간적운

적운의 변종

방사구름: 적운이 바람의 방향을 따라 거의 평행하게 줄지어 형성된 것으로 '구름 줄기'라고도 한다. 실제로는 나란한 줄이지만 원근감 때문에 지평선을 향해 모이는 것처럼 보인다.

혼동하기 쉬운 구름

층적운: 적운은 따로 떨어져 있지, 층적운처럼 결합해서 층을 형성하지 않는다.
고적운: 적운은 보통 높이 뜬 고적운처럼 한 층 안에서 균일한 간격으로 배열되지 않으며, 고적운의 덩어리보다 커 보인다. 적운이 머리 위에 있을 때 팔을 뻗어서 손가락을 겹쳐 보면, 손가락 세 개를 겹친 굵기보다 크게 보인다.
적란운: 적란운은 종종 커다란 봉우리적운에서 발달한다. 구름 위쪽 부위의 경계가 명확하게 보이면 여전히 뭉게구름이라고 할 수 있지만, 적란운으로 발달하면 윗부분의 경계가 희미해진다.

위에서 맨 오른쪽 사진: Michael Rubin (329번 회원), 아래: Paul Cooper (1523번 회원)

있을 것만 같은 생각이 든다. 만약 그렇게 만져볼 수만 있다면, 이렇게 부드러울 수가 있을까 하는 느낌을 받을 것이다. 여러 가지 구름 중에서도 우리에게 가장 친숙하고, 실체가 뚜렷한 적운이야말로 구름관찰에 갓 입문한 초보자가 경험을 쌓기에 가장 좋은 형태의 구름이다.

적운은 'Cumulus'라고 하는데, 이것은 '더미, 무더기'라는 뜻의 라틴어다. 무언가를 투박하게 쌓아 올린 덩어리처럼 생겼다고 해서 붙은 이름이다. 구름 연구 관계자들은 적운을 편평운humilis, 중간적운mediocris, 봉우리적운congestus으로 나눈다. 이것이 적운의 '종명'이다.• 편평운은 'Humilis'인데 '소박하다', '수수하다'라는 뜻의 라틴어다. 편평운은 적운 중에서 가장 작고, 높이보다는 너비가 더 크다. 중간적운은 높이와 너비가 비슷하고, 봉우리적운은 높이가 훨씬 높다.

화창한 날 아침에 땅 위로 생겨나기 시작하는 뭉게구름은 보통 작은 편평운이다. 이런 편평운이나 그 형제뻘인 중간적운은 비나 눈을 내리지 않기 때문에, '날씨 좋을 때 생기는 구름'으로 보통 인식된다(구름이라고 하면 마치 좋은 날씨의 반대말이라도 되는 것처럼 생각하는 사람들에게 그럼 이 구름은 대체 뭐냐고 묻고 싶다). 두둥실 떠가는 솜사탕 같은 뭉게구름이 깔린 햇살 좋은 나른한 오후가 구름 한 점 없는 밋밋하고 단조로운 하늘보다는 훨씬 나은 법이다. 독자 여러분들은

• 구름을 최초로 분류한 루크 하워드는 구름을 분류하면서 생물 분류에 사용하는 린네식 이명법을 사용했다. 그는 구름을 크게 '속'으로 분류하고, 그 아래로 다시 몇 가지 '종'으로 세분화해서 명명했다. 'Cumulus humilis'라고 표현하면 Cumulus가 속명, humilis가 종명이다.

Laurette Saris (1593번 회원)

구름을 두고 불평할 때는 조심해야 한다. 여러분이 하는 말을 엿들을지도 모르기 때문이다. 특히나 뭉게구름은 당한 만큼 돌려주는 녀석이다.

'파란 하늘 추종자'들에게 세뇌당하지 않기 바란다. 완벽한 여름날을 상상할 때 떠오르는 주인공은 뭐니 뭐니 해도 하늘에 둥실 떠가는 뭉게구름이다.

적운에는 종이 한 가지 더 있다. 바로 조각적운Cumulus fractus이다(편적운이라고도 한다). 이 구름은 둥글둥글한 형태가 훨씬 덜하고, 그 가장자리는 거칠고 경계가 희미하다. 적운의 일생에서 10분 정도면 노년에 해당하는데, 적운이 고령에 도달하여 무너질 때 이렇게 보인다.

구름의 열 가지 주요 형태(이것을 구름의 '속'이라고 한다)는 각각 그 아래로 여러 가지 '종'으로 나뉘지만, 그 외에 몇 가지 '변종'도 함께 갖고 있다. 변종이란 해당 유형의 구름에서 자주 관찰되는 등장 형태의 특징을 나타내는 것이다. 적운에서 알려진 변종은 딱 하나밖에 없다. 바로 방사적운Cumulus radiatus이다. 이것은 구름들이 바람의 방향에 평행하게 줄지어 배열된 것이다. 이런 솜털 다발을 '구름 줄기'라고 부르기도 한다.

뭉게구름이라고 하면 일반적으로 좋은 날씨를 떠올리지만, 어떤 형태의 구름이든지 간에 특정 조건이 맞아떨어지면 비를 머금은 구름으로 발달할 수 있으며, 뭉게구름이라고 예외는 아니다. 비와는 상관없는 편평운이나 중간적운이 가끔씩 위로 솟구쳐 오르는 성난 봉우리적운으로 자라나기도 하는데, 이 봉우리적운은 좋은 날씨에 보이는 구름하고는 거리가 멀다고 해야 할 것이다. 이 구름은 거대하고 장엄한 적란운Cumulonimbus(쌘비구름, 소나기구름이라고도 한다. 번개를 동반하기 때문에 뇌운雷雲이라고도 한다)으로 변하는 과정에 있지만, 그 자체로도 상당한 규모의 소나기를 만들어낼 수 있다. 무덥고 습한 열대지방에서는 적운이 편평운에서 곧바로 봉우리적운이나 그 이상의 형태로 발달하는 경우가 수시로 생기지만, 온대기후에서는 그리 흔한 현상이 아니다. 하지만 온대지방이라 하더라도, 만약 정오가 지나기도 전에 적운이 키 큰 봉우리적운으로 발달하는 것이 보인다면 오후에는 큰 소나기가 내릴 가능성이 크다. 구름관찰자들은 이 점에 특히 주의하기 바란다. '아침에 크게 솟구치면, 오후에는 크게 내린다.'

***

여섯 살짜리가 제일 좋아하는 구름

아이들은 세계 제일의 구름관찰자다. 여섯 살짜리 아이라면 그림에서 좀처럼 뭉게구름을 빠뜨리지 않는다.

뭉게구름의 독특한 모양을 보노라면 아이들이 도화지에 뭉게구름을 그리는 이유를 조금은 이해할 수 있다. 자기네 집 앞에 모인 가족을 그린 여섯 살 아이의 그림에서, 지붕 위로 두둥실 떠 있는 솜털 같은 뭉게구름이 보이지 않으면 무언가 빠졌다는 느낌을 지울 수 없다. 아이들은 정말이지 구름을 무척이나 좋아한다. 어쩌면 아기일 때 유모차에 누워서 하늘을 쳐다보며 돌아다니다 보니, 구름과 끈끈한 친밀감이 생겨난 것은 아닐까? 알에서 갓 태어난 병아리가 처음 눈에 들어온 것을 엄마로 여기는 것처럼 말이다. 누가 알겠는가? 아이들의 그림을 보면 팔이 목에서 튀어나오기도 하고 심지어는 눈이 얼굴이 아니라 다른 데 붙어 있는 경우도 있다. 그런데도 뭉게구름의 형태적 특징만큼은 상당히 잘 잡아내는 것 같다. 물론 다른 형태의 구름보다 뭉게구름이 훨씬 그리기 쉬운 것은 분명하다. 하지만 초등학생이 그리는 그림마다 뭉게구름이 등장하는 데는 무언가 더 근본적인 이유가 있을 듯하다.

적운은 구름의 다양한 형태들 가운데에서도 가장 대표적이고 기본적인 형태인 것 같다. 마음속으로 한번 구름의 형태를 그려보라. 아마도 뭉게구름 모양이 떠오를 것이다. 스물두 살의 그래픽 디자이너 마크 알렌이 1975년에 영국 BBC의 일기예보에 사용할 날씨

표지를 디자인할 때 뭉게구름의 부드럽고 볼록볼록한 곡선을 이용한 이유도 바로 이 때문이었을 것이다. 당시에는 이 표지를 고무자석판 형태로 만들어 사용했다. 일기예보관은 뭉게구름을 지도 위에 철썩 갖다 붙이면서 날씨를 설명했다. 일기예보관이 등을 돌리고 있을 때 이 표지가 바닥에 떨어지기라도 하면, 나는 물론이고 온 나라 사람들이 텔레비전을 보며 킥킥대고 웃었던 기억이 새롭다.

이제는 사용하지 않는 뭉게구름 날씨 표지. 마크 알렌이 BBC 일기예보를 위해 디자인한 것으로, 이때 그의 나이는 여섯 살보다 훨씬 많았다.

2005년에 BBC의 일기예보 그래픽이 동적인 3D 시스템으로 완전히 새로이 디자인될 때까지 30년에 걸쳐 이 뭉게구름 표지는 구름을 상징하는 것으로 사용되었다. 새로운 3D 시스템에서는 구름의 분포 범위와 강수 지역이 어떻게 변하는지를 실시간으로 보여준다. 이 새로운 시스템 덕분에 구름의 분포 범위를 더 정확하게 알 수 있게 된 것은 사실이지만, 시청자들은 화면이 컴퓨터로 만든 지도 위를 이리저리 정신없이 움직이는 것을 보면서 현기증이 난다고 불평했다. 하지만 아마도 그것은 핑계에 불과한 것이 아닐까 싶다. 나처럼 사람들도 살가운 친구 같은 뭉게구름 표지와 작별을 고해야 한다는 사실이 슬펐던 것이다.

* * *

구름관찰은 여가가 있어야 제대로 할 수 있는 활동이지만, 누구나 즐길 수 있는 일이기도 하다. 구름은 자연이 선보이는 장관 중에서도 가장 평등한 것이다. 구름은 누구라도 익히 잘 볼 수 있기 때문에 장소에 구애받지 않는다. 물론 조금 높은 곳에서 볼 수만 있다면 나쁠 것이 없다. 하지만 경치가 뛰어난 높은 산을 굳이 찾지 않아도, 고층 빌딩만 찾아가면 이런 이점은 쉽게 누릴 수 있다. 그보다 더 중요한 것은 구름을 관찰할 때의 마음가짐이다. 영국에는 트레인스포터trainspotter라는 괴짜들이 있다. 이들은 지나가는 기차를 보며 그 종류를 분류하고 기관차의 번호를 적는 것을 취미로 하는 사람들이다. 우리는 구름관찰자, 즉 클라우드스포터cloudspotter이지, 트레인스포터가 아니다. 구름을 관찰한답시고 공책과 연필을 들고 언덕 위에 올라가 그런 식으로 작업하다가는 금세 지겨워지고 만다.

구름관찰은 구름을 분류해서 목록을 작성하는 것이 아니다. 구름을 서로 다른 속, 종, 변종으로 분류하는 일은 기상학자들이 우리를 대신해서 열심히 하고 있다. 그들은 이런 작업을 연구라고 부른다. 반면 우리는 그보다 훨씬 차분하고 사색적인 것을 추구한다. 이런 추구를 통해 우리는 물리적, 정서적, 영적 세계에 대해서 더욱 깊이 이해하게 될 것이다. 아마도 구름에 관해서는 영국 최고의 화가라 할 수 있는 존 컨스터블John Constable은 자신의 풍경화에서 하늘을 곧 '으뜸음'이자 '예술적 정취를 담아내는 데 가장 중요한 오르간'이라고 여겼다. 그의 그림 속에 담긴 구름의 풍경을 보고 있노라면, 그 아래로 펼쳐진 전원 풍경에서는 느낄 수 없는 한 편의 드라마와 활력이 전해진다.

컨스터블은 이렇게 믿었다. "무언가를 이해하지 않고서는 그것을 진정으로 바라보지 못한다." 나도 동감한다. 구름이 어떻게 형성되고 왜 그렇게 보이는지, 구름이 어떻게 한 형태에서 다른 형태로 변화하는지, 구름이 어떻게 성장하고 발달하며 또 어떻게 쇠퇴하고 흩어지는지, 그 전체적인 과정을 제대로 이해하고 감상한다면 구름관찰자는 단순한 기상학 원리 이상의 것을 배우게 될 것이다. 17세기 프랑스의 철학자 르네 데카르트는 구름에 대해 이렇게 적었다.

> 구름을 보려면 눈을 하늘로 향해야 하기 때문에 사람들은 구름을 신이 머무는 왕좌라고 생각한다. (…) 그것을 보면 이런 바람이 생긴다. 내가 구름의 본성을 설명할 수만 있다면, 사람들도 땅 위에서 일어나는 모든 놀라운 일들의 원인을 어떻게든 발견할 수 있다는 믿음을 갖지 않을까?[1]

***

그렇다면 대체 적운의 정체는 무엇일까? 적운이 그냥 물에 불과하다는 얘기를 들으면 아마도 좀 섭섭하지 않을까 싶다. 하지만 다른 모든 구름과 마찬가지로 적운 또한 그냥 물에 불과하다. 호기심이 많은 구름관찰자라면 이런 의문이 생길 법도 하다. 구름은 여기 땅 위의 유리잔 속에 들어 있는 물과 왜 이리도 생김새가 다르단 말인가? 구름이 불투명하고 하얗게 보이는 이유는 셀 수

산은 산이요,
구름은…
그냥 물이다!

중간적운. 너비와 키가 비슷하다.

없이 많은 작은 물방울의 형태로 있기 때문이다(실제로 세제곱미터당 10,000,000,000개 정도의 물방울이 들어 있다). 개개의 물방울의 직경은 천분의 몇 밀리미터 정도에 불과하다. 유리잔에 든 물은 매끈한 하나의 표면만을 갖고 있지만, 구름은 수없이 많은 물방울의 표면이 빛을 사방으로 산란하기 때문에 하얗고 넓게 흩어진 모양으로 보인다. 표면을 거칠게 부식시킨 간유리와 표면이 매끈한 유리판의 차이라고 할 수 있다. 거칠어진 유리판에는 미세하게 각이 진 표면들이 형성되어 빛을 사방팔방으로 산란시키기 때문에 간유리도 하얗게 보이는 것이다.

고대 힌두교와 불교의 믿음에 따르면 뭉게구름은 코끼리와 영적으로 사촌지간이었다. 그래서 인도 사람들은 찌는 듯한 여름의 더위를 내몰아줄 비를 내려달라고 코끼리를 숭배하며 기도했다. '메가'는 힌두 전통 언어로 구름을 뜻하는데, 이 기도에서는 코끼리를 가리키는 이름으로 사용되었다. 산스크리트 창조 신화에 따르면, 시간의 시작과 함께 탄생한 코끼리는 하얀색이었고, 날개가 있어 날 수 있었으며, 마음대로 자신의 모양을 바꾸거나 비를 내리는 힘이 있었다고 한다. 비록 지금은 그 마법의 힘을 잃어버렸지만, 태초의 하늘나라 코끼리의 후손인 오늘날의 코끼리들은, 특히 하얀 알비노 코끼리들은 여전히 구름과 밀접한 관계가 있다고 믿어지고 있다.

중간 크기 정도의 뭉게구름에 들어 있는 물방울을 모두 합한 무게가 코끼리 80마리 무게와 비슷하다는 사실은 매우 충격적이다.• 뭉게구름 속에 들어 있는 물방울의 크기가 극단적으로 작은 것이

• 이것은 구름이 $1km^3$의 공간을 차지한다고 가정하고 계산한 결과다. 이 정도면 적운치고는 그다지 크지 않은 편이다. 이 크기 속에 들어 있는 물방울의 무게는 보통 20만 킬로그램 정도 나가고, 아시아코끼리의 체중은 평균 2500킬로그램 정도이다 – 원주.

Stephen and Emily Bell (1869번, 2042번 회원)

전형적인 뭉게구름 속에 들어 있는 물방울의 무게는 코끼리 80마리의 무게와 비슷하다. 하지만 이 사진 속의 구름은 아기 코끼리 한 마리 무게 정도밖에 나가지 않을 것 같다.

사실이지만, 그 수가 정말 무지막지하게 많기 때문이다. 요즘에는 코끼리도 하늘을 날지 못하는 마당에, 어떻게 코끼리 80마리 무게에 해당하는 물이 하늘 위로 떠올라 뭉게구름을 만들 수 있을까?

뭉게구름이 보통 화창한 날에 나타나는 데는 이유가 있다. 햇살이 내리쬐면 지표면이 데워지면서 상승기류, 혹은 대류가 형성되기 시작한다. 비행기를 타고 뭉게구름을 통과할 때 살짝 난류로 흔들릴 때가 있는데, 바로 이 상승하는 공기 기둥 때문이다. 행글라이더나 독수리가 이런 종류의 구름을 찾아나서는 이유도 이 때문이다. 뭉게구름이 자신을 띄워줄 상승기류의 존재를 알리는 하

뭉게구름의 영혼

늘의 풋말임을 아는 것이다. 상승기류는 뭉게구름에게 생명을 주는 보이지 않는 영혼이다. 상승기류는 뭉게구름을 탄생시키고, 그 구름들 사이를 날며 뭉게구름에 생기를 불어넣는다.

열대류 현상이 생기는 원리를 이해하면 뭉게구름의 본질을 살짝 이나마 엿볼 수 있다. 애초에 습기를 그 높은 곳까지 끌고 올라가는 것도 대류 현상이고, 구름의 물방울들이 뭉게구름의 일반적인 수명인 10분 정도 하늘에 떠 있게 도와주는 것도 대류 현상이다.

대류 현상은 라바램프 속에 들어 있는 기름 방울의 움직임과 유사하다. 라바램프 안에는 기름과 색을 첨가한 물이 섞여 있는데, 이것이 화창한 날에 공기의 대류가 생기는 것과 같은 과정을 통해 떠오른다. 램프 안에 들어 있는 것은 기체가 아니라 액체이지만, 원리는 똑같다.

램프 안의 기름은 원래 물보다 살짝 밀도가 더 높기 때문에 램프 바닥에 내려앉아 있다. 하지만 램프 바닥의 전구가 가열을 시작하면 기름이 팽창하면서 밀도가 낮아지고, 결국 물을 뚫고 천천히 떠오르기 시작한다. 야외의 공기도 비슷한 방식으로 행동한다. 들판도 태양에 의해 뜨거워지면 램프

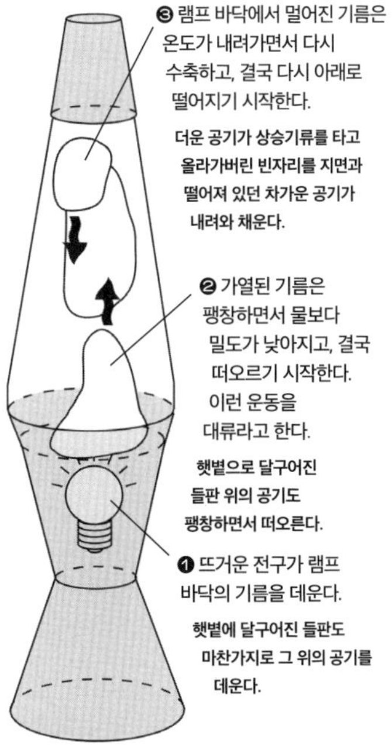

맨정신이라면 이 램프와 여름날 아침의 들판은 조금도 닮은 구석이 없어 보이겠지만, 라바램프는 수증기를 머금은 공기가 상승기류를 타고 올라가 뭉게구름을 형성하는 원리를 정확하게 보여준다.

의 전구와 비슷한 작용을 한다. 즉 들판 바로 위의 공기를 데워서 팽창하게 만들고, 팽창해서 밀도가 낮아진 공기는 주변의 찬 공기를 뚫고 위로 솟아오르기 시작하는 것이다. 상승기류를 타고 함께 올라가는 보이지 않는 수증기는 결국 뭉게구름이 된다. 미국의 시인 마리아 화이트 로웰Maria White Lowell은 뭉게구름을 이렇게 표현했다. '작고 여린 양 떼가 파란 하늘 밭에서 풀을 뜯는구나. (…) 새로 깎아낸 양털은 참 하얗기도 하지.'

뭉게구름은 개별적으로 발생하는 구름임을 명심해야 한다. 흐린 하늘에 넓게 층으로 펼쳐져 있는 구름과는 상당히 다르다. 지표면 중 어떤 곳은 태양의 열기를 다른 곳보다 더 잘 흡수하고, 또 그만큼 잘 배출한다. 따라서 어떤 곳은 다른 곳보다 대류에 의한 상승기류가 더 잘 형성된다. 예를 들면 아스팔트는 풀밭보다 공기를 더 효율적으로 데운다. 그리고 태양을 바라보고 있는 언덕바지가 그늘진 언덕바지보다 공기를 더 빨리 데운다. 화창한 날에 배를 타고 작은 섬 주위를 돌아보면 이런 현상을 가장 확실하게 목격할 수 있다. 육지인 섬은 주변의 바다보다 햇빛에 잘 달구어져 지면에서 상승기류가 잘 생기기 때문에 섬 위로 두둥실 피어오른 하얀 뭉게구름을 자주 볼 수 있다. 태평양 적도 부근의 남양군도에 사는 섬사람들은 섬이 보이기도 전에 이미 뭉게구름을 등대 삼아 섬을 향해 항해할 수 있을 것이다.

뭉게구름은 이런 개개의 상승기류 위쪽에 형성되기 때문에, 그 자체도 서로 분리된 개별적인 구름이다. 뭉게구름이 다른 형태의 구름과 생김새가 달라진 중요한 이유 중 하나이다. 각각의 뭉게구름은 투명하게 치솟은 공기 기둥이 그 정상만 하얗게 보이는 것이다. 밝은 하얀색 가발을 쓰고 있는 투명인간을 상상하면 된다. 그리고 머지않아 뭉게구름은 미풍에 쓸려 천천히 소용돌이치고 접히다가 가발이 벗겨지듯 상승기류 꼭대기에서 차츰 사라져갈 것이다.

***

초보 구름관찰자가 뭉게구름에 큰 매력을 느끼는 이유는 날씨가 좋을 때 나타나는 구름이라는 점도 있겠지만, 뭉게구름이 정말 편안한 느낌을 준다는 점도 빼놓을 수 없을 것이다. 하늘을 올려다보며 하얗고 통통한 뭉게구름을 침대 삼아 잠들고 싶다는 생각을 해보지 않은 사람이 있을까? 뭉게구름은 신이 사용하면 딱 어울릴 가구 같다. 역사적으로 종교화에서 뭉게구름이 성인聖人의 소파로 자주 등장했던 이유도 바로 이런 매력 때문이었을 것이다. 중세까지만 해도 서구 미술에서 신은 구름 사이로 드러난 손이나 눈으로만 묘사되다가, 르네상스 초기 이후의 종교화에서 구름은 신을 떠받쳐주는 존재로 흔히 사용되었다.

구름의 도시 로마

나는 얼마 전에 로마에서 7개월을 살았다. 로마의 여름 하늘은 구름이 한 점도 없는 날이 많았지만, 얼마 뒤 이 도시는 하늘보다 오히려 땅에 구름이 더 많다는 사실을 알게 되었다. 골목을 돌 때마다 등장하는 바로크 양식의 교회로 들어가 내부를 살펴보면, 벽면에는 어김없이 두둥실 피어오르는 하얀 뭉게구름 의자

겸손한 편평운. 이 구름은 어느 영혼도 해치지 않는다.

에 앉은 사도와 성인들이 신도들을 내려다보는 프레스코화가 그려져 있어서 나는 무척 놀랐다. 베르니니의 유명한 조각 〈성녀 테레사의 법열St Teresa in Ecstasy〉(1652)을 보면 성녀가 뒤로 넘어지며 트래버틴•을 조각해 만든 뭉게구름의 주름 위로 쓰러지는 모습이 조각되어 있다. 그리고 바티칸에 있는, 그보다 백 년 앞선 라파엘과 티치아노의 르네상스 그림을 보면 성모 마리아가 아기 예수를 품에 안고 있거나, 머리에 월계관을 쓰고 하늘로 승천하는 모습이 나오는데, 그 밑에서는 언제나 넉넉한 구름이 받쳐주고 있다. 심지어는 포로 로마노Roman forum와 붙어 있는 '산티 코스마 에 다미아노 성당Basilica of

• 온천의 침전물이 굳은 대리석의 일종.

Santi Cosma e Damiano'의 모자이크는 6세기 작품인데, 토가를 입은 예수가 노을을 받아 붉은색과 오렌지색으로 물든 구름 양탄자 위에 서 있는 모습이 그려져 있다.

하늘과 땅의 중간에 놓인 구름이야말로 신의 영역과 인간의 영역을 가르는 완벽한 종교적 상징이었다. 구름은 인간과 신을 한 그림 안에 그릴 수 있게 해주는, 수증기로 만들어진 가구였던 셈이다. 기독교 관련 그림을 그리는 수많은 화가들에게 넉넉하게 펼쳐진 순백의 뭉게구름은 죄 많은 인간의 세상과 지고지순한 천상의 세계를 나누는 경계 역할을 했다.

구름과 기독교는 언제나 떼려야 뗄 수 없이 긴밀하게 연결되어 있었다. 성경을 보면 구름이 등장하는 곳이 한두 군데가 아니다. 〈출애굽기〉를 보면 신은 시나이산 위 구름 속에 나타났고, 구름은 신의 모습을 감추기도, 드러내기도 했다. 그리고 신은 구름 기둥이 되어 이스라엘 민족을 이끌고 사막을 가로지르는데, 행진할 때는 앞장서서 무리를 이끌다가 야영할 때가 되면 멈추었고, 길을 걸을 때가 되면 다시 솟아올라 길을 안내했다. 〈사도행전〉에서 예수는 부활 이후에 하늘로 승천하는 과정에서 구름 속으로 사라졌다. 〈성모승천〉을 보면 사도들이 성모 마리아의 임종을 앞두고 모인 후에, 성모 마리아는 구름을 타고 하늘로 올라간 것으로 기술되어 있다. 유대교 신화를 보면, 구름의 아들이라는 뜻인 '바르 니플리Bar Nifli'는 메시아에게 붙여주는 이름이었다. 〈다니엘서〉를 보면 그는 하얀 구름을 타고 나타날 것이라고 한다.

하지만 구름과 신성을 연관 짓는 것은 기독교와 유대교 신앙에서

1892년에 나온 로마가톨릭교회의 상본像本•을 보면 예수, 요셉, 그리고 성모 마리아가 뭉게구름 위에 앉아 있다. 이러한 설정 때문에 그들은 지옥의 불꽃에서 고통받고 있는 가엾은 영혼들에 비해 한결 편안해 보인다.

만 나타나는 것이 결코 아니다. 이슬람교에서 비밀리에 전해 내려오던 이야기에 따르면 알라신은 세상에 모습을 나타내기 전에는 구름의 상태로 있었다고 한다. 그리고 1274년에 몽고의 군대가 바다를 건너 일본으로 쳐들어오자, 천둥과 번개의 신인 라이덴雷電은 구름 위에 앉아 몽고의 함대에 번개 화살을 비처럼 퍼부어 침략을 막았다고 한다. 《서유기》에 등장하는 원숭이의 왕 손오공은 서역으로 불경을 가지러 떠날 때 '근두운'을 타고 구름에서 구름으로 뛰어다니며 먼 거리를 움직였다고 한다.

이런 이야기는 끝도 없이 이어진다. '비구름'이라는 뜻의 '파리아냐Parianya'는 고대 인도의 신으로, 비와 식물을 관장하고 비옥한 대지와 결혼하였으며, 황소의 모습으로 표현된다. 발트해 토속신앙의 주요 신성 중 하나인 '페르콘스Perkons'는 천둥의 신으로 땅을 비옥하게 하는 것이 주된 임무였다. 케냐와 탄자니아 마사이족의 창조신이자 가장 중요한 신인 '은가이Ngai'는 화가 나면 붉은 구름으로 나타나고, 기분이 좋으면 검은 구름으로 나타난다. 호주 원주민 신

• prayer card. 그리스도나 성인들의 그림이나 성스러운 문구를 담은 카드.

화에 등장하는 태고의 존재인 '완드지나'는 구름과 비의 정령들로 꿈의 시대[••]에 동굴로 내려왔다고 한다. 그리고 그중 한 명이 하늘로 올라가 은하수가 되었다고 한다. 계속할 수도 있지만, 이 정도면 내가 하려는 말이 무엇인지 여러분도 눈치챘으리라 생각한다.

아이 적에 우리는 부모님을 우러러본다. 고개를 들어야 얼굴이 보이기 때문이다. 어린아이 입장에서는 아빠, 엄마야말로 신에 가장 가까운 존재가 아닐까? 어른이 된 후에도 신을 하늘에 두고 우러러보는 것은 아마 그런 이유가 아닐까 싶다. 물론 우리의 생존이 달려 있는 비와 햇살이 하늘에서 오고, 땅 위에 묶여 사는 하찮은 인간의 힘으로는 그것을 통제할 수 없다는 것도 분명하다. 이유야 어쨌든 간에 우리는 신을 향해 고개를 들 때마다 구름을 보았고, 자연스럽게 그 둘을 서로 연관 짓게 되었다. 이제는 비행기를 타고 하늘로 올라갈 수 있게 되었고, 구름 위에 신이 살지 않는다는 사실도 알게 되었다. 생각해보면 이 얼마나 슬픈 일인가!

19세기 중반 무렵, 기구 여행이 사람을 구름 높이까지 데려다주는 비교적 흔한 수단으로 자리잡게 되자, 빅토리아 시대의 비평가이자 수필가였던 존 러스킨John Ruskin은 이렇게 적었다.

> 중세시대 사람들은 천사를 올려놓을 목적이 아니고는 절대로 구름을 그리지 않았지만…, 이제 우리는 구름 속에 비와 우박 이상의 무언가가 있다는 사실을 믿지 않는다.[2]

•• 호주 원주민들의 신화에 나오는 세계 창조의 황금기를 말한다.

Mike Matthews (792번 회원)

낮은 구름이 바람의 방향에 평행하게 배열되면서 방사적운을 형성하기도 한다. '구름 줄기 cloud streets'로 알려진 이 구름들은, 구름계의 로만로드•라고 할 수 있다.

* * *

기구 여행이 시작되고 처음 200년 동안은 공기보다 가벼운 기체인 수소를 주로 이용했다. 하지만 수소는 워낙 불이 잘 붙어서 위험하기도 하고, 고도를 조절하기도 어려워서 1960년대 즈음부터 사람이 타는 기구 여행에서는 열기구 방식이 더욱 흔한 방식으로 자리잡았다. 이렇게 열기구 안의 공기를 가열하면 공기가 팽창하면서 주변 공기보다 밀도가 낮아져 기구가 위로 떠오른다. 화창한 날에 상승기류가 생기는 것과 같은 원리다. 사실 뭉게구름은 큰불이

• Roman road. 로마 제국의 카이사르가 영국에 건설한 쭉 뻗은 도로.

날 때 그 위에 생기기도 한다. 이것을 불구름pyrocumulus[••]이라고 하는데, 논밭에 불을 놓거나 산불이 일어나서 연기 기둥이 피어오르면 그 위로 생겨나는 뭉게구름 덩어리다. 불길의 열기 때문에 상승기류가 발생하고, 그렇게 수분을 머금은 공기가 위로 올라가 생긴 것이다.

그런데 상승기류 속의 공기가 수분을 '머금고' 떠오른다는 것이 대체 무슨 말일까? 그리고 눈에 보이지도 않던 이 수분이 어떻게 무슨 마법이라도 부린 것처럼 눈에 보이는 물방울로 변해 뭉게구름을 만들어내는 것일까? 추운 날 숨을 내쉴 때 생기는 하얀 입김을 떠올려보면 마냥 신비롭기만 한 일도 아니다. 어릴 적에 아버지가 어느 추운 가을 아침에 마로니에 열매를 주우러 공원으로 나를 데려가셨을 때 이 하얀 입김에 매료되었던 기억이 난다. 손모아장갑을 낀 손으로 하얀 입김을 휘저으며 나는 즐거워했지만, 동시에 실망도 했다. 하늘에 낀 구름과 달리 내가 만든 구름은 너무 빨리 사라져버렸기 때문이다. 나는 높이 나는 비행기가 구름 꼬리를 뒤에 남기는 것처럼 내 입김도 그렇게 차가 있는 곳까지 길게 남아 있으면 얼마나 좋을까 생각했다. 입김은 그대로 머물러 있지를 못하고 아침 공기 속으로 증발해 사라지고 말았다. 하지만 사실 그 입김은 진짜 구름이다. 크기가 작고 고도가 낮을 뿐이지 뭉게구름과 조금도 다를 바 없기 때문이다.

우리가 내쉬는 공기 속에는 언제나 수분이 함께 들어 있다. 우리

•• 'fire cloud'라는 뜻이다. 공식적인 우리말 용어를 찾지 못해 '불구름'으로 옮겼다.

불구름은 산불에서 솟아오른 뜨겁고 습한 공기 속에서 만들어지기도 한다.

몸의 구조 때문에 필연적으로 그렇게 된다. 기관지는 폐로 들어가는 먼지나 공해 물질을 걸러내기 위해 축축한 상태를 유지하도록 설계됐기 때문이다. 우리가 내쉬는 따듯한 공기 가운데 최소 4퍼센트 정도(무게에 따른 비율)는 물 분자로 구성되어 있다. 이 물 분자는 산소, 질소 등 공기를 구성하고 있는 다른 분자들과 끊임없이 충돌한다. 이런 분자 형태의 물은 기체로 존재하며 이것을 '수증기'라고 부른다. 하지만 이런 개개의 분자는 너무 작아서 우리 눈에 보이지 않는다. 따라서 대기 중에 아무리 수증기가 많이 들어 있다고 해도 공기는 투명하게 보인다. 이 물 분자들이 한데 들러붙어 덩어리를 형성해야 비로소 우리 눈에 보이는 것이다.

추운 날 숨을 내쉴 때 일어나는 현상이 바로 이것이다. 따듯하고 습한 공기가 추운 외부 공기와 섞이면 온도가 급격히 떨어진다. 그리고 기체가 식으면서 그 안에 있는 분자의 운동도 느려진다. 우리가 내쉰 공기에 들어 있는 물 분자에 이런 일이 생기면, 물 분자들은 서로 잘 달라붙게 된다.

이와 마찬가지로 지표면에서 떠오르는 상승기류도 그 안에 수증기를 머금고 있다. 상승기류가 하늘로 올라가 충분히 차가워지면 물 분자의 운동 속도도 느려지기 때문에 뭉칠 가능성도 그만큼 커지고, 그중 일부가 수많은 작은 물방울로 변하면서 뭉게구름을 만들어낸다.

***

그리스 신화의 제우스는 하늘의 주인이었고, 비의 신이자, 구름을 모으는 자였다. 제우스와 그의 아내 헤라 사이에는 바람 잘 날이 없었는데, 제우스가 대단한 바람둥이였기 때문이다. 헤라는 제우스의 연인들에게 질투가 많았지만, 제우스도 행여 누가 헤라에게 반하기라도 하면 반드시 복수하려 했다. 익시온이 바로 그런 사람이었다. 그는 제우스에게 초대를 받아 올림포스에 갔다가 뻔뻔하게도 헤라를 유혹하려고 했다. 무언가 수상한 일이 벌어지고 있다는 얘기를 들은 제우스는 익시온의 속마음을 떠보기로 하고 구름으로 아내 헤라의 형상을 빚어냈다. 익시온은 그 구름을 헤라로 착각해 범하였고, 결국 제우스에게 죽임을 당한다. 그 구름은 나중에 켄타우로스를 낳는데, 천방지축이었던 그의 후손 켄타우로스족과 마찬가지로 반은 인간이고 반은 말이었다. 나는 이것이 지나치게 열심인 구름

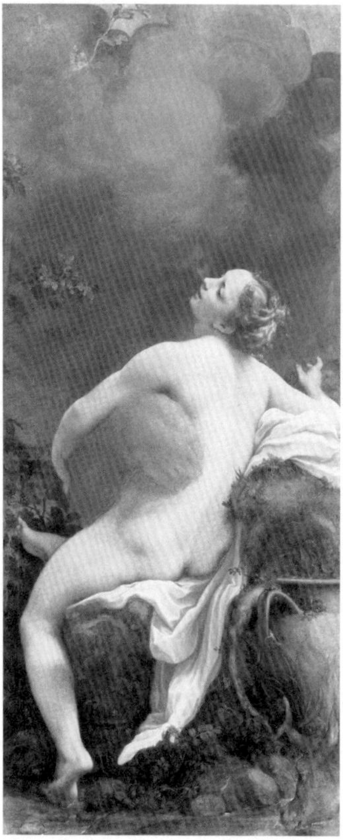

안토니오 다 코레조, 〈제우스와 이오 Jupiter and Io〉(1531). 16세기의 구름 포르노 작품.

관찰자를 향한 경고가 아닌가 생각한다. 구름과 너무 가까워지지 말라!

제우스 자신도 구름에 대해 약간의 페티시가 있었던 것이 아닌가 싶다. 16세기 이탈리아 르네상스 화가 코레조Correggio의 그림 〈제우스와 이오〉를 기준으로 판단한다면 말이다. 이 그림에는 검은 뭉게구름에게 성적으로 유린당하며 고통받는 한 벌거벗은 여인이 그려져 있다.

이 그림은 1530년대에 코레조가 제작한 세 폭 연작의 일부다. 이 그림에는 제우스의 연인들이 그려져 있다. 코레조는 이오를 탐하는 제우스를 그림에 담았다. 이오는 헤라의 사제였다. 로마의 시인 오비디우스가 전하는 신화를 보면, 성욕이 넘쳤던 제우스는 이오에게 강한 욕정을 품고 레르네의 벌판에서 그녀를 범하려 한다. 하지만 제우스는 자기가 이 어여쁜 인간 아가씨와 바람피우는 것을 아내 헤라가 볼까 두려워 검은 구름 속에 숨는다. 오비디우스의 말에 따르면, 이오는 도망가려고 안간힘을 썼다고 한다.

제우스가 말을 하는 동안
이오는 레르네의 초원과
나무들이 짙게 드리운 리르케아를 뒤로 하고 급히 달아났네.
하지만 신은 넓은 땅을 뒤덮는 그늘을 만들고
달아나는 그녀를 막아
그 구름 속에서 그녀의 순결을 빼앗았다네.[3]

오비디우스는 이 장면을 폭력적인 장면으로 묘사한 반면, 코레조는 이오가 구름과 함께하는 시간을 오히려 즐기는 것처럼 묘사하는 쪽을 택했다. 그리고 그 과정에서 캔버스에 옮겨진 구름 그림 가운데 가장 에로틱한 그림이 완성됐다. 16세기 첫 번째이자, 슬프게도 마지막 구름 포르노 작품이 탄생한 것이다.

코레조는 욕정에 찬 제우스를 가리기 위해 어두운 청회색 뭉게구름을 그려놓았다. 뭉게구름이 어둡게 보일지, 하얗게 보일지는 우선 뭉게구름을 해가 있는 쪽에서 보느냐 그늘이 진 쪽에서 보느냐에 달려 있다. 두 번째로 그 뭉게구름 뒤의 하늘이나 다른 구름이 얼마나 밝은지도 영향을 준다. 그것이 전부가 아니다. 구름이 담고 있는 물방울의 수가 얼마나 많은지에 따라서도 명도가 달라진다. 산란을 통해 햇빛이 구름을 통과하지 못하게 막는 것이 바로 이 물방울들이기 때문이다. 구름에 들어 있는 물방울이 많을수록 구름을 등지고 있는 뭉게구름도 더 검고 어두워 보인다. 구름을 관찰하다 보면, 뭉게구름이 작은 편평운에서 중간적운 단계를 거쳐

욕정에 찬
검은 뭉게구름

높고 두꺼운 봉우리적운으로 점차 몸집을 불리는 동안 뭉게구름의 밑면도 같이 두꺼워지면서 점점 더 어둡게 보이는(햇빛을 가리기 때문) 현상을 확인할 날이 있을 것이다. 그렇다면 아름다운 이오에 대한 욕정과 사악한 의도로 가득 찬 제우스를 어두운 회색의 봉우리적운으로 그려놓은 코레조의 선택은 정말 탁월해 보인다. 물을 가득 머금고 남성의 성기처럼 우뚝 솟아 있는 봉우리적운은 당장이라도 둑이 터져서 물을 모두 쏟아낼 태세를 하고 있으니 말이다.

***

뭉게구름은 대류 현상이 일어나 공기를 계속해서 휘젓는 통에 내부에 거듭 소용돌이가 일어나는 대단히 변덕스럽고 예측 불가능한 구름이다. 아래에서 보면 뭉게구름 내부의 운동은 아주 느리고, 심지어 여유로워 보이기까지 한다. 하지만 물체는 멀리서 움직일수록 더 느려 보인다는 사실을 명심하자(높은 고도에서 날아가는 제트 비행기는 마치 달팽이처럼 느리게 움직이는 것처럼 보인다). 사실 뭉게구름 내부에서 일어나는 난류는 상당히 격렬하다. 맑은 날에나 보이는 평범한 편평운도 일단 한번 자라기 시작하면 몇 시간 만에 거대한 봉우리적운으로 커질 수 있다. 봉우리적운의 밑면이 검게 변하면 갑작스럽게 큰 소나기가 내릴 수 있다는 경고다.

어떻게 그 작은 편평운이 큰 봉우리적운으로 자라날 수 있을까? 이는 구름관찰자라면 모두들 입에 달고 다니는 질문이다. 지표면에서 솟아오르는 상승기류 위에 형성되는 뭉게구름이 바람에 떠밀려

가면(낮은 구름이 하늘을 가로지르며 떠다닐 때 종종 일어나는 일이다) 그 에너지원으로부터 멀어진다는 뜻인데 어떻게 그 안에 있는 공기가 계속 더 높이 떠올라 거대한 탑처럼 부풀어오를 수 있다는 말인가? 상승기류로부터 벗어난 뭉게구름이 대체 어디서 상승 에너지를 공급받는다는 말인가? 이 부분은 라바램프로도 설명할 수 없는 부분이다. 라바램프에서는 기름 방울이 떠오르는 과정에서 식으면 바로 수축하면서 다시 떨어지기 때문이다. 왜 자라나는 뭉게구름 속 공기에서는 같은 현상이 일어나지 않을까?

그것은 '숨은열'이라는 현상 때문이다. 골치 아픈 물리학 얘기를 꺼내는 것 아닌가 지레 겁먹지 말고 귀 기울여보기 바란다. 좋은 날씨에 생겨나는 뭉게구름의 무심하고 장난스러운 행동을 이해하려면 반드시 알아야 할 부분이기 때문이다. 컨스터블의 말을 다시 한 번 떠올리자. "무언가를 이해하지 않고서는 그것을 진정으로 바라보지 못한다." 물론 누구든 장엄한 구름의 풍경을 감상할 수는 있지만, 구름의 행동을 더 많이 이해하는 사람이 깨닫는 아름다움은 더욱 클 것이라 생각한다.

응축열이란 숨은열의 한 형태로, 자유롭게 떠다니던 물 분자가 서로 뭉쳐서 액체인 물방울로 변할 때 내놓는 열을 말한다. 상승기류 꼭대기에서 뭉게구름이 형성될 때도 이런 현상이 나타난다. 물이 수증기 상태에서 액체 물방울로 응축하면 주변의 공기 속으로 열을 방출한다. 이 반대 현상을 생각해보면 그 원리를 이해하기가 더 쉬울 것 같다. 액체 상태였던 물이 수증기로 변할 때는 주변에서 열을 빼앗아간다. 감이 잡히는지? 이번에는 여름날 오후에 야외에서 조깅할 때 내 이마에 맺히는 땀을 한번 생각해보자(물론 이것은 가상의 땀이고, 가상의 이마고, 가상의 여름날 오후다. 내가 조깅하는 일은 극히 드물기 때문이다).

산들바람 속에 이마에서 땀이 증발하면 그 속에 들어 있는 물 분자는 열을 함께 빼앗아가고, 내 이마는 좀 더 시원해진다(그리고 내 몸이 과열되는 것을 막아준다). 내 땀에서 나온 물 분자가 내가 달리고 있는 들판 위에 형성되는 상승기류를 타고 함께 올라간다고 상상해볼 수 있다. 휘말리듯 감겨 올라가는 상승기류를 타고 물 분자가 떠오르면서 차츰 식어가는 것이다.

땀 속에 들어 있는 숨은열의 과학

그렇게 위로 떠오르다 공기가 충분히 냉각되면 물 분자들이 서로 달라붙으며 구름의 물방울로 변한다. 그럼 땀 분자가 내 이마에서 증발하면서 함께 가지고 올라갔던 열이 구름이 형성되는 과정에서 다시 방출된다. 수증기가 응축하면서 방출하는 이 열이 바로 과학자들이 숨은열이라고 부르는 것이다. 자그마한 뭉게구름이 커다란 뭉게구름으로 자랄 수 있는 핵심 원리가 바로 이것이다.

물방울이 형성되면서 숨은열을 방출하면 그 주변 공기의 온도도 조금 올라간다. 그로 인해 공기는 조금 더 팽창하고, 그만큼 부력이 좋아지기 때문에 공기는 새로 힘을 얻어 다시 위로 떠오른다. 구름이 수직적으로 자라날 수 있는 원동력은 뭉게구름 안에서 방출되는 숨은열이다. 숨은열은 공기를 조금 더 띄워주기 때문이다. 뭉게구름 꼭대기가 둥근 형태로 뭉게뭉게 솟아오르는 이유도 이 때문이다.

내가 밖에서 조깅하는 동안 구름이 자라나는 원리.

이렇게 해서 뭉게구름은 편평운에서 중간적운으로, 혹은 거대한 봉우리적운으로 스스로 자라나는 것처럼 보인다. 봉우리적운은 머금고 있던 습기를 비로 내려보내기도 한다. 어쩌면 조깅을 마치고 돌아오는 길에 내가 그 밑을 지나게 될지도 모를 일이다. 그럼 내 이마의 땀으로 시작했던 물 분자가 다시 빗방울을 타고 내려와 내 이마에 다시 내려앉을지도 모른다.

어차피 내 이마로 다시 돌아올 땀방울을 애초에 하늘로 올려보낼 필요가 있겠는가? 그래서 난 조깅을 하지 않는다. 에헴!

***

구름은 우리가 사랑하는 해를 가려버리기도 한다. 구름을 만들어 낸 열기 자체도 바로 해가 보내준 것인데 참으로 배은망덕이라 생각할지도 모르겠다. 하지만 사실 우리는 구름 덕분에 해를 바라볼 수도 있다. 층운Stratus이라는 얇은 구름층이 끼면 우리는 눈을 다치지 않고도 태양을 직접 쳐다볼 수 있다. 구름이 해를 가려준 덕에 해를 바라볼 수 있는 셈이다.

《미지의 구름The Cloud of Unknowing》이라는 책을 펴낸 중세의 한 기독교 신비주의자는 이 모순을 아름다운 문장으로 표현했다. 책 제목에 걸맞게 저자도 미상이다. 학자들은 이 저자가 성직자이거나 수도승이었을 거라고 추측하지만, 확실히 아는 사람은 없다. 이 정체불명의 인물은 《미지의 구름》을 대략 1370년대에 펴낸 것으로 보이는데, 출판 연대도 여전히 불명확하다. 저자는 구름의 이미지를 이용해 한낱 인간의 머리로 신을 이해하는 일은 불가능함을 기술했다.

구름과 중세의 수도승

이 저자를 '수도승 X'라고 부르자. 수도승 X는 부정 신비주의자aphophatic mystic였다. 부정 신비주의는 엄청나게 독실한 기독교인이 제아무리 열심히 머리를 굴려 신에 대해 생각한다고 해도 신이 어떤 존재인지를 실제로 아는 것은 불가능하다고 주장하는 기독교 신비주의다. 이성의 힘은 신이 어떤 존재인지 알려주는 것이 아니라 신이 어떤 존재가 아닌지를 알려줄 수 있을 뿐이다. 기독교인은 성경을 공부하며 신의 말씀에 대해 심사숙고할 수도 있고, 기도를 통해 신과 대화할 수도 있겠지만, 수도승 X가 단언한 바에 따르면 신의 실체에 대해서는 결코 이해할 수 없다. 인간은 미지의 구름에 의해 영원히 신과 분리된 채로 남아 있을 것이다.

신의 실체를 이해하지 못하게 가로막는 이 피할 수 없는 장애물을 빨리 인정하고 받아들일수록 좋다고 수도승 X는 주장한다.

> 그대가 제아무리 몸부림을 친다 한들, 이 어둠과 이 구름이 항상 그대와 신 사이를 막고 있어, 그대는 이성의 빛으로도 신을 볼 수 없고, 달콤한 사랑으로도 신을 느낄 수 없으리라.
>
> 하여 그대는 사랑하는 신을 위해 항상 목 놓아 울며, 가능한 한 오래도록 이 어둠 속에 머물 수 있게 단련하라. 행여 그대가 신을 느끼거나 보게 된다 할지라도, 그것은 이 구름과 이 어둠 속에서 일어남이 마땅하기 때문이다.[4]

그렇다고 그가 기독교인들에게 신과의 대화를 집어치우라고 말하는 것은 아니다. 피할 수 없는 미지의 구름이 뜻하는 것은 그저 지식과 이성으로는 결코 신의 참모습을 이해할 수 없다는 것이다. 실제 구름이 태양을 가리는 것과 마찬가지로, 이 구름은 기독교인이 신에게 다가갈 수 없게 가로막는 장애물인 동시에 그렇게 떨어져 있는 것을 묵인해주는 존재이기도 하다. 이 사실을 부정하고 싸우기보다는 그대로 받아들이는 편이 현명하다고 수도승 X는 충고한다. 그래야만 이성적 사고가 아닌 다른 방법으로 신을 이해하게 될 가능성이 열리기 때문이다.

기독교인은 이 구름 속으로 몸을 던져야 한다. 사실 기독교인은 자신과 자신의 이성 사이에 '망각의 구름'을 쳐놓아야 한다. 그리고 모든 것을 잊고, 잊고, 또 잊어버려야 한다. 그래야만 '눈먼 사랑의 움직임'이 자라날 수 있고, 그것을 통해 신을 진정으로 이해할 수 있기 때문이다.

> 그러니 그대는 그대의 사랑을 저 구름 위에 올려놓으라. 더 정확히 말하자면, 신으로 하여금 그대의 사랑을 저 구름 위에 올려놓게 하라. 그리고 그대는 신의 은총을 빌려 다른 모든 것을 잊도록 노력할지어다.[5]

신을 이해하려 헛되이 애쓰기보다는 저 높이 미지의 구름 속에 들어가는 것이야말로 신에게 좀 더 가까이 다가가는 일이다. 수도승 X는 기독교인들에게 이성을 통해 신을 이해하는 데는 한계가 있음을 받아들이고, 오히려 알고 있던 것을 버림으로써 신을 이해하라고 설득했다.

기독교인의 주장이라기보다 마치 불교의 선문답처럼 들린다고 생각하는 것도 무리가 아니다. 하지만 부정 신비주의는 동양의 부정 신비주의라 할 수 있는 완전히 다른 종교 체계에서는 잘 작동하고 있었다. 구름이 신의 신성한 빛으로부터 우리를 갈라놓고 있다는 생각은 아주 실망스러운 것이었지만, 그래도 수도승 X에게는 이것이야말로 심오한 기독교 신앙의 표현이었다.

Tim Wright (519번 회원)

봉우리적운은 적운 중에서도 가장 크고, 적란운 뇌운으로 발달하는 경우가 많다.

***

초보 구름관찰자가 아무 때나 하층 대기의 온도 경사를 척척 알아맞힐 수 있으리라 기대하는 것은 무리다. 그러기를 바라지도 않는다. 온도 경사를 모르면 편평운이 하늘 높이 치솟는 봉우리적운으로 발달할지 안 할지는 그냥 우연에 의해 결정되는 것처럼 보인다. 편평운이 봉우리적운으로 커지는 것을 보면 마치 연인들 사이의 말싸움 같다. 연인 사이에서는 그냥 생각 없이 던진 농담 한마디가 어느새 심각한 말다툼으로 번지기도 하니 말이다.

두 사람 사이에 어떤 팽팽한 긴장감이 감돌면 대화가 말다툼으로 커지는 것은 시간문제다. 한 가지 조건을 더하자면, 두 사람 다 감정을 억누를 마음의 여유가 없는 상태여야 한다. 이와 마찬가지로 하층 대기에 충분한 습기가 존재하고, 꽤 큰 상승기류가 형성될 정도로 태양의 작용이 충분히 강하고, 구름 위에서 상승기류를 눌러줄 더 따듯한 공기층이 존재하지 않는다면, 그다지 위협적으로 보이지 않던 편평운이 예상을 깨고 중간적운 단계를 거쳐, 기차 굴뚝에서 무섭게 뿜어져 나오는 증기 같은 봉우리적운으로 발달한다.

뭉게구름의 형성을 억제할 수 있는 한 가지는 기상학자들이 '기온역전'이라고 부르는 현상이다. 기온역전이란 한 공기층 안에서 고도가 높아질수록 기온이 상승하는 현상을 말하며, 구름의 수직적인 성장을 가로막는 역할을 한다. 뭉게구름 위에 있는 공기층에서 이런 현상이 나타날 경우 구름은 더 이상 위로 성장할 수 없다. 뭉게구름의 따듯한 상승기류가 주변의 공기보다 더 따듯하지도, 더 가볍지도 않은 지점에 도달해서 멈춰버리기 때문이다. 기온역전이 생긴 경우, 뭉게구름은 어쩔 수 없이 옆으로 퍼져 나가고, 솜털 같은 어깨를 이웃한 뭉게구름과 마주 대고 비비다가 결국 한데 뭉쳐 하늘을 뒤덮는 둥글둥글한 구름층으로 변한다.

어느 쪽이 나을까? 사소한 말에서 시작된 두 연인 사이의 앙금을 한바탕 격한 말다툼으로 솔직하게 표현하고 풀어버리는 편이 나을까? 아니면 양쪽 다 말을 아끼고 참는 대신, 두 사람 사이의 긴장감이 결국 대화 없는 교착상태로 빠져들게 두고 보는 편이 나을까? 어느 쪽이 낫다고 누가 말할 수 있으랴마는, 〈제리 스프링거 쇼〉•를 본 적 있는 사람이라면 구경꾼의 입장에서는 아무래도 싸움 구경이 훨씬 재미있다는 사실을 알 것이다. 뭉게구름이 꼭 봉우리적운 단계에서 성장을 멈추란 법은 없다.

뭉게구름과
〈제리 스프링거 쇼〉

조건만 맞아떨어지면 뭉게구름은 성장을 계속한다. 거듭거듭 성장하다 보면 어느새 밑면에서 꼭대기까지의 키가 12킬로미터, 열대 지방이라면 거의 18킬로미터 높이까지 자라날 수 있다. 구름은 자라날수록 점점 성난 먹구름으로 변해, 결국 더 이상은 뭉게구름으로 분류할 수 없는 지경에 이른다. 장대한 뇌운인 적란운으로 변하는 것이다. 이쯤 되면 사소한 말다툼으로 시작된 연인 사이의 갈등이 도무지 감당할 수 없는 지경이다. 결국 〈제리 스프링거 쇼〉의 제작진이 싸움을 말리러 무대 위로 뛰어들어야 할 순간이 온 것이다.

• 미국의 리얼리티 토크쇼로 가족이나 연인 등이 출연해 서로 간의 문제에 대해 대화를 나누다가 심각한 몸싸움으로 번지는 일이 많다.

2

the Cloudspotter's Guide

적란운

積亂雲, 쌘비구름, Cumulonimbus

하늘 높이 치솟으며 우리를 정신 못 차리게 만드는 무서운 번개 구름

구름은 솜털처럼 다정한 친구다. 하지만 단 하나 예외가 있다. 바로 적란운, 즉 쌘비구름이다. 아주 험악한 극한의 날씨와 마주쳤을 때, 그 날씨의 주인공은 적란운이라고 생각하면 거의 틀림없다. 들이붓듯 쏟아지는 폭우, 우박을 동반한 폭풍, 눈보라, 번개, 강풍, 토네이도, 허리케인 등을 동반하는 거대한 번개구름은 막대한 인명 손실과 재산 피해를 야기할 수 있다. 번개를 쳐서 어린아이들을 겁주는 것도 바로 이 구름이다.

완전히 발달한 적란운은 에베레스트산보다 훨씬 높이 자라는 경우도 있다. 적란운은 보통 열대지방에서 가장 크게 발달하는데, 밑면은 지상 600미터 높이에서 시작하고 꼭대기는 1만 8000미터 높이까지 치솟기도 한다. 이런 구름에 들어 있는 에너지의 크기는 히

적란운(쌘비구름) 관찰법

적란운은 번개를 동반한 뇌운으로 거대한 높이가 특징이다. 대체로 대류권 정상에 닿을 만큼 키가 크다. 적란운의 꼭대기가 대류권 정상에 닿으면 얼음 입자들이 밖으로 퍼져 나가는데 이것은 매끄러운 형태로 나타나거나 섬유가 뻗어 나오는 것처럼 줄무늬로 보인다. 적란운의 밑면은 검게 보이며 거센 소나기를 내리고, 우박이 떨어지는 경우도 많다. 여기에 번개와 천둥을 동반하기도 한다.

고도(중위도 지역 기준):
600~1만 3500미터

형성 지역: 열대지방과 온대지방에서 흔하고, 극지방에서는 드물다.

강수: 폭우가 내리고, 우박도 잦다.

대머리적란운

복슬적란운

적란운의 종

구름의 꼭대기 모양으로 두 가지 종을 구분할 수 있다.

대머리적란운: 구름 위쪽이 섬유처럼 뻗어 나오거나 줄무늬로 보이지 않고 부드럽고 불분명한 납작한 언덕처럼 보인다.

복슬적란운: 윗부분이 권운을 닮아 섬유처럼 뻗어 나오거나 줄무늬가 보이고, 모루나 깃털, 혹은 헝클어진 백발처럼 보인다.

혼동하기 쉬운 구름

난층운: 난층운은 들쑥날쑥하게 하늘을 덮는 검은 구름층으로, 강수가 있다. 적란운이 바로 머리 위에 있을 때는 난층운과 비슷해 보이지만(하늘의 상당 부분을 구름이 덮고 있다), 적란운은 짧고 강한 소나기를 내리는 반면, 난층운은 좀 더 꾸준하고 오래 비를 내리는 경향이 있다. 만약 번개와 우박이 있다면 그 구름은 적란운이다.

봉우리적운: 적란운은 봉우리적운에서 발달하는 경우가 많다. 멀리서 보았을 때 봉우리적운의 정상 부위의 물방울이 결정으로 얼어붙으면서 명확하던 가장자리 경계가 흐려지면 적란운으로 변한 것으로 본다. 마찬가지로 천둥, 번개, 우박 등이 있으면 적란운이다.

적란운의 변종

공식적으로는 변종이 존재하지 않는다.

왼쪽 위: Bob Jagendorf (1480번 회원), 오른쪽 위: Mike Davies (1633번 회원), 아래: Paul Cooper (1523번 회원)

로시마 원자폭탄 10개와 맞먹는다고 하니, 구름의 왕이라는 별명이 아깝지가 않다.

하지만 구름의 왕이라고 하니 마치 아주 자비심 가득한 존재의 이름처럼 들린다. 나는 차라리 적란운을 구름계의 다스베이더라고 부르고 싶다. 이 〈스타워즈〉의 악당처럼 적란운도 구름 중에서는 가장 흥미로운 등장인물이다. 어둠의 힘으로 가득한 다스베이더가 의외로 조금은 여자아이 같아 보이는 아들 루크 스카이워커를 낳은 것처럼, 거대한 적란운도 좋은 날씨에나 보이는 구름인 적운을 만들어낸다. 이 야수 같은 구름이 주변에 어슬렁거리는데, 한가하게 풀밭에 누워 하늘을 보며 솜털 같은 양 떼를 떠올린다는 것은 어림없는 일이다. 만약 적란운이 구름의 왕이라면, 그 왕은 분명 머리끝까지 화가 난 왕이리라.

***

적란운은 비행기에도 심각한 위험 요소다. 적란운의 우박은 비행기의 동체에 심각한 손상을 입힐 정도로 커질 수 있다. 그리고 번개는 비행기의 전력을 끊을 수도 있다. 적란운 위쪽에 형성되는 과냉각된 물방울 때문에 비행기 날개가 얼음으로 뒤덮이면 공기역학이 달라져 치명적인 결과를 낳을 수도 있다. 하지만 뭐니 뭐니 해도 가장 위험한 것은 적란운의 중앙 기둥에 생긴 거대한 난류 때문에 비행기가 빈대떡처럼 획 뒤집힐 수 있다는 점이다.

비행기 조종사들이 적란운을 어떻게든 피하려 하는 것도 당연한 일이다. 만약 적란운을 피해 갈 수 없는 상황이고, 비행기가 고도 비행이 가능한 기종이라면 그들은 차라리 적란운 위로 비행하는 쪽을 택한다. 1959년 여름, 미 해병대 소속의 전투기 조종사 윌리엄 랭킨 William Rankin 중령도 바로 그런 시도를 하고 있었다. 하지만 그때 전투기 엔진이 완전히 꺼져버렸고, 그는 탈출해야만 했다. 그렇게 그는 구름의 왕이라는 적란운의 심장부를 가르며 떨어진 유일한 사람이 되었고, 운 좋게 살아남아 그 무시무시한 얘기를 들려주었다. 이 경험 덕분에 그는 국제적으로 상당한 유명인사가 되었다.

랭킨은 매사추세츠의 사우스 웨이머스 해군항공기지를 출발해 노스캐롤라이나 보퍼트에 있는 비행 중대 본부로 70분의 정규 순항 비행을 하는 중이었다. 이륙 전에 그는 공군기지 기상학자로부터 비행 도중에 산발적으로 적란운을 만나게 될 것이고, 구름의 고도는 대략 9~12킬로미터 정도까지 올라올 것으로 예상된다는 보고를 받았다. 제2차 세계대전과 한국전쟁에 참가해 훈장까지 받은 베테랑 조종사 랭킨에게 이런 상황은 수시로 겪는 평범한 일상에 불과했다. 그는 자기 전투기가 힘들이지 않고 15킬로미터 상공까지 오를 수 있다는 것을 알았기 때문에 폭풍우 구름을 만나면 별다른 어려움 없이 그 위로 지나갈 수 있으리라 자신했다. 물론 이것은 전투기가 구름 위로 올라가자마자 엔진이 멈춰버리는 일은 없을 거라고 가정했을 때의 얘기다.

40분 정도 비행을 해서 버지니아 노퍽에 가까워지자 전형적인 적란운의 형태가 랭킨의 눈앞에 나타났다. 그 아래 마을에는 거친 폭풍우가 일고 있었고, 마치 증기기관차 굴뚝에서 뿜어져 나오는 증기처럼 상승기류를 타고 솟구쳐 오른 적란운은 꼭대기가 버섯 머리처럼 넓고 성기게 밖으로 퍼져 나가고 있었다. 꼭대기의 높이는 대략 13.5킬로미터 정도였다. 사우스 웨이머스 공군기지의 기상학자 말을 듣고 짐작했던 높이보다는 조금 높았다. 그래서 랭킨 중령은 구름을 확실하게 넘어갈 생각으로 14.5킬로미터 고도로 올라가기 시작했다.

적란운과 친해지기 전 윌리엄 랭킨 중령의 모습.

랭킨 중령은 고도 14.3킬로미터, 속도 마하 0.82로 적란운 바로 위를 날고 있었는데, 그때 뒤쪽 엔진이 덜컹하더니 크게 우르릉거리는 소리를 내기 시작했다. 계기판에서 rpm 표시 장치를 보는 순간 그는 자기 눈을 의심했다. 불과 몇 초 만에 rpm은 0으로 떨어졌고, 붉은 비상탈출등이 다급하게 번쩍거리기 시작했다.

설명할 수 없는 이유로 이렇게 갑자기 엔진이 서버리는 일은 백만 번에 한 번 발생할까 말까 한 일이었다. 급박한 상황에서 랭킨은 신속히 행동을 취해야 한다고 느꼈다. 동력을 상실한 전투기는 말을 듣지 않았고 그는 비상용 전력을 회복하기 위해 본능적으로 보조 동력 장치 구동 레버로 손을 뻗었다. 하지만 레버를 잡아당겼더니, 레버가 손에 쥐어진 채로 그대로 빠져나와버렸다. 이 무슨 코미디에나 나올 법한 황당한 이야기인가 싶지만, 랭킨에게는 전혀 웃음이 나올 상황이 아니었다. 그는 얇은 여름용 조종복만 입고 있었고, 아무리 조건이 좋은 상황이라고 해도 이 높이에서 비행기 탈출을 해봤다는 소리는 들어본 적이 없었다. 여압복與壓服• 없이 이 높이에서 탈출한다는 것은 자살 행위나 다름없었다.

랭킨은 나중에 이렇게 회고했다. "바깥의 온도는 영하 50도에 가까웠습니다. 동상에 걸리긴 하겠지만, 어쩌면 영구적인 손상 없이 살아남을 수 있을지도 모르죠. 하지만 탈출과 동시에 거의 15킬로미터 상공에서 폭발하듯 갑자기 압력이 낮아질 텐데, 그것은 대체 어떻게 대처해야 할까요? 제 바로 아래서 꿈틀대는 번개 폭풍우는 또 어쩌고요? 적란운은 하늘을 나는 비행기에게도 위협적인 존재인데, 한낱 인간인 제가 그 안에 들어가면 어떻게 될까요?"[1]

하지만 그따위 위험을 생각할 겨를이 없었다. 몇 초 만에 랭킨은 다른 선택의 여지가 없음을 깨닫고 머리 뒤로 손을 뻗어 온 힘을 다해 비상 탈출 손잡이를 당겼다. 거의 정확히 오후 6시에 그는 조종석 밖으로 내동댕이쳐져 아래쪽 구름을 향해 낙하하기 시작했다.

***

매일 전 세계적으로 4만 번 정도 뇌우가 발생하는 것으로 추산된다. 모든 뇌우의 중심부에는 적란운이 하나씩 자리잡고 있다. 적란

• 성층권이나 우주를 비행할 때 입는 특수한 옷. 몸을 둘러싼 공간을 일정한 기압으로 유지하여 비행사를 보호한다.

운이 여러 개 들어 있는 경우도 많다. 적란운은 세상을 지배하려는 야욕을 품은 뭉게구름이 만들어낸 구름이라고 생각할 수도 있다. 상승기류로 생긴 초라한 구름 하나가 수직적으로 자라기 시작해서 중간적운과 봉우리적운으로 자라난 후에도 멈추기를 거부했을 때 그 결과로 나타나는 것이 적란운이다. 적란운, 즉 쌘비구름은 다른 형태의 구름에서 발달해 나오는 경우도 있지만, 이렇게 권력에 집착하는 적운에서 생겨나는 경우가 제일 흔하다.

세계 정복의
야욕을 품은 뭉게구름

성숙한 적란운의 전형적인 형태를 살펴보면, 우선 몇 킬로미터 너비의 거대한 수직 기둥이 최고 18킬로미터까지 솟구쳐 오르고, 그 정상 부위는 마치 대장장이의 모루 모양으로 넓게 펴진다. 이 윗부분을 '모루구름'이라고 하고 'incus'라고 부르는데, 라틴어로 모루라

Nick Lightbody (95번 회원)

적란운의 꼭대기는 눈에 확연히 들어오는 모루 모양이라 혼동할 일이 없다.

멀리서 보면 적란운은 아주 고요해 보인다. 하지만 직접 그 밑으로 가보면 딴판이다.

는 뜻이다. 이 부분은 물방울로 구성된 나머지 부위와는 달리 얼음 결정으로 구성되어 있다. 이 모루 모양의 머리는 대기권 상층부에 부는 강한 바람을 타고 수백 킬로미터까지 퍼져 나가기도 한다. 멀리서 보면 이 모양은 아주 고요하고 웅장한 아름다움을 선사한다.

하지만 적란운의 중앙 기둥 아래로 직접 가보면 그런 말이 나오지 않는다. 심한 바람과 우박에 번개, 심지어는 토네이도까지 몰고 오는 적란운은 거센 비바람을 내뱉으며 분노로 끓어오르는 거대한 구름 덩어리다. 이곳에서 구름은 자기의 온 힘을 끌어모아 세상을 향해 포효한다.

윗부분을 주의 깊게 살펴보면 적란운과 그 동생 격인 봉우리적운을 구별할 수 있다. 날씨 좋은 날에 생기는 뭉게구름에서 보이는 브로콜리 형태의 뚜렷한 융기가 꼭대기 부분에서 나타나면 공식적으로 봉우리적운으로 분류된다. 정상 부분에서 물방울이 얼음 입자로 결빙되는 경우에만 적란운이 되는 것이다. 얼음 결정으로 형성된 적란운의 모루구름은 적운 기둥 꼭대기보다 더 밝고 가장자리가 덜 분명하다.

구름이 이 정도 규모로 커졌을 때는 어느 정도 거리가 있는 곳에서 관찰해야 구름의 전체적인 형태와 꼭대기의 모양을 가늠할 수 있다. 적란운의 밑면 근처에 있는 구름관찰자의 눈에는 온통 분노로 날뛰는 어둡고 흐린 하늘과, 거기서 쏟아붓는 엄청난 강수만 보일 것이다. 이 위치에서 적란운을 보면 마찬가지로 어둡고 비를 내리는 구름층인 난층운(비층구름)과 혼동할 수도 있다. 난층운은 적란운과 달리 전혀 높게 자라지 않고, 수평으로 수백 제곱킬로미터 퍼져 나가기도 하지만, 아래에서 보면 이 두 가지 형태의 구름을 가려내는 일이 쉽지 않다. 다만 날씨로 판단할 수 있다. 만약 우박, 천둥, 번개와 더불어 강한 바람이 불고 있다면 구름의 왕이 찾아왔다고 확신해도 좋다.

적란운 하나가 만들어지기 시작해서 흩어지기까지 걸리는 시간은 대략 한 시간 정도라서 폭풍우의 수명도 상대적으로 짧다. 하지만 폭풍우가 이보다 훨씬 더 오래 진행되는 경우도 종종 있다. 이 구름계의 악당이 언제나 혼자서 일하는 것은 아니기 때문이다. 적란운은 떼를 지어 형성되는 경우가 많고, 이런 경우가 가장 파괴적이다. 적란운 하나가 흩어져 사라질 즈음이면 또 하나가 그 앞에서 솟아오르기 시작한다. 전체적으로 보면 이 적란운들은 거대한 자가번식 체계를 갖춘 극한의 날씨 속에서 서로 공명하면서, 지나는 길에 만나는 모든 것을 쓰레기 더미로 만들어버린다.

구름의 구조가 복잡하게 진화해나가는 것을 보면 마치 살아 있는 생명체를 보는 듯한 느낌을 받는다. 실제로 기상학자들은 이런 폭풍우를 '세포cell'라는 용어로 표현한다. 적란운 하나가 만들어내는 짧은 폭풍우는 '단세포'라고 부른다. 단세포보다는 '다세포' 폭풍우가 더 흔하고, 특히 열대나 아열대 지방은 더욱 그렇다. 다세포 폭풍우에서는 적란운 하나가 상승기류를 타고 만들어졌다가 소멸되는 과정에서 다른 적란운이 자극을 받아 생겨난다. 이렇게 적란운 폭풍우가 질서정연하게 차례대로 형성되면 폭풍우가 여러 시간 동안 이어질 수 있다.

때로는 개별적인 구름들이 스스로를 조직화해서 하나의 거대한 단일 구조라 생각할 수밖에 없는 형태로 발전하는 경우가 있다. 이것을 '슈퍼세포supercell'라고 한다. 이런 형태는 주로 따듯한 바다에서 형성되는데, 적란운 폭풍우의 상승기류와 하강기류가 함께 결합하면서 자기 스스로 지속되는 맹렬한 단일 기상 체계가 등장한다. 이것은 수백 킬로미터에 걸쳐 뻗어나가기도 하고 여러 시간, 심지어는 하루 종일 폭풍우가 지속되기도 한다. 거대한 우박이나 거센 돌풍, 파괴적인 토네이도가 만들어지는 가장 흔한 원천이 바로 슈퍼세포이다. 이 경우에는 적란운이 개별적인 악당으로 행동하지 않고, 거대한 허리케인 시스템 속으로 들어가 거대한 폭도의 무리 속에서 군중심리에 휘말린 것처럼 행동한다.

구름이 살아서
날뛴다!

영어로 'to be on cloud nine(클라우드 나인 위에 있다)'이라는 표현이 있다. 날아갈 듯 행복한 기분을 뜻하는 말로 사용하는데, 클라우드 나인, 즉 9번 구름은 바로 적란운을 가리킨다. 앞에서 말한 파괴적인 힘을 가진 난폭한 적란운이 행복한 기분을 나타내는 뜻으로 사용된다는 것을 보면 참 의외라는 생각이 든다. 그 이유는 1896년으로 거슬러 올라가면 알 수 있다. 사실 1896년은 내가 아주 좋아하는 해이다. 물론 그 이유는 그해가 '국제 구름의 해International Year of the Clouds'였기 때문이다.

구름위원회의 탄생

그해를 그런 이름으로 부르게 된 것은 스웨덴 웁살라대학교 기상관측소의 힐데브란드 힐데브란드손H. Hildebrand Hildebrandsson 교수와 런던 왕립 기상학회의 랠프 애버크럼비Hon. Ralph Abercromby가 소집한 국제적인 기상학자 단체 덕분이었다. 이 두 사람이 기상학계에서 두각을 나타내는 사람들을 모아 그들에게 '구름위원회'라는 이름을 붙여준 것이다. 이들의 공동 목표는 구름의 분류 체계를 만들어내는 것이었다.

구름 명명법의 기초는 그보다 거의 한 세기 전에 아마추어 기상학자이자 퀘이커 교도였던 루크 하워드Luke Howard가 닦아놓았다.[2] 1802년에 하워드는 자기 지역의 과학자 모임에 나가 강의하면서 구름의 분류 체계를 제안했다. 라틴어로 된 이 분류 체계는 그 당시 이미 식물학과 동물학 분야에서 뿌리를 내리고 있던 린네 생물 분류법과 비슷하게 속genus과 종species을 바탕으로 하는 분류 체계였다. 놀랍게도 하워드 이전에는 아무도 특정한 구름의 형태에 이름을 붙이려고 애쓴 적이 없었다. 'Cumulus(적운)', 'Stratus(층운)', 'Cirrus(권운)', 그리고 지금은 사용하지 않는 'Nimbus(비구름)' 등의 용어를 처음 사용한 사람이 바로 그였다.

하워드의 분류 체계는 짧은 시간 안에 폭넓은 지지를 받았지만, 힐데브란드손과 애버크럼비는 전 세계적으로 다양한 기상학 기관에서 너도나도 새로운 구름의 분류를 추가하는 바람에 분류 체계의 일관성이 걱정스러울 정도로 훼손되었음을 인식하고 있었다. 그들은 기상을 이해하기 위해서는 기상 관측에서 국경을 뛰어넘는 협조가 필요하다는 사실을 깨달았다. 또 협조를 위해서는 모두가 합의한 공통의 용어가 필요했다. 구름위원회의 협조와 '국제 구름의 해'를 알리는 팡파르 속에서 두 사람은 1896년 파리 국제 기상학회 학술회의 개최에 맞추어 그림으로 된 참고 도서를 출판했다.

세 가지 언어로 출판된 이 책은 《국제구름도감The International Cloud Atlas》으로 불렸고, 구름위원회에서 합의한 구름의 열 가지 분류를 보여주는 사진이 다수 실렸다. 그 목록에서 아홉 번째 구름이 바로 적란운이었고, 적란운은 구름의 모든 형태 중 가장 키가 컸다. 따라서 '클라우드 나인 위에 있다'는 말은 가장 높은 구름 위에 있다는 의미인 셈이다.

1896년 이후로 《국제구름도감》은 영문으로 7판이 더 출간되었고, 가장 최근에 나온 것은 1995년 판이다. 이제 세계기상기구World Meterological Organisation에서 펴내는 이 책은 구름의 분류에 관해서는 두말할 필요가 없는 절대적인 권위를 인정받고 있고, 진지한 구름 관찰자라면 한 권쯤 반드시 가지고 있어야 할 책이다. 슬프게도 2판에서는 속屬의 나열 순서를 새로 배열하는 바람에 적란운은 10번으로 밀려나고 말았다. 그렇다고 '클라우드 나인cloud nine'이라는 표현이 사라질 것 같지는 않다. 이 표현이 오늘날처럼 널리 쓰이게 된 것은 프리랜서 보험조사관의 이야기를 다룬 미국의 1950년대 인기 라디오 쇼 〈조니 달러Johnny Dollar〉 때문인 것 같다. 그 주인공은 맞아서 정신을 잃을 때마다 클라우드 나인으로 실려 와야 다시 정신 차렸다. 물론 시간이 흘러 1969년 여름에는 소울 그룹의 왕인 템프테이션스가 〈클라우드 나인〉이라는 곡을 발표해서 대서양 양쪽 대륙에서 히트를 치기도 했다.

1896년 《국제구름도감》에 실린 구름 속 목록 중 아홉 번째가 바로 적란운이었다. 이런 이유로 영어에서 '클라우드 나인 위에 있다'는 표현이 생겨났다.

《국제구름도감》은 구름의 속屬에 대한 합의를 이끌어냈을 뿐 아니라, 구름을 고도에 따라 나누는 관례도 자리잡게 했다. 대기의 아래쪽 영역인 대류권troposphere은 구름의 대부분이 형성되는 영역인데 하층, 중층, 상층 이렇게 세 가지 층으로 나뉜다. 이것은 '층'이나 '단계'를 의미하는 프랑스어 'étages(에타쥐)'로 불리기도 하는데, 이는 장바티스트 라마르크라는 프랑스인이 하워드의 분류 체계와 경쟁 관계에 있는 분류 체계를 제안했고, 라마르크의 체계가 'étages'를 바탕으로 분류하고 있기 때문이다. 대류권의 높이는 위도에 따라 달라지지만, 전 세계의 중위도 온대지방을 기준으로 세 가지 구름층을 정의하면 다음과 같다.

하층운은 고도 6500피트(약 2킬로미터) 아래서 집중적으로 발생한다.

중층운은 고도 6500피트~2만 3000피트(약 2~7킬로미터)에서 집중적으로 발생한다.

상층운은 고도 1만 6500피트~4만 5000피트(약 5~13.7킬로미터)에서 집중적으로 발생한다.

물론 이런 하찮은 관례 따위에 얽매일 구름의 왕 적란운이 아니다. 적란운은 일반적으로 세 층 전체에 걸쳐 있다. 하지만 적란운은 하층 구름으로 분류하는 것이 제일 좋아 보인다. 적란운은 언제나 이 하층에 밑면을 두고 거기서부터 위쪽으로 자라나기 때문이다.

***

"처음에는 떨어지는 느낌이 없었습니다. 쌩하니 공기를 뚫고 지나는 느낌밖에 없었죠." 고장 난 제트기에서 탈출하고 난 직후의 느낌을 윌리엄 랭킨은 이렇게 표현했다. 그리고 곧바로 그는 14킬로미터 상공의 혹독한 환경이 주는 고통에 시달리기 시작했다.

"마치 텅 빈 냉장고 속으로 내던져진 고깃덩어리가 된 느낌이더군요. 거의 즉각적으로 얼굴, 목, 손목, 손, 발목 등 밖으로 노출된 모든 부위가 추위 때문에 바늘로 찌르듯이 아파왔습니다." 랭킨은 이렇게 기억했다. 하지만 더 괴로운 것은 낙하산이 자동으로 펴질 때까지 자유낙하를 하는 동안 대류권 상부의 낮은 기압 때문에 생기는 감압 현상이었다. 압력 차이 때문에 내부의 장기가 팽창하고 몸이 부풀어 오르면서 눈, 귀, 코, 입 등 구멍이란 구멍에서는 모두 피가 흘러나왔다. "내 배를 슬쩍 보니 정말 끔찍하더군요. 무슨 만삭의 임신부처럼 배가 부풀어 있더라고요. 그렇게 아파보기는 처음입니다." 그래도 극한의 추위 덕분에 하나 좋은 것이 있었다. 몸이 마비되기 시작한 것이다.

자유낙하를 하는 동안 몸이 핑핑 돌고 팔다리가 마구 흔들렸음에도 랭킨은 비상용 산소 공급장치를 입에 단단히 물고 있었다. 이 낙하에서 어떻게든 살아남으려면 의식을 잃지 않고 반드시 버텨내야 했다. 그는 이제 적란운 윗부분의 구름 속으로 진입했고 앞이 잘 보이지 않았다. 시계를 보니 탈출한 뒤 5분 정도가 흘러 있었다. 이만하면 3000미터 정도는 내려왔으리라. 이 정도 높이까지 왔으면 낙하산 기압계가 기압을 감지하고 낙하산이 자동으로 펴져야 한다. 하지만 낙하산은 펴질 기미가 없었다. 이 가엾은 조종사는 이미 14.3킬로미터 높이에서 비행기 엔진 고장이라는 끔찍한 일을 겪었고, 보조 동력 장치 손잡이가 빠져버리는 바람에 거대한 폭풍우 구름 속으로 탈출해야 하는 지경까지 내몰렸다. 그런데 이젠 작동하지 않는 낙하산에 매달려 땅을 향해 곤두박질치고 있었다.

얼음 결정으로 구성된 적란운 상층부 깊숙한 곳에 들어와 있으니 깜깜해서 아무것도 보이지 않았다. 그 바람에 랭킨은 방향감각을 완전히 잃어버렸고, 어느 고도쯤에 와 있는지도 전혀 알 길이 없었다. 그가 아는 것이라고는 낙하산이 펴지지 않으면 언제든 땅에 곤두박질칠 수 있다는 사실뿐이었다. 드디어 덜컥하고 낙하산이 펴지는 것이 느껴졌고, 그제야 그는 안도의 한숨을 내쉴 수 있었다.

낙하산 줄이 자신을 팽팽하게 당기는 느낌이 들자 그는 낙하산이 완전히 펴졌음을 확신했다. 비상용 산소공급장치의 산소가 다 떨어져버렸지만, 이 높이에서는 장치 없이도 숨을 쉴 수 있을 만큼 산소 농도가 충분한 것을 알고 안도했다. 거대한 구름의 어둠 속에 있었지만, 그래도 사정이 점차 나아지는 것 같았다. "그런 상황이 되고 보니 그저 의식을 잃지 않고 안전하게 살아서 내려갈 수 있겠다는 기대감만으로도 너무 기뻤습니다. 바람이 난류로 점점 더 어지러워지는데도 상관하지 않았죠. '이제 끝이다. 시련은 모두 지나갔다.' 이렇게 생각했습니다." 하지만 난류가 심해지면서 얼어붙은 우박 덩어리가 그를 때리기 시작했다. 겨우 이제야 그는 폭풍의 심장부에 들어선 것이다.

십 분이나 낙하했으니 예상대로라면 이미 랭킨의 발이 땅에 닿았어야 했건만, 구름의 중앙을 휘감아 오르는 거대한 바람줄기 때문에 하강이 지체되고 있었다. 곧이어 난류는 훨씬 더 심해졌다. 워낙 캄캄하고 깊숙한 구름 안이라 고도를 판단할 기준이 될 만한 것이 아무것도 보이지 않았다. 다만 위로 솟구쳐 오르는 격한 바람이 계속 밀려오는 통에 자기가 떨어지는 것이 아니라 위로 끌려 올라가고 있다는 것을 느낄 수 있었다. 바람은 계속해서 난폭해지고 있었다. 그리고 그 순간, 구름이 감추고 있던 막강한 힘이 처음으로 그의 온몸을 덮쳤다.

"정말 믿을 수 없을 정도로 갑자기, 그리고 거칠게 일어난 일이었습니다. 바람이 쓰나미처럼 저를 덮쳤어요. 마치 거대한 바람이 저에게 포문을 열고 쏘아대는 것 같더군요. 저는 위를 향해 끊임없이 치솟았고, 그 힘은 도대체 멈추지 않을 것 같았습니다." 그렇게 위아래로 내동댕이쳐지는 존재가 랭킨만은 아니었다. 그의 주위로는 수십만 개의 우박덩어리들도 똑같은 고난을 겪고 있었다. 랭킨과 우박은 일 분 정도 공기를 안고 아래로 떨어지다가도, 갑자기 구름 속에서 나타난 거대한 상승기류에 휩쓸려 다시 위로 솟구치기를 반복했다.

이렇게 떨어지고 솟구치기를 반복하는 동안 우박 덩어리들은 냉각된 수분을 끌어당기며 마치 눈깔사탕처럼 크고 단단해져갔다. 이 얼음덩어리들은 랭킨을 멍이 들 정도로 세게 후려쳤다. 온몸이 허공에서 거칠게 빙빙 도는 데다가 우박 덩어리까지 난타하는 바람에 그는 구토했고, 눈앞에 펼쳐지는 악몽을 도저히 쳐다보고 있을 수가 없어 눈도 질끈 감아버렸다. 하지만 어느 순간 눈을 떠보니 구름의 중심부를 뚫고 지나가는 길고 검은 터널이 아래로 펼쳐진 것이 보였다. 랭킨은 이렇게 말한다. "이것은 자연이 보낸 심술궂은 마녀 같았습니다. 어느 미치광이가 저를 비명 가득한 끔찍한 검은 우리 안에 가두고, 크고 넓적한 몽둥이로 패고, 꺅꺅 소리를 지르면서 아예 저를 뭉개놓거나 갈가리 찢어놓으려고 하는 것 같았죠." 그때 번개와 천둥이 시작됐다.

번개는 몇 센티미터 두께의 거대한 파란 칼날처럼 보였고, 마치 그를 두 조각으로 쪼갤 것만 같았다. 엄청난 전기 전하가 통과하며 공기가 폭발적으로 팽창하는 과정에서 쾅 하고 천둥소리가 터져 나왔다. 그 소리가 어찌나 가깝고 크게 들리던지, 소리라기보다는 무언가 육중한 것이 달려와 온몸으로 부딪히는 충격처럼 느껴졌다. 그는 이렇게 말했다. "저는 천둥소리를 귀로 들은 것이 아니라 온몸으로 느꼈습니다." 그는 급류가 터지듯 쏟아져 나오는 차가운 빗물에 익사하지 않기 위해 숨을 참고 있어야 할 때도 있었다. 또 한 번은 한 줄기 번개가 낙하산 위로 번쩍거리자 위를 올려다보았다. 번갯불이 낙하산의 캔버스 천을 환히 밝히자 기진맥진한 랭킨의 눈에는 그 광경이 마치 대성당의 거대한 하얀 지붕처럼 보였다. 머리 위로 그 장면을 한동안 바라보며, 그는 마침내 자신이 죽었다고 생각했다.

우박이 된다는 것은
어떤 느낌일까?

***

새내기 적란운이 무섭고 거대한 적란운으로 자라나기에 이상적인 환경이 되려면 다음의 세 가지 결정적인 조건이 맞아떨어져야 한다.

1) 구름 주변으로 따뜻하고 습한 공기가 충분히 공급되어야 한다. 이것은 에너지원으로 작용해 구름의 성장에 힘을 보태준다. 구름 중심부에서는 엄청난 상승기류가 시속 40~110km/h의 속도로 솟아오르고 있는데, 이런 상승기류를 공급해주는 공기의 흐름을 '유입inflow'이라고 한다. 만약 유입되는 공기가 따뜻하고 습기가 많으면 구름 속에서 물방울로 변하는 과정에서 많은 열을 내놓게 된다. 이

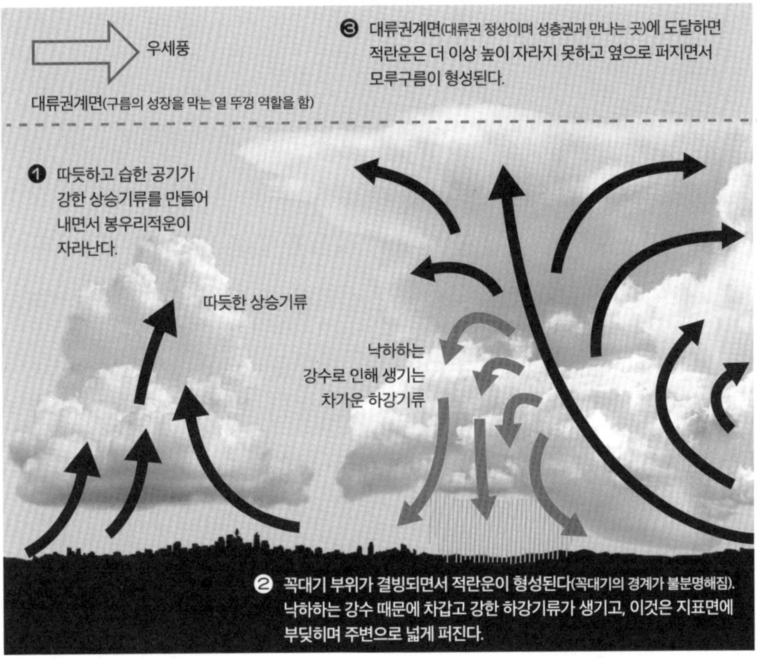

대류권 정상 부위는 구름의 성장을 막는 보이지 않는 뚜껑처럼 작용한다. 그래서 적란운은 모루 모양으로 옆으로 퍼진다.

에너지가 구름 중앙부의 공기에 부력을 보태주고, 상승기류가 증가하면서 구름이 수직적으로 성장하는 것이다.

2) 적란운 주변에서 부는 대류권 바람이 고도가 높아질수록 구름의 이동 방향으로 더욱 강해져야 한다. 바람이 이렇게 불면 적란운이 이동 방향으로 비스듬하게 기울어진다. 이것은 구름의 수명을 늘리는 데 결정적인 역할을 한다. 왜냐면 적란운의 중앙 기둥은 그저 격렬한 상승기류만 활약하는 공간이 아니기 때문이다. 그 공간은 우박이나 비 같은 대규모의 강수 현상이 발달하는 곳이기도 하

다. 그런 강수가 구름을 뚫고 낙하하는 동안에는 증발 현상 때문에 공기를 식히는 역할도 하고, 강수가 주변의 공기를 함께 안고 내려가기도 한다. 이렇게 해서 아래로 쏟아져 내리는 하강기류가 형성되는데, 만약 구름이 똑바로 서 있다면, 이 하강기류가 구름에 생명을 불어넣는 상승기류를 덮쳐버려 결국 구름은 오래 살아남지 못한다. 이 하강기류가 지표면에 닿으면 책상 위에 엎질러진 물이 퍼지듯 바깥으로 퍼져 나간다. 이런 현상 때문에 적란운의 앞쪽 가장자리에서 낮은 구름이 한 줄로 길게 형성되는 경우가 많다. 하지만 주변의 바람 때문에 적란운이 앞쪽으로 기울어지면 강수가 상승기류보다 살짝 앞쪽으로 떨어지기 때문에 구름의 성장을 가로막는 하강기류의 효과는 줄어든다.

3) 구름 주변의 대기가 '불안정'해야 한다. 이것은 공기가 고도에 따라 얼마나 빠른 속도로 차가워지느냐 하는 문제와 관련이 있다. 만약 주변 환경의 기온이 고도가 높아지면서 가파르게 떨어진다면 유입되어 들어온 따듯하고 습한 공기가 상승하면서 차가워지더라도 주변 공기보다는 조금이라도 더 따듯한 상태를 유지할 수 있고 부력이 남아 있게 된다. 이것이 구름의 성장을 촉진해준다. 대류권은 항상 고도가 높아질수록 온도가 떨어져 낮은 곳과 높은 곳의 기온 차가 벌어지는 경향이 있는데, 열대지방의 지표면 근처에서는 그 기온 차이가 더 극적인 경우가 많다. 이곳에서는 지표면이 뜨겁기 때문에 고도가 낮은 곳에 있는 공기의 온도가 크게 올라가기 때문이다. 이것이 열대지방에서 뇌운이 매우 흔하게 발생하는 한 가지 이유다.

James Gaskell (1618번 회원)

때로는 폭풍의 앞쪽에 '두루마리구름 roll cloud'이 나타나기도 한다. 차가운 하강기류가 지표면 가까이에서 퍼지면서 앞에 있던 따듯한 공기를 위로 밀어올려 생기는 현상이다.

공교롭게도, 고도에 따른 기온의 변화는 적란운의 특징인 모루 모양의 꼭대기가 만들어지는 이유이기도 하다. 대류권과 성층권으로 나뉘는 경계는 고도에 따른 공기의 냉각이 언제나 멈추는 대기권 영역이라고 정의된다. 이 경계 부위를 대류권계면tropopause이라고 하는데, 이 경계면에서는 기온이 섭씨 영하 50도 정도로 일정하게 유지된다. 그리고 성층권 하부로 진입하면서부터는 다시 기온이 증가하기 시작한다. 이러한 온도 기울기의 변화는 구름의 성장을 가로막는 열 지붕으로 작용한다. 이 경계면에 닿은 적란운은 더 이상 위로 자라지 못하기 때문에 그 지붕 밑으로 퍼져 나가는 것이다.

적운이 편평운, 중간적운, 봉우리적운, 조각적운 등의 다양한 종으로 발생하는 것처럼 적란운도 두 가지 종이 있다. 이 두 종을 '대머리적란운'과 '복슬적란운'이라고 부르는데, 얼음 입자가 생기는 꼭대기 부분의 모양으로 구분한다. 대머리적란운은 적란운의 모루구름 모양이 매끄럽고 가장자리가 부드러운 것을 말한다. 복슬적란운은 꼭대기 부분에 섬유가 뻗어 나온 것처럼 줄무늬가 보인다. 복슬적란운을 뜻하는 'capillatus'는 머리카락을 뜻하는 라틴어에서 나온 용어인데, 이 구름은 마치 방금 운동장에서 한바탕 뒹굴다 온 아이의 헝클어진 머리카락처럼 보인다.

적란운은 구름의 왕이라 불리는 만큼, 혼자 다니는 것을 좋아하지 않는다. 꼭대기에는 모루구름을 달고 다닐 뿐 아니라 '부속구름(열 가지 기본 구름의 근처에 나타나거나 기본 구름과 융합된 형태로만 나타나는 구름)'과 '부가적 특성(기본 구름에 부착되어 나타나는 다양한 형태나 융기)'을 지닌 구름들을 신하들처럼 거느리고 다니고, 이들은 왕의 수행원처럼 행동한다.

나무 몸통처럼 생긴 넓은 '벽구름wall cloud'은 적란운의 밑면 아래, 상승기류의 중심부 주변으로 생기는 구름이다. '편난운pannus' 혹은 '토막구름'은 먹구름 아래에서 나타나는 검은 누더기 조각구름으로, 심한 강수로 공기가 포화되어 생긴다. 폭풍의 앞쪽에서는 밖으로 흘러나오는 차가운 공기의 전선을 타고 두루마리처럼 구르며 전진하는 짙은 구름이 생겨나기도 하는데, 이것을 '아치구름arcus'이라고 한다. '삿갓구름pileus'은 적란운 정상을 매끄러운 모자처럼 덮는 형태의 구름이다. 높은 곳에 머물던 습한 공기층이 솟아오르는 적란운의 중앙 기둥 때문에 위로 밀쳐져 생긴다. 이 구름은 오래 남아 있는 경우가 드문데, 이내 적란운이 그 구름을 뚫고 자라 올라 거기에 흡수되어버리기 때문이다. '면사포구름Velum'도 그와 유사한 방식으로 형성되지만, 부드러운 천이 아주 넓고 편평하게 펼쳐진 것처럼 보인다. 개별적인 구름에서 자라나온 일련의 기둥들이 넓게

구름의 엄마. 젖가슴처럼 생긴 '유방구름'은 적란운의 모루구름 아랫면에서 나타나기도 한다.

펼쳐져 있는 습한 공기층을 위로 밀어 올릴 때 생긴다. 그리고 '깔때기구름tuba'이라는 것도 있다. 이 구름은 적란운 아래로 토네이도가 발달하고 있음을 말해주는 첫 번째 신호다. 깔때기구름은 구름 밑면에서 내려오는 구름의 손가락이라고 할 수 있는데, 회오리 중앙에서 형성되며, 회전으로 압력이 낮아진 곳에서 공기가 냉각되면서 생긴다.

적란운을 시중드는 이 모든 신하들 중에서도 가장 극적인 형태가 바로 유방처럼 생긴 '유방구름mamma(또는 mammatus)'이다. 이 구름은 소나 염소의 젖통처럼 생겼으며, 젖통이 적란운의 모루구름 아랫면에 주렁주렁 매달리기도 한다. 유방구름이 있다는 것은 구름 정상부 주변의 공기가 대단히 불안정하다는 뜻이다. 이 구름은 아주 격렬한 폭풍우를 몰고 다닌다. 마지막으로, 적란운의 공기 유입을 따라 봉우리적운이 일렬로 줄을 서서 자라나는 경우를 흔히 볼 수 있다. 이 구름들은 호시탐탐 왕의 자리를 노리면서 왕이 죽기만 하면 당장이라도 왕좌를 차지하려고 뛰어들 준비를 하고 있는 구름들이다.

신하들이 난리법석 소란을 피우고 있는 와중에 적란운 자신은 분노에 완전히 사로잡혀 있다. 이러한 분노를 자꾸 부채질하는 것은 적란운의 세력권에 있는 불안정한 대기권이다. 셰익스피어의《리어 왕》에 등장하는 사건들이 격렬한 폭풍우를 배경으로 펼쳐진 것은 얼마나 적절한 설정이었는가 생각해본다. 리어 왕 자신도 내면의 불안정한 기운 때문에 미쳐버렸으니 말이다.

리어 왕: 불어라 바람아, 네 뺨이 터지도록 미친 듯이 불어라!
큰 비여, 폭풍이여, 비를 퍼부어라.
저 뾰족탑과 지붕 위 풍향계마저 모두 잠길 때까지!
지옥의 불 같은 날랜 번개여
나무를 쪼개는 벼락의 전령이여
나의 흰머리를 검게 그을려라!
그대 천지를 뒤흔드는 천둥이여
세상의 부른 배를 납작하게 두드려라!
배은망덕한 인간의 씨를 말려라![3]

물론 리어 왕이 미쳐버린 이유는 대류권의 불안정한 온도 분포 때문이 아니라 딸들에게 버림받고, 그가 포기한 왕좌에서도 멀어진

일 때문이었다. 그것만 빼면 리어 왕은 적란운의 특징을 무척 잘 표현하고 있다.

***

고대 인도의 시인들은 장마철(몬순)의 초입을 사랑하기에 좋은 시기로 여겼다. 유럽의 낭만파 시인들이 봄을 칭송했듯이 그들은 장마를 칭송했다. 장맛비는 인도의 찌는 듯한 여름 더위를 식혀주고, 풍부한 색상과 향기로 물든 아름다운 생명들이 순식간에 정원 가득 얼굴을 내밀게 하고, 야생 공작의 마음을 흔들어 현란한 구애 의식을 벌이게 한다. 이 모든 변화의 시작을 알리는 전령이 다름 아닌 적란운이다. 그래서 적란운은 인도 사람들의 마음속에서 특별한 위치를 차지하고 있다. 이 점이 가장 아름답게 표현된 작품이 산스크리트 문학의 위대한 대시인 깔리다싸가 기원전 50년에서 서기 400년 사이에 쓴 한 편의 시다.

이 시의 제목은 〈메가두타〉인데, '구름 전령'이라는 뜻이다. 이 시는 한 '야크샤'에 관한 이야기다. 야크샤는 힌두 신화에서 재물과 보물의 신인 쿠베라의 보물과 정원을 지키는 임무를 띤 반신반인들을 말한다. 이 이야기에 등장하는 이름 없는 야크샤는 자기의 임무를 충실히 수행하지 않았다(상상할 수 없을 정도로 값진 주인의 보물이 든 창고 문을 닫는 것을 깜빡했을지도 모를 일이지만, 구체적인 내용은 나와 있지 않다). 그래서 주인은 그에게 저주를 내려 그가 살던 히말

심부름 하는 구름

라야의 집에서 쫓아내고 인도 중부의 빈디아산맥에서 혼자 일 년을 살게 했다.

목적도 없이 한 산의 암자에서 다른 산의 암자로 떠돌아다니던 야크샤는 아무 할 일도 없이, 그저 고향에 두고 온 아내를 애타게 그리워하며 집에 돌아갈 날만을 손꼽아 기다렸다. 추방당한 지 8개월이 되던 때, 그는 산꼭대기에 검은 적란운 번개구름이 걸려 있는 것을 보았다. 그것이 의미하는 바는 한 가지밖에 없었다. 바로 장마의 시작이다.

그 야크샤는 장마가 되면 떠돌아다니던 사내들도 자기 아내를 찾아 집으로 돌아간다는 것을 알고 있었고, 그 구름을 보자 그리움이 더 사무치게 가슴을 파고들었다. 남풍이 그 구름을 히말라야의 자기네 집 쪽으로 몰고 갈 것임을 알아차린 야크샤는 구름에게 자기 아내에게 소식을 전해달라고 부탁한다.

> 오, 구름이여. 그대는 진정 고통받는 자들의 피난처로다! 하여, 재물의 신의 노여움을 사 아내와 생이별한 나를 위해 사랑의 전갈을 전해다오.
> 그대가 온전한 모습으로 하늘에 나타났을진대, 나처럼 목숨이 다른 사람의 손에 달린 자가 아니고서야, 어느 누가 멀리 떨어져 고통받는 자기의 아내를 외로이 홀로 두겠는가?[4]

야크샤는 구름에게 북쪽의 자기 고향으로 가는 세세한 길을 알려주었다. 그리고 가는 길에 잠시 들러 목을 축일 강도 일러주고, 기대어 쉴 수 있는 산꼭대기도 알려주었다. 이 야크샤는 구름이 여행길에 만나게 될 풍경을 서정적인 노랫말로 아름답게 표현했다. 예를 들어, '웃자이니'라는 마을에 가면 시바신의 성지에서 춤추는 소녀들을 보게 될 것이다. 첫 빗방울이 자신의 손톱에 떨어지면 소녀들은 들뜬 마음으로 하늘을 쳐다보리라. 이제 곧 사랑하는 연인이 집으로 돌아오리라는 것을 알기 때문이다.

야크샤는 자기 고향에 도착하면 어떻게 자기 집을 찾을지도 설명했다. 아내는 잠들지도 먹지도 못한 채 집 안에 틀어박혀 앉아 있을 것이다. 분명 그녀는 남편에 대한 그리움에 사무쳐 그다지 기분이 좋아 보이지도 않으리라.

> 내 사랑하는 여인은 얼굴을 손등 위에 괴고 앉아 있을 것이라, 하염없이 흐르는 눈물에 눈은 부어오르고, 뜨거운 한숨에 아랫입술은 색이 바래고, 흘러내린 머리카락에 그 입술마저 가려져 있으리니, 그녀의 얼굴은 영락없이 그대 구름에게 빛을 가리어버린 가엾은 달의 모습이리라.[5]

야크샤는 아내를 놀라게 하지 말고 그저 빗물로 식힌 시원한 산들바람으로 그녀를 깨우라고, 그리고 집안에서는 절대로 번개를 치지 말라고 구름에게 신신당부한다. 야크샤는 구름에게 낮은 천둥소리로 아내를 위로하고서, 두 사람을 떼어놓은 저주가 곧 풀릴 터이니 잊지 말고 자기를 기다려달라고 전할 것을 부탁한다. 이 전갈을 전하고 나면 구름은 비가 내리는 계절의 풍광을 마음껏 즐기며 다시 자유롭게 떠다닐 것이다.

***

적란운의 은밀한 애정생활

깔리다싸의 야크샤는 구름 전령을 떠나보내며 작별의 당부를 하나 남긴다. 적란운만큼은 부디 사랑하는 배우자인 번개와 가슴 찢어지는 이별의 고통으로 아파하지 말라는 당부였다. 하지만 다른 사람의 결혼생활이 어떻게 돌아갈지 누가 내다볼 수 있겠는가? 또 둘 사이의 불꽃같은 열정을 지켜주는 것은 무엇이며, 또 생각 없이 던진 말 한마디가 어째서 걷잡을 수 없는 격한 말다툼으로 폭발하는지는 누가 알겠는가? 이것은 다른 부부 사이에서와 마찬가지로 적란운과 번개 사이의 결혼생활에도 적용된다. 윌리엄 랭킨 중령은 적란운 내부가 맨정신으로 관찰이나 측정을 하기에는 적당한 환경이 아님을 처음으로 증명한 사람이 아닐까 싶다. 혼란스러운 것이 한두 가지가 아니지만, 그중에서도 번개가 도대체 언제 어디서 칠지 예측하기란 정말 어렵다. 그래서 번개는 과학적으로 연구하기가 무척 까다롭다.

반면 천둥은 이제 잘 연구되어 있다. 아리스토텔레스의 주장과 달리 천둥은 식어가는 구름 덩어리가 주변의 구름과 충돌하면서 뱉어내는 '마른 날숨dry exhalation'도 아니고, 데카르트의 주장대로 한 구름이 다른 한 구름을 향해 내려앉으면서 두 구름 사이에 있는 공기가 파이프 오르간 속에 든 공기처럼 공명해서 내는 소리도 아니다.

Ashley Gibbs (563번 회원)

적란운이 자신을 과시하는 순간.

하지만 나는 그 소리를 만들어내는 존재가 일본에서 등장하는 천둥과 번개의 신인 라이덴인지 아닌지를 두고 기상학자들 간에 격렬한 논쟁이 오가는 모습을 상상하면서 즐거워할 때가 있다. 라이덴은 붉은 악마처럼 생겼고, 날카로운 부리로 사람의 배꼽을 파먹는 것을 좋아한다. 일본의 어린이들은 천둥소리를 들으면 혹시나 라이덴이 배꼽을 먹으러 올까 봐 얼른 손으로 배꼽을 가린다.

하지만 안타깝게도 그런 격렬한 논쟁은 일어나지 않는다. 우르릉 쾅쾅 굉음을 만들어내는 범인은 바로 번개의 엄청난 열기라는 것을 이미 알고 있기 때문이다. 번개는 순식간에 공기를 2만 7700도까지 가열한다. 이것은 태양 표면 온도의 네 배가 넘을 만큼 뜨겁다. 그리고 이 가열은 불과 몇백만분의 일 초 사이에 일어나는 일이라, 번개가 지나간 자리 주변의 공기는 말 그대로 폭발하듯 팽창한다. 거기서 발생하는 음파가 바로 우리 귀를 찢어놓는 천둥소리다.

번개의 형성 과정에 대한 이해는 세세한 부분까지 들어가면 아직 채워야 할 틈이 많지만 기본적인 원리는 분명하다. 번개는 한 구름 안에서 전하가 서로 다른 영역들이 발생해서 전기가 그 사이의 공기를 뚫고 흐를 때 발생한다.

적란운 안에서 전하가 쌓이는 원리는 합성섬유 카펫을 걸을 때 전하가 쌓이는 원리와 비슷하다. 합성섬유 위를 걸으면 신발에는 카펫 섬유에서 나온 전자들이 모이고, 결국 우리 몸과 주변 환경 사이에는 전하의 불균형이 야기된다. 그러다가 금속 문손잡이 같은 전도체를 만지면 음의 전하가 손을 타고 빠져나가면서 스파크가 튄다.

물론 적란운은 신발을 신지 않지만, 적란운 속은 심한 난류가 생기는 환경이기 때문에 그 안에서 커다란 우박덩어리와 작은 얼음 입자들 간에 충돌이 일어나면서 전하의 불균형이 생겨날 수 있다. 충돌이 일어날 때, 커다란 우박덩어리가 작은 얼음 입자로부터 음전하를 띤 전자를 빼어오기 때문이다. 이렇게 해서 우박덩어리는 음전하를 축적하고, 작은 얼음 입자는 그만큼의 양전하를 축적한다.

구름의 상승기류 때문에 작은 얼음 입자는 위쪽으로 실려 올라가고, 반면 그보다 무거운 우박 덩어리는 바닥 쪽으로 떨어지게 된다. 이렇게 해서 적란운은 합성섬유 카펫 근처에는 얼씬거리지도 않았지만 전하의 불균형이 생겨난다.

구름 안에서 전하가 분리되어 있으니 결코 안정된 상태라고 말할 수 없다. 적란운 중심부에서 일어나는 격렬한 상승기류 때문에 마치 군대가 대치한 것과 같은 팽팽한 긴장 상태가 만들어지고, 이곳을 누가 살짝만 건드려도 쌓여 있던 힘이 폭발하고 만다. 그리고 이 폭발은 전기가 대규모로 재분배되는 형태로 일어난다.

***

어릴 적에 우리 가족은 웨스트런던 지역의 건물 지붕들이 내려다보이는 고층 아파트에서 살았다. 고층 아파트는 구름을 관찰하기에 아주 유리한 장소라서 취침 시간 이후에 번개구름이 몰려올 때마다 나는 이 장점을 최대로 이용했다. 커튼과 차가운 침실 유리창 사이의 어둠 속에 서서, 구름 한가운데서 쏟아져 내리는 폭우를 뚫어져라 쳐다보며, 그다음 번개는 어디서 칠지 알아맞혀 보려고 애썼다. 하지만 번개는 늘 내 눈길을 피해 다른 곳에서 번쩍거렸다.

다음 번개를 기다리는 동안 나는 유리창에 입김을 불어 거기에 그림도 그리고, 창밖에서 유리창을 타고 작은 개울물처럼 흘러내리는 빗방울들이 서로 합치고 갈라지는 모습을 구경하기도 했다. 나는 그다음 번개 불빛이 여러 갈래 섬광으로 떨어지는 '갈래진 번개fork lightning'가 될지, 아니면 섬광은 보이지 않고 그냥 구름만 밝게 번쩍거리는 '판번개sheet lightning'가 될지도 예측해보려 했다. 사실은 둘 다 똑같은 번개다. 다만 판번개는 섬광이 구름에 가려지다 보니 구름만 전체적으로 환하게 깜빡이는 것처럼 보일 뿐이다.

하지만 번개들 간에 차이점이 전혀 없는 것은 아니다. 그런 차이

점 중에서도 가장 중요한 것은 번개가 향하는 방향일 것이다. 보통 우리는 번개가 구름에서 땅을 향해 친다고 생각하지만(대지방전, cloud-to-ground), 이것은 가능한 경로들 중 한 가지에 불과하다. 사실, 구름에서 땅으로 향하는 번개는 제일 흔한 형태도 아니다.

가장 흔한 형태는 '구름 내부에서' 치는 번개다(운내방전, in-cloud). 이 번개는 구름의 어느 한 부분에서 다른 한 부분으로 섬광이 이동한다. 그렇게 함으로써 구름 안에 생긴 전하의 불균형을 해소하는 것이다. 구름 내부의 번개나, 구름에서 땅으로 향하는 번개보다 드문 형태로 '구름에서 구름으로 향하는' 번개가 있다(운간방전, cloud-to-cloud). 한쪽 구름의 음전하 영역에서 이웃한 다른 구름의 양전하 영역으로 전하의 방출이 이루어지는 것이다. 땅 위에서 관찰하는 사람의 눈에는 잘 보이지 않고, 연구도 제일 덜 된 형태의 번개는 바로 '구름에서 대기로' 치는 번개다(대기방전, cloud-to-air). 이 번개는 구름 꼭대기와 그 위의 대기 사이에서 전하가 이동한다.

지표면으로 내려오는 번개를 고속 촬영한 사진을 보면 전하가 구분 가능한 몇 가지 단계를 거쳐서 이동한다는 것을 알 수 있다. 음전하의 선행방전stepped leader이 계단 모양으로 삐쭉삐쭉 꺾이고 갈라지며 구름에서 내려오지만, 섬광이 미처 지표면에 닿기 전에 그 아래서 양전하가 상향방전upward streamer으로 솟구쳐 올라와 선행방전과 만난다. 이 둘이 연결되면 회로가 형성되고, 그럼 전하를 재분배하기 위해 전기가 아래로 돌진해 내려오고, 이 방전로는 바닥부터 위쪽 방향으로 올라가며 불꽃을 쏟아낸다. 이 불꽃은 섬광 그 자체이며, '주방전' 혹은 '귀환방전return stroke'이라고 한다. 구름의 다른

음전하 영역과 양전하 영역 사이에서 번개가 취할 수 있는 경로를 보여주는 그림.

영역에 있던 전하가 첫 번째 방전 바로 다음에 같은 방전로를 따라 내려오면 연속적으로 주방전이 이루어지면서 번개가 깜박거린다.

여기까지가 번개에 대한 기초적인 내용이지만, 사실 적란운과 관련해서는 무엇 하나 확실한 것이 없다. 예를 들어, 번개가 하필 그 특정 순간, 특정 장소에서 치도록 촉발하는 요소는 대체 무엇일까? '구전광ball lightning'이라고 알려진 둥근 빛 덩어리의 정체는 대체 무엇일까? 구전광을 목격한 사람들의 말에 따르면 구전광은 크기가 자몽 정도 되는 빛 덩어리로 번개가 치는 동안 몇 초 정도 땅 위를 떠다닌다고 한다. 플로리다대학교의 캠프 블랜딩 번개 연구 및 실험 국제센터의 책임자이자 번개 연구에서 세계적인 전문가인 마틴

우먼Martin Uman 교수의 말을 빌려보자. "우리는 번개에 대해서 아직 모르는 것이 너무도 많습니다."

***

거대한 폭풍계 아주 위쪽에 있는 대기에서는 때때로 일군의 신비로운 전기 현상들이 일어난다는 사실이 지난 이십 년 동안 밝혀졌다. 과학에서 일어난 많은 발전과 마찬가지로 이 발견 또한 순전히 우연 덕분이었다. 1989년에 미네소타대학교 교수 존 윈클러John R. Winckler는 로켓 발사에 사용할 아주 민감한 저광도 비디오카메라를 시험해보고 있었다. 촬영된 테이프를 검토하다가 윈클러는 미국-캐나다 국경 근처의 뇌운 위에서 거대한 빛줄기가 솟아오르는 장면이 포착된 영상을 보게 되었다. 그는 이 영상을 같은 대학에서 번개 감지 네트워크를 개발 중이던 동료 월트 라이언스Walt Lyons에게 보여주었다. 그리고 두 사람은 그 장면이 기술적 오류로 생긴 장면이 아니라고 판단했다. 그것은 그때까지 확인된 적이 없는 방전 현상인 듯했다.

이후 라이언스는 콜로라도 대평원에 있는 자신의 집 관측대에서 이 전기 현상을 필름에 담아내는 까다로운 작업을 했고, 결국 이 분야에서 세계적인 권위자가 되었다. 여러 해 동안 과학자들은 이 현상을 무슨 이름으로 불러야 할지 합의를 보지 못했다. 그러다가 1994년이 되어서야 한 교수가 사용한 '스프라이트sprite(도깨비)'라는 이름이 받아들여졌다. 이 이름은 우리가 아는 바가 거의 없고, 마법처럼 잠깐 나타났다 사라지는 이 아름다운 현상을 지칭하기에 적절해보였기 때문이다. 이 현상은 1/10초 정도 나타났다가 사라져버린다. 맨눈으로 간신히 알아챌 수 있을 정도의 시간이다. 형태는 거대한 붉은색 해파리처럼 생긴 경우가 많고, 촉수처럼 아래로 처진 부위에는 푸르스름한 기운이 감돈다.

스프라이트 현상은 70킬로미터 정도의 고도에서 시작해 위로는 90~95킬로미터 정도 뻗어 올라가고, 아래로는 25~30킬로미터 정도까지 내려간다. 사진으로 판단하건대 이것은 그 아래 있는 구름과 만나지도 않는 것으로 보인다. 이들은 주로 거대한 폭풍계 위에서 생기고, 그 아래서 특정 유형의 번개가 치고 난 직후에 나타난다. 그 특정 유형의 번개란 바로 '양형 대지번개positive cloud-to-ground lightning'이다. 이것은 전형적으로 나타나는 번개 유형이 아니라, 전체 번개 중 5~10퍼센트 정도를 차지한다. 해파리 형태가 제일 흔하지만, 그 외에도 굉장히 다양하고 재미있는 형태로 나타나서 '브로콜리 스프라이트', '문어 스프라이트', '카르멘 미란다• 스프라이트' 등등의 이름이 붙기도 했다.

'카르멘 미란다 스프라이트.' 스프라이트는 뇌운보다 80킬로미터 정도 위에서 나타나는 신비로운 전기 현상이다.

오늘날까지도 과학자들은 이것의 정체가 정확히 무엇인지 합의를 못 하고 있다. 특히 이것이 대류권과 성층권보다 더 높은 중간권mesosphere에서 일어난다는 사실이 혼란을 더 가중시키고 있다. 이곳은 오랫동안 전기적으로 불활성이라고 여겨졌기 때문이다.

스프라이트, 엘브스, 그리고 블루제트

윈클러의 우연한 목격 이후로, 대기과학 연구팀들이 라이언스의 관측 센터로 성지 순례를 왔다. 그리고 이 센터는 '스프라이트 중앙본부Sprite Central'라는 이름으로 알려지게 되었다. 지상용 카메라와 비행기용 카메라, 우주왕복선 카메라로 무장한 연구자들은 스프라이트와 관련 있는 것으로 보이는, 뇌운 위에서 일어나는 두 가지 다른 전기 방전 형태를 확인했다. 그리고 이들도 마찬가지로 '엘브스ELVES'[••], '블루제트blue jets'라는 떠올리기 쉬운 이름이 붙었다.

엘브스는 천분의 일 초도 안 되는 짧은 시간 안에 사라지기 때문에 맨눈으로는 볼 수가 없지만, 스프라이트와 마찬가지로 양형 대지번개가 칠 때 그와 동시에 나타난다. 만약 눈에 보이지 않을 정도로 수명이 짧지만 않았어도 스프라이트처럼 붉은색으로 보였을 것이다. 거대하게 팽창하는 도넛 모양으로 생긴 엘브스는 대기권 95~105킬로미터 상공에서 형성되며 직경이 수백 킬로미터에 이를

• 1940~50년대 헐리우드에서 활동한 브라질 삼바 가수. 높이 쌓아 올린 과일 모자 의상으로 유명하다.

•• Emission of Light and Very Low Frequency perturbations due to Electromagnetic Pulse Sources의 약자. elves는 요정을 뜻하는 영단어인 elf의 복수형이라 단어 자체만 들으면 요정을 뜻하는 것처럼 보인다.

정도로 커진다.

블루제트는 어렵긴 하지만 맨눈으로도 볼 수 있다. 적란운 꼭대기에서 위쪽 방향으로 초당 80~160킬로미터의 속도로 솟구쳐 오르고, 사라지기 전까지 40킬로미터 정도 솟아오른다. 이것은 엘브스와 마찬가지로 스프라이트보다 드물게 발생한다. 블루제트는 특정한 대지방전과 별로 관련이 없는 것 같고, 번개 발생 속도가 빠른 뇌운 위에서 형성되는 것으로 보인다.

그런 고도에서 어떻게 이런 신비로운 전기 현상이 나타나는지를 두고 과학계에서는 이런저런 추측이 나오고 있지만, 한 가지만큼은 분명하다. 적란운과 그의 배우자인 번개 사이의 관계에는 우리 눈에 보이는 것 이상의 심오한 무언가가 있음이 틀림없다.

***

구름관찰자들에게 기쁜 소식을 전한다. 윌리엄 랭킨 중령은 죽지 않았다. 머리 위로 부풀어 오른 낙하산이 대성당 천장으로 보이는 경험을 하고 난 다음에 그는 난류가 가라앉고 비와 우박의 강도도 약해지는 것을 느꼈다. 드디어 구름 밑면을 뚫고 나오고 있었던 것이다.

어려움이 없지 않았지만 랭킨은 겨우겨우 소나무 숲에 성공적으로 착륙했다. 폭풍은 아직도 격렬하게 불고 있었지만, 땅 위에서 맞는 폭풍은 공중에서 겪은 일에 비하면 아무것도 아니었다. 팔다리가 부러진 곳이 없다는 사실을 확인한 랭킨 중령은 몸을 일으켰고,

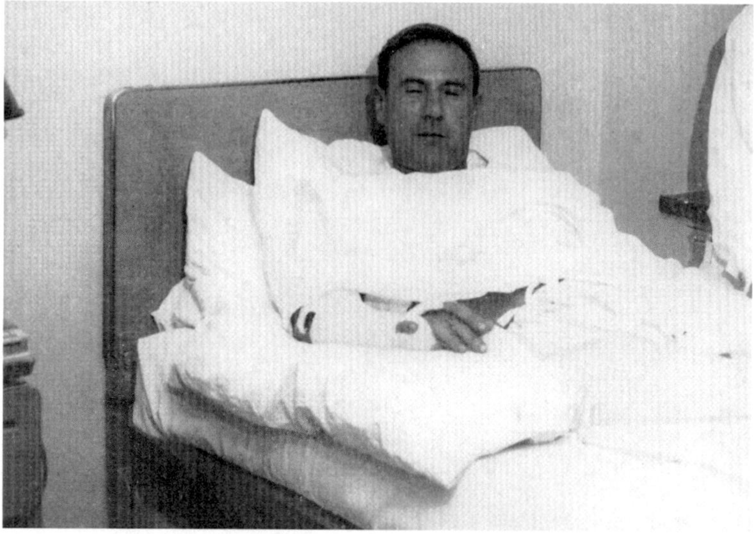

병원에서 회복 중인 랭킨 중령. 그는 구름관찰을 새로운 경지로 끌어올렸다.

도움을 얻기 위해 길을 찾아 비틀거리며 걷기 시작했다.

나중에 캐롤라이나 아호스키에 있는 병원에서 의사에게 검사를 받아보니, 동상으로 피부 색깔이 변하고, 우박에 맞아 몸 여기저기가 부어오르고 멍들어 있었다. 상체에는 비행복의 바늘땀 자국이 고스란히 찍혀 있었다. 비행기에서 탈출하고 난 다음에 심한 감압 현상이 생기면서 몸 내부가 부풀어 올랐고, 비행복이 몸을 꽉 조이고 있다 보니 생긴 자국이었다. 랭킨 중령이나 의사 모두 그가 죽지 않고 살아남았다는 사실에 놀랐다.

숲에 착륙한 뒤 그는 폭풍우의 흐릿한 빛 속에서 손목시계의 형광 시침과 분침을 겨우 알아보았다. 정상적인 조건 아래서는 낙하산을 타고 14.3킬로미터 고도에서 내려오려면 10분쯤 걸린다. 전투기에서 정확히 오후 6시에 탈출했는데, 내려와서 시계를 보니 6시 40분인 것을 보고 그는 너무나 놀랐다. 랭킨은 꼬박 40분 동안 적란운의 거친 난류 속에서 이리저리 시달리다 내려온 것이다. 그 시간 동안 그는 구름의 왕의 얼음 같은 심장부에서 떠다니던 전투기 조종사 모양의 우박 덩어리, 그 이상도 이하도 아니었던 셈이다.

3

the Cloudspotter's Guide

층운

層雲, 층구름, Stratus

안개처럼 낮게 드리운 구름

층운은 편평하고 넓게 펼쳐진 회색의 구름으로, 보통 형태적인 특색이 별로 없다. 밝은 햇빛을 받으며 솟아오른 뚜렷한 브로콜리 모양의 융기도 없고, 그저 하늘을 장막처럼 뒤덮은 구름이 칙칙하고 음울한 빛을 드리울 뿐이다.

상승기류로 생기는 구름들은 늘 부산하고 변덕스러운 반면, 층운은 지루하고 답답한 구름이다. 이 구름은 굳이 귀찮게 머금고 있는 수분을 내려 보내려 하지 않기 때문에 강수가 있다 해도 가랑비나 약한 눈이 내리는 정도다. 이 구름은 꾸물거리며 도착하는 성격인 데다가 일단 도착하고 나서도 눈치 없이 너무 오래 머물러 미움을 산다. 층운은 즉흥적으로 행동하는 구름이 아니다. 그러니까, 사람들이 소풍을 나와서 샌드위치를 꺼내서 먹으려는 순간 갑자기 폭

층운(층구름) 관찰법

층운은 층을 이루거나 조각으로 떠 있는 회색 구름으로 경계가 대단히 불분명하다. 모든 구름 중에서도 가장 낮은 높이에서 형성되며, 지표면 높이에서 나타나면 안개라고 부른다.

고도(중위도 지역 기준): ~2000미터

형성 지역: 전 세계적으로 발생하고 해안이나 산악 지형에서 제일 흔하다.

강수: 가끔 가랑비나 눈 또는 눈싸라기가 내리는 정도. 심한 강수는 없다.

반투명 안개모양층운

조각층운

층운의 종

안개모양층운: 가장 흔한 형태이며, 전반적으로 특색이 없는 회색 구름층으로 나타난다.

편층운(조각층운): 누더기처럼 조각난 개별 회색 구름의 형태로 나타난다. 비나 눈을 내리는 구름 아랫부분에서 나타나면 '편난운'이라고 부른다. 특별히 두꺼운 구름은 아니지만, 그 위에 떠 있는 구름 밑면을 배경으로 보면 상당히 어두워 보일 수 있다.

층운의 변종

불투명구름: 태양이나 달을 완전히 가릴 정도로 구름층이 두꺼울 때.

반투명구름: 구름을 뚫고 태양이나 달의 윤곽이 비쳐 보일 정도로 구름층이 얇을 때.

파상구름: 보기 드문 변종으로, 구름의 표면에 파도 무늬가 있다. 이런 형태가 관찰 가능할 정도로 층운 표면의 경계가 뚜렷한 경우는 드물다.

혼동하기 쉬운 구름

권층운: 상층운으로 아주 얇은 층운과 비슷해 보일 수 있다. 하지만 권층운은 얼음으로 만들어졌기 때문에 하얀색으로 보인다.

고층운: 중층운으로 층운과 마찬가지로 물방울로 구성되어 있는 경우가 많다. 고층운을 통해 태양을 보면 '간유리'로 보는 것 같지만, 층운의 구름층을 뚫고 태양의 윤곽이 보이는 경우에는 경계가 그보다는 명확하다.

난층운: 강수를 내리는 두껍고 어두운 구름층으로 두꺼운 층운과 혼동하기 쉽다. 하지만 층운은 난층운에 비해 밑면에 들쭉날쭉한 형태가 덜 나타나고, 강수량도 적다.

왼쪽 사진: Bob Jagendorf (1480번 회원)

우를 내려서 혼비백산하게 만드는 그런 종류의 구름은 아니다. 머리 위로 층운이 두껍게 깔려 있는 날이라면, 사람들은 소풍을 가느니 차라리 극장으로 발길을 돌리는 경우가 많다.

'구름감상협회'의 창시자로서 나는 종류를 따지지 않고 모든 형태의 구름을 사랑한다고 믿고 싶다. 하지만 런던의 추운 2월 아침에 하늘 가득 층운이 깔려 있으면 솔직히 정말 우울한 기분이 든다.

일반적으로 구름이 끼면 입체감 때문에 하늘이 더 깊고 넓어 보인다. 구름 한 점 없는 맑은 날에는 경험하기 힘든 느낌이다. 다양한 높이, 다양한 형태로 떠 있는 구름을 올려 보고 있노라면 끝없는 창공이라는 말이 실감난다. 하지만 이 층운이라는 놈은 폐쇄공포증을 느끼게 만든다. 안에 있기 답답해서 야외 활동을 나왔는데 이런 기분이 들면 정말 별로다. 층운을 보면, 그냥 얼굴만 아는 사이에 불과한데도 너무 찰싹 달라붙으며 나만의 공간을 침범해 들어오는 사람 같다. 거기서 끝이 아니다. 이 구름이 끼어 있으면 태양이 어디에 달라붙어 있는지 도통 감을 잡을 수가 없다.

나는 시가지의 회색 빌딩을 지나 사무실로 가는 중이다. 아침인데도 하늘이 오후와 별반 다를 게 없다. 이런 층운은 '불투명구름opacus'이라는 층운의 변종이다. 태양을 완전히 가린다는 의미이다. 이것이 '반투명구름translucidus'이었다면 적어도 구름에서 더 밝게 빛나는 부분이나 희미한 윤곽을 보며 태양의 위치를 짐작할 수 있었을 것이다.

지금 머리 위의 층운은 불투명구름일 뿐 아니라 '안개모양층운nebulosus'이라는 종이기도 하다. 구름의 색조에 변화가 없다는 말이다. 구름에 특히 더 밝거나 어두운 부분도 없고, 밑면에 눈에 띄는 어떤 덩어리나 모양도 없다. 그저 콘크리트를 발라놓은 듯 밋밋하고 특색도 없는 회색 구름이 눈길이 닿는 끝까지 뻗어 있을 뿐이다. 층운이 하층운인 것을 생각하면, 사실 이 구름은 그리 멀리 뻗은 구름도 아니다. 나는 지금 고인 설거지물 같은 하늘 아래를 걷고 있다. 비참한 기분이 드는 것도 당연하다.

물론 이것은 여차하면 큰일 날 소리다. 명색이 '구름감상협회' 회장이라는 작자가 층운 때문에 우울해한다는 뉴스가 터지면 이런 국제 스캔들이 또 어디 있겠는가. 나는 정말 구름을 사랑하지만, 오늘만큼은 잠깐만, 아주 잠깐만이라도 밝은 햇살을 눈에 담고 싶어 견딜 수가 없다. 불투명 안개모양층운Stratus nebulosus opacus의 지붕 아래 있으니, 마치 신이 연료비를 아끼려고 태양 대신 어두운 형광등을 켜놓은 것 같은 기분이다.

***

안개모양층운은 특색이라고는 찾아볼 수 없는 밋밋한 구름이지만 그것이 층운의 전부는 아니다. 층운에는 두 가지 종이 있다. 그 다른 한 가지가 바로 '편층운Stratus fractus' 혹은 '조각층운'이라고 부르는 것이다. 이것은 낮게 뜬 구름층이 가장자리 경계가 모호한 조각으로 흩어질 때 생긴다. 오랫동안 변화 없이 머무르기만 하는 안개모양층운과 달리 편층운의 윤곽은 끊임없이 변한다. 편층운은 적란운 아래 있는 포화된 공기 안에서 형성되는 부속구름인 '편난운'

안개모양층운. 이 구름을 보고 기분이 좋아졌다는 사람은 본 적이 없다.

과 본질적으로 같은 구름이다.

각각의 구름 속은 종으로 다시 나뉠 뿐만 아니라 그 안에 몇 가지 '변종'이 들어가 있는 경우도 있다. 변종은 그 구름에서 흔하게 나타나는 특성을 말한다. 구름층을 통해 해나 달의 위치를 확인할 수 있는가에 따라 나누는 '불투명구름', '반투명구름'이라는 변종 외에도 층운에는 세 번째 변종인 '파상구름undulatus' 혹은 '파도구름'이 있다. 이것은 구름층의 표면이 파도 모양인 것을 말하는데, 구름과 같은 높이로 지나는 바람의 작용으로 형성되기도 한다.

층운은 적운이나 적란운 같이 상승기류로 만들어지는 구름과는 완전히 다른 방식으로 형성된다. 모든 구름들과 마찬가지로 층운도 역시 공기가 충분히 냉각되어 그 안에 들어 있는 수증기가 물방울로 변할 때 나타난다. 하지만 층운의 경우 적운처럼 상승기류를 타고 올라가면서 일부 공기덩어리들이 개별적으로 냉각되는 것이 아니라 커다란 한 영역 전체가 냉각된다는 점이 다르다.

어떻게 하나의 공기층이 그렇게 통째로 냉각될 수 있을까? 한 가지 가능한 방식은 대량의 공기가 동시에 상승하는 것이다. 떠다니던 공기층이 자기보다 살짝 더 차가운 공기를 만나면 이런 일이 일어난다. 차가운 공기는 밀도가 더 높기 때문에 지표면 근처에 머무는 경향이 있고, 그보다 따듯한 공기는 차가운 공기를 타고 천천히 위로 올라간다. 이렇게 상승하면서 공기층은 냉각되고 기압이 떨어진다. 만약 이 과정 전체가 부드럽게 진행되면, 이런 냉각을 통해 밋밋하고 특색이 없는 구름이 하늘을 담요처럼 뒤덮게 된다. 적운과 적란운 같은 대류구름에서 생기는 난류에 비하면 층운은 상대적으로 공기층이 안정되어 있다. 그것이 바로 층운이 엉덩이가 무거운 이유이고, 아직까지도 내 출근길 머리 위를 뒤덮고 있는 이유이다.

층운은 가벼운 비나 눈을 내리기도 하지만, 지금 이 구름은 전혀 비를 내리지 않는다. 차라리 비라도 내렸으면 기분이 더 나았을 것 같다. 폭우가 내리는 날 집안에 따듯하게 장작불이라도 때고 들어앉아 있으면 안락하고 포근한 기분이라도 들기 때문이다. 하지만 폭우는 불투명 안개모양층운의 스타일에는 맞지 않는다. 행여 웬일로 층운에서 큰비가 내린다 싶을 때는 보통 그 위에 다른 비구름이 있는데 가려서 보이지 않는 경우가 많다.

이 구름이 다른 구름 종류에 비해 유독 두드러져 보이는 이유는 바로 두드러지는 점이 없다는 사실 때문이다. 내가 구름을 사랑하는 이유는 구름이 하늘에 선사하는 무한한 다양성 때문이다. 매일

매일 똑같은 파란 하늘만 봐야 한다면 인생이 얼마나 지루할까? 날씨 좋은 날에 나타나는 장난기 많은 뭉게구름이나 분노로 치솟은 웅대한 적란운은 춤을 추듯 끝없이 자라고 소멸한다. 시인 키츠가 '고귀한 사랑을 나타내는 거대한 구름의 상징'이라 표현했듯이, 이 구름들은 자연의 시이며, 누구나 볼 수 있는 확연한 특징이 있다. 하지만 그와 달리 불투명 안개모양층운은 시적인 맛이라고는 찾아보기가 힘들다.

차들이 바삐 오가는 도로 한가운데 누워서 지금과 똑같은 구름을 올려다보았던 기억이 떠오른다. 열일곱 살 때였다. 나는 오토바이에 치여 길 한가운데 자빠져 있었다. 어머니는 내가 안 좋은 집안 사정 때문에 정신을 다른 곳에 팔고 다니는 바람에 사고가 난 것이라고 늘 말씀하셨다. 내 다리는 생각하기도 싫은 끔찍한 각도로 뒤틀려 있었다. 나는 아스팔트 위에 누워 하늘을 바라보며 구급차가 어서 빨리 달려오기만을 기다렸다. 하늘 위에는 오늘과 똑같이 생긴 층운이 드리우고 있었다. 숨 막힐 듯 답답하고 낮게 깔린 회색 층운이….

그로부터 얼마 지나지 않아 내 친구의 아버지인 네빌 호지킨슨 선생님이 이것과 관련이 있어 보이는 얘기를 들려주셨다. 그분은 브라마 쿠마리스에서 가르치는 라자 요가라는 동양의 종교를 수련하신다. 브라마 쿠마리스는 1937년에 하이데라바드•에서 설립된 조직이다. 네빌 선생님이 말씀하시기를 구름은 일부 요가

영혼의 집중을
방해하는 존재

• 인도 안드라프라데시주의 주도.

수행자에게는 상징적인 역할을 한다고 했다. 요가 수행자가 자신의 영적인 여행에서 길을 잃고 방황하는 시간을 나타낸다는 것이다. 구름은 요가 수행자와 신의 '지고지순한 빛' 사이에 끼어들어 집중을 방해하는 존재를 상징한다.

집중을 방해하는 존재가 구체적으로 무엇인지는 말씀하지 않으셨지만, 브라마 쿠마리스 요가 수행자들이 술을 입에도 대지 않는 채식주의자이고, 마늘도 먹지 않으며(이들은 마늘이 색정에 불을 지핀다고 생각한다), 엄격한 금욕을 맹세하는 것으로 보아 무엇인지 대략 짐작은 간다. 어쨌거나 이렇게 집중을 방해하는 것들이 가끔 너무 마음을 어지럽히면, 요가 수행자는 영적인 수련의 길에서 완전히 길을 잃고 헤매게 된다. 이것을 '마야의 폭풍'이라 부른다. 이 폭풍 속에 들어가면 환상에 불과한 생각과 감각들이 지고지순한 빛을 모두 가려버린다. 네빌 선생님께서는 이런 시간이 오면 요가 수행자들은 저 구름 뒤로는 태양이 언제나 밝게 빛나고 있음을 스스로 일깨워야 한다고 말씀하셨다.

이 말에 나는 어릴 적에 비행기를 타고 가면서 얻은 깨달음이 떠올랐다. 비행기 조종사에게는 일하는 날이 예외 없이 항상 맑은 날이라는 것이었다. 그뿐이 아니다. 비행기 조종사가 일하는 곳은 창문 너머로 변화무쌍하고 아름다운 구름의 풍경들이 항상 펼쳐져 있지 않은가? 그럼 나머지 우리는? 여기 땅 위에 꼼짝 없이 묶여 일해야 하는 우리는 영적인 여행길에 집중 못 하게 방해하는 저 구름을 어쩔 수 없이 올려다보고 있어야만 하는가? 회색으로 스산한 2월의 아침이면, 가끔씩은 이마에 드리우는 따듯한 햇살 한 줄기가 너무도 그리울 때가 있다.

***

혹시 내가 계절성우울증을 앓고 있는 것 아닐까? 계절성우울증은 미국 메릴랜드주 노스베데스다에서 활동하는 정신과 의사 노먼 로젠탈Norman Rosenthal이 발견한 증후군이다. 로젠탈은 계절성우울증을 계절의 변화와 함께 우울한 기분과 특징적인 일군의 신체 증상이 나타나는 증후군이라고 정의했다. '겨울철 계절성우울증'을 앓는 사람들은 일조량 부족으로 기분이 가라앉을 뿐 아니라, 평상시보다 활력이나 창조성과 생산성이 떨어지는 동시에 잠이 늘고 식욕 통제가 잘 안 된다.

나도 이런 증상을 경험한 적이 있기는 하지만, 보통은 거하게 밤을 새우고 난 다음에나 그랬지 계절과 관련이 있다고는 말하지 못할 것 같다. 위도가 높아질수록 이런 증상을 겪는 사람도 많아진다. 적도에서 먼 지역일수록 겨울철 계절성우울증을 앓는 사람도 많아진다는 얘기다.

로젠탈이 발견한 바에 따르면, 미국에서 이 증상으로 고생하는 사람의 수가 위도가 낮은 플로리다에서는 인구 중 1.4퍼센트 정도였지만 위도가 높은 뉴햄프셔에서는 9.7퍼센트까지 나오는 것으로 조사되었다. 남성보다는 여성에게 더 많이 나타나는데, 이 차이는 호르몬과 관련이 있을지 모른다는 증거가 있다. 이 증상이 사춘기 이후에는 증가하고, 폐경 이후에는 감소하기 때문이다.

Bob Jagendorf (1480번 회원)

층운을 뚫고 올라온 공장 굴뚝인가?

겨울철 계절성우울증을 유발하는 요인이 개인의 눈에 비친 빛의 양이라고 생각한 로젠탈은 그 증상을 겪는 사람들을 매일 아침 30분씩 1만 럭스의 조명상자 앞에 앉아 있게 했고(아마도 그동안에는 책이나 신문을 읽게 했을 것이다), 그 결과 피험자들이 기분이나 활력 면에서 눈에 띄게 개선되는 사례가 많다는 사실을 알아냈다.

글쎄, 나는 불투명 안개모양층운이 조금 끼었다는 이유로 매일 아침 조명상자 앞에 앉아 있고 싶은 생각은 없다. 빛의 양이 부족한 것이 아니라, 하늘 위에 하루 종일 쳐다볼 만한 것이 없다는 점이 문제니까.

그것은 구름 한 점 없는 파란 하늘도 마찬가지 아닌가? 로젠탈은 계절성우울증의 또 다른 형태를 발견하고 '여름철 계절성우울증'이라고 불렀다. 이 증상을 앓는 사람들은 실제로 여름철에 우울한 기분을 느낀다. 흥미롭게도, 미국이나 유럽에서는 겨울철 계절성우울증이 훨씬 자주 나타나는 반면, 일본과 중국에서는 계절성우울증이 여름에 나타나는 경우가 많다.

영국에서는 운이 없거나 불행한 사람더러 '머리 위에 구름이 꼈다cloud hanging over them'라고 표현하고, 태도가 긍정적인 사람한테는 '햇살처럼 밝은 인생관sunny outlook'을 가졌다고 하고, 엉뚱한 아이디어를 내놓아도 비판해서는 안 되는 사무실 브레인스토밍 시간은 '파란 하늘 같은 사고방식blue-sky thinking'이라고 표현한다.

반면 이란에서는 축복을 받은 사람이나, 운이 좋은 사람을 보면 '데이엠 세마쿰 가임'이라고 말한다. 번역하면 '네 하늘은 언제나 구름으로 가득할 거야'라는 뜻이다. 몇 달 동안 주야장천 맑고 파란 하늘만 펼쳐지는 나라에서는 햇살 가득 화창한 것이 전혀 특별할 것이 없고, '파란하늘주의'가 좋을 이유가 하나도 없다. 그런 나라에서는 구름이야말로 소중한 비가 오리라는 반가운 징조이며, 이글거리는 태양을 가려줄 축복이나 다름없기 때문이다. 비가 그리 귀하지 않은 온대지방에서는 구름에 대한 느낌이 아무래도 왔다 갔다 하는 경향이 있다. 때로는 생명을 불어넣는 햇살을 가리는 야속한 존재였다가, 때로는 무한한 아름다움이 솟아나는 원천이기도 한 것이다. 하여간에 구름 없는 하늘에 노을이 무슨 소용인가? 선 너머로 사라지는 밝은 불덩어리, 그 이상도 이하도 아니다.

이 불투명 안개모양층운이 계속해서 하늘을 가리고 있다면 더 이상은 노을이 존재하지 않을 것만 같은 기분이 든다. 이 구름은 너무 가까이 달라붙어 짜증나게 하는 친구일 뿐 아니라, 언제쯤 자리를 비켜주어야 하는지도 모르는 눈치 없는 친구이기도 하다.

잠깐… 층운에 대해서 방금 뭐 하나 생각난 것이 있다. 그것을 생각하니 층운의 무례함까지도 기꺼이 용서해줄 수 있을 것 같다. 이런 말을 꺼낼 수 있게 되어 정말 다행이다.

***

층운이 없었다면 나는 구름 속을 걷는 특별한 즐거움을 결코 느껴보지 못했을 것이다. 층운은 구름 중에서도 제일 낮아서 밑면이 고도 500미터보다 높은 곳에서 형성되는 경우가 드물다. 아예 땅바닥까지 내려와 우리와 함께하는 구름은 층운밖에 없다. 이렇게 땅 위로 바짝 배를 깔고 내려앉은 층운을 우리는 '안개fog' 혹은 '옅은 안개mist'라고 부른다.

어렸을 적, 나에게는 신비로운 안개의 장막에 싸인 바깥세상으로 걸어 나가는 것만큼 황홀한 경험도 없었다. 안개의 도착을 예고하는 폭풍도, 갑작스러운 추위도 없었다. 미국의 시인 칼 샌드버그의 시처럼 안개는 '살금살금 고양이 걸음으로' 예고 없이 찾아왔다.

안개는 고양이 걸음으로
살금살금 다가와
조용히 웅크리고 앉아

수고스럽게 땅까지 내려와 우리와 함께하는 구름은 층운밖에 없다.

항구와 도시를 굽어보다
결국 자리를 뜬다.[1]

나는 부드러운 옅은 안개가 모든 모습을 바꾸어놓은 풍경이 좋았다. 정원에서 우리 집 고양이 펩시가 길을 따라 걸어오는 모습을 보면, 흐린 안개를 뚫고 차츰 모습을 드러내는 것처럼 보이다가도, 그와 동시에 없던 형태가 느닷없이 출현하는 것처럼 보이기도 했다. 안개 속에서는 소리가 달라지는 것도 좋았다. 어디서 왔는지 모를 목소리는 몇 킬로미터 떨어진 듯 아득히 들리면서도, 동시에 바로 내 옆에서 나는 소리처럼 들렸다. 층운이 없었더라면 나는 아침 안개가 드리워놓은 마술의 세계를 결코 경험하지 못했으리라.

빅토르 위고는 이렇게 적었다. '여인의 나체는 파란 하늘이다. 구름과 옷은 사색을 가로막는 장애물이니, 무릇 아름다움과 무한한 창공은 가린 것 없이 바라보아야 한다.'[2] 이 글을 보니 구름과 옷은 모두 유혹의 도구라는 생각이 문득 든다. 사색을 가로막는 장애물인 이 두 가지는 우리로 하여금 아름다움에 감탄하도록 자극한다. 다만 한 가지는 인간 형상의 아름다움이고, 다른 한 가지는 하늘의 아름다움일 뿐이다. 안개 속을 걷는다는 것은 우리를 유혹하는 구름의 장막을 몸소 체험한다는 의미다.

체사레 리파Cesare Ripa는 16세기에 회화와 조각에 대한 안내서인 《도상학Iconologia》에서 미인의 아름다움을 그릴 때는 머리가 구름에 떠 있는 듯 멍한 표정으로 그려야 한다고 썼다. 그의 설명에 따르면, 하찮은 인간의 언어로 말하려면 이보다 더 어려운 것이 없고, 인간이 지능으로 이해하려고 들어도 이보다 더 어려운 것이 없기 때문이다.

***

2002 스위스 엑스포에서 등장했던 특설 가건물은 안개를 뚫고 걷는다는 느낌에서 영감을 얻어 설계한 것이다. 방문객들이 이베르동 근처 뇌샤텔 호수 위로 드리운 120미터 다리를 따라 건물에 다가가는 동안 눈에 보이는 것이라고는 수면 위에 붙들려 있는 듯한 안개 덩어리밖에 없다. 뉴욕의 건축가 리즈 딜러Liz Diller와 릭 스코피디

오Ric Scofidio가 설계한 블러 빌딩은 형체도, 크기도, 표면도 없다. 벽이나 지붕이라고 할 만한 것이 없다. 구름으로 만든 건물인 것이다. 아무래도 이 건물과 관련된 기술적인 측면을 살펴보고 지나가야 할 것 같다. 이 건물은 층운으로 만들어진 건물이다.

딜러와 스코피디오는 1999년에 특설 가건물 설계 공모전에서 우승했다. 그들은 뇌샤텔 호수 위로 금속 골조를 올려서 그것을 대단히 미세한 분사구로 뒤덮는 방식을 제안했다. 건물 아래 호수에서 물을 펌프로 끌어올려 여과한 후에 공기 중으로 안개를 분사시켜 건물을 만들어내자는 것이다. 블러 빌딩은 건물의 개념 자체를 근본적으로 뒤흔드는 도전이 될 터였지만, 인공 안개를 건축에 사용하자는 아이디어는 사실 이 건물이 처음은 아니었다.

1970년에 오사카 국제박람회에서 일본의 조각가 후지코 나카야는 물 분사기를 이용해서 펩시콜라 전시관의 지오데식 돔을 구름의 장막으로 둘러쌌다. 하지만 그 건물은 단단한 껍데기가 있는 건물이었다. 딜러와 스코피디오의 아이디어는 거기서 한 걸음 더 나아간 것이었다. 블러 빌딩은 딱딱한 껍데기를 아예 만들지 않을 계획이었다. 마치 하늘에 떠 있는 진짜 구름을 살살 구슬려서 호수 수면 위로 끌어내려놓은 것처럼, 이 건물은 6개월이라는 짧은 기간에 주변의 바람과 습도에 따라 커졌다 작아지기를 반복할 것이다. 이 건물의 건설 또한 악몽이라 할 만큼 만만치 않은 작업이 될 터였다.

그럼에도 불구하고 2002년 5월에 분사기를 틀자 구름이 성공적으로 만들어졌고, 블러 빌딩이 대중 앞에 공개되기에 이르렀다. 이 건물의 금속 골조는 3만 1400개의 고압 물분사기로 뒤덮였다. 이 분사기로 강하게 밀어내면 물은 작은 물방울이 되어 나왔는데, 물방울 직경이 불과 0.004~0.01밀리미터에 불과해 진짜 안개의 물방울 크기와 같았다.

물 분사 수압은 컴퓨터 시스템을 이용해 바람이나, 주변 공기의 온도 및 습도까지 고려해서 정교하게 조절했다. 바람이 강한 날에 건물의 안개 옷이 벗겨지지 않게 하려고 바람이 불어오는 쪽의 물 분사구에서는 바람이 물러나는 방향보다 더 많은 물을 뿜어내게 했다. 바람이 세게 부는 날에는 안개가 호수를 가로질러 아름답게 펼쳐졌다. 아니, 이것도 안개가 아니라 건물의 일부라고 하는 것이 옳겠다. 끊임없이 변하는 대기 조건에 능동적으로 반응함으로써 이 시스템은 성가실 정도의 바람을 만들지 않으면서도, 언제나 충분한 안개가 구조물을 둘러싸게 했다.

방문자들은 안심을 주는 단단한 육지를 뒤로 하고 다리를 따라 호수 위를 걷는다. 다리 반대편은 꿈틀거리는 심연으로 빨려들어가듯 사라진다. 형태가 없는 흐릿한 형체 속으로 한 발, 두 발 걸어 들어가자니 마음속에 불안과 묘한 짜릿함이 뒤섞인다.

건축가들이 늘 그렇듯 이 건물의 건축가들도 자신의 프로젝트에 대한 이론을 내놓았다. 딜러는 이렇게 설명했다. "'블러', 즉 흐리게 한다는 것은 불분명하게 만드는 것이자 어렴풋하게 만드는 것이고, 구름으로 가리는 것이고, 모호하게 만드는 것이며, 혼란시키는 것이다. 우리처럼 시각에 집착하고, 고화질과 고해상도만을 추구하는 문화에서 '흐리다'는 것은 곧 상실을 의미한다. (…) 시야가 흐려지면 많은 것들이 연상되어 떠오른다. 런던의 잭 더 리퍼*가 떠오르고, 안

2002 스위스 엑스포에 등장한 딜러와 스코피디오의 블러 빌딩. 층운으로 만든 옷을 입고 있다.

개 속에 몸을 도사리고 있는 살인자들이 떠오른다. 안개 낀 듯 흐려진 것, 장막에 가려져 있는 것들은 언제나 위협적으로 다가오기 마련이다." 그녀의 말을 한마디로 정리하자면 안개 속을 걷는 것은 무척 재미있다는 것이다.

블러 빌딩의 건설은 온갖 고난의 연속이었다. 안개 자체를 만들

• 19세기 말 런던 이스트엔드 지역에서 활동한 악명 높은 연쇄살인범.

고 조절하는 데 따르는 기술적 어려움은 차치한다 해도, 건축 과정에서 예산이 절반으로 삭감되고 말았다. 가끔은 프로젝트 자체가 완전히 무산되어버릴 것처럼 위태로워 보이기도 했다. 전 세계에서 모인 언론 매체 앞에서 안개 형성 시범을 보였지만, 준비가 제대로 안 되다 보니 결과마저 실망스러워서 일이 더 꼬이고 말았다. 스위스의 주요 일간지인 〈블릭〉은 이렇게 조롱했다. "세상에서 가장 비싼 구름 제작, 실패로 돌아가다. 천만 프랑을 들여 만든 것이 고작 안개!"

하지만 마침내 블러 빌딩이 공개되자 대중은 기뻐하며 반겼고, 언론도 언제 그랬냐는 듯 태도를 바꾸었다. 2002년 5월 스위스 언론 〈존탁스차이퉁〉에는 이런 기사가 실렸다. "이 얼마나 기이한 건물인가! 공허하기 짝이 없는 이 건물이 어찌 이다지도 큰 즐거움을 안겨준단 말인가! (…) 이 구름이 온 나라를 매혹시켰다."

***

지면에 내려앉은 층운을 안개fog와 옅은 안개mist로 나누기도 하는데, 그 기준이 무엇일까? 공식적으로 이 둘은 안개를 뚫고 볼 수 있는 가시거리에 따라 나뉜다. 가시거리가 1킬로미터 미만인 경우, 기상학자들은 그것을 안개, 혹은 농무濃霧라고 한다. 그리고 가시거리가 1~2킬로미터 사이인 경우에는 옅은 안개, 혹은 박무薄霧라고 한다(층운이 없는 상태에서 만약 가시거리가 1킬로미터 미만이라면, 그것은 그냥 눈이 근시라서 그렇다).

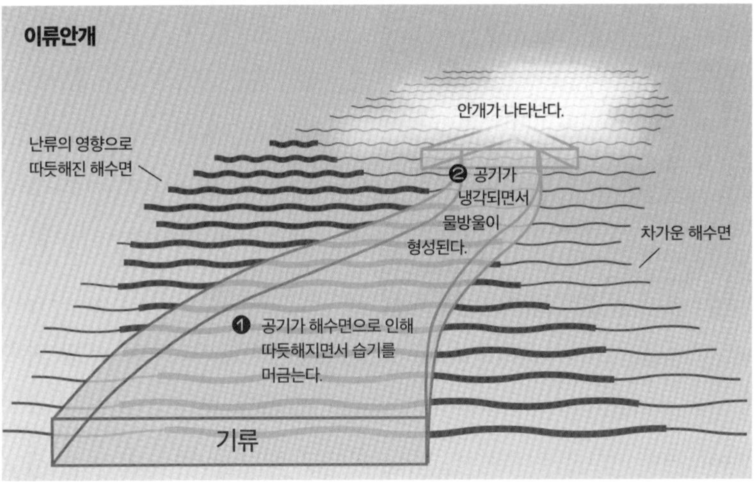

'이류안개'는 공기가 따듯한 바다를 지나 차가운 바다로 이동할 때 형성된다.

이 둘은 물방울의 크기와 농도에서 차이가 난다. 형성 과정 설명은 농무와 박무를 가리지 않고 안개라는 단어를 이용해서 진행하겠다. 둘 다 형성 방식이 같기 때문에 안개라는 단어를 농무나 박무로 대체해도 무방하다.

안개는 크게 두 가지 형태가 있다. '이류안개advection fog'와 '복사안개radiation fog'다. 1980년에 나온 공포영화 〈안개The Fog〉에서 안토니오만灣을 위협적인 속도로 덮쳐 들어오던 안개가 바로 이류안개다. 아쉽게도 그리 뛰어난 영화가 아니었고, 내가 본 영화 중 층운을 기반으로 나온 공포영화는 이것이 유일했지만, 이 영화는 '이류移流'라는 과정을 통해 형성되는 안개에 대해서 잘 소개하고 있다.

마을 설립 100주년 기념일을 하루 앞둔 한밤중, 이 작은 해안가 마을은 바다에서 육지로 밀려 들어온 짙은 안개에 뒤덮인다. 이 지

영화 〈안개〉(1980). 층운이 사악해지는 순간…

역 사람들을 공포에 떨게 만든 것은 그 안개와 함께 들어오는 '사람을 해치는 악령'이었다. 결국 이 악령은 좀비 무리로 밝혀진다. 그 옛날, 짙은 안개가 낀 어느 날 마을의 설립자가 억지로 배를 띄우게 하는 바람에 죽음을 맞이해야 했던 망자들이 복수를 위해 마을로 돌아온 것이다. 영화 예고편에서는 허스키한 목소리가 나지막이 흘러나왔다. "볼 수 없는 것은 당신을 해치지 않는다. …그저 죽일 뿐이다."

안토니오만 마을 사람들이 바라본 좀비 구름이 만을 향해 움직여 왔던 것처럼, 이류안개도 이동하는 기류에 의해 만들어진다. 이류안개는 낮게 깔린 습한 공기가 차가운 표면을 가로지르며 떠다닐 때 형성된다. 이런 현상은 보통 봄이나 초여름에 바다에서 생긴다. 따듯한 바다를 떠다니며 습기를 머금은 공기가 그보다 차가운 해수면에 닿아 식는 과정에서 안개의 물방울이 형성되기 때문이다. 이류안개는 바다와 관련 있기 때문에 '바다안개' 혹은 '해무海霧'로 불리기도 한다.

반면 복사안개는 물 위에서 형성되는 경우는 없고, 육지에서만 생긴다. 그리고 보통 맑고 고요한 밤에 나타난다. 이 안개는 공기가 환경이 다른 곳으로 흘러들어가서 생기는 것이 아니라, 정지해 있던 공기가 그 아래 지표면이 복사로 열을 뺏길 때 함께 냉각되어 생긴다. 공기가 크게 움직일 필요 없이, 살짝 움직여만 줘도 냉각 과정이 공기 제일 아래층을 따라 퍼져 나가기 때문에 아주 짙은 안개가 생긴다.

이렇게 땅 위에 낮게 깔리는 층운은 하늘에 떠 있는 층운이 없을 때 주로 나타난다. 그래서 복사안개는 구름계의 외톨이라 할 수 있다. 그 이유는 하늘에 구름이 껴 있으면 마치 담요 같은 역할을 하기 때문에 지표면의 온도가 밤에도 그렇게 많이 떨어지지 않기 때문이다. 이 구름담요는 지표면에서 올려 보낸 열기 중 일부를 다시 지표면을 향해 재복사하기 때문에 야간 냉각 현상이 줄어든다. 하지만 구름이 없는 맑은 밤에는 지표면이 대기 중으로 열기를 훨씬 빨리 잃기 때문에 땅 위의 공기 속에 들어 있는 수증기가 구름으로 응결하기에 이상적인 환경이 만들어진다. 밤의 길이가 긴 가을밤이나 겨울밤에는 더더욱 이상적인 환경이 된다.

보통 복사안개는 바람이 일어 안개층을 건조한 공기와 섞어 흩어 놓을 때 걷힌다. 하지만 연말 무렵, 아침 공기가 고요하고 바람이 없는 날에는 태양이 떠올라 대지를 다시 데우고 나서야 걷히는 경우도 있다. 물 분자들이 주변 공기에서 에너지를 흡수하면 물 분자가 물방울에 합류하는 속도보다 물방울을 빠져나가는 속도가 빨라지기 시작하고, 결국 물방울들이 눈에 보이지 않는 수증기로 증발해 버린다.

안개가 유별나게 두껍게 끼었다가 이런 식으로 걷히면, 얼마 안 되는 높이지만 공중에 떠 있는 층운이 뒤에 남기도 한다. 걷히는 안개가 얇은 층으로 시작했던 안개라면 한동안 지면 위에 떠 있는 얇

복사안개

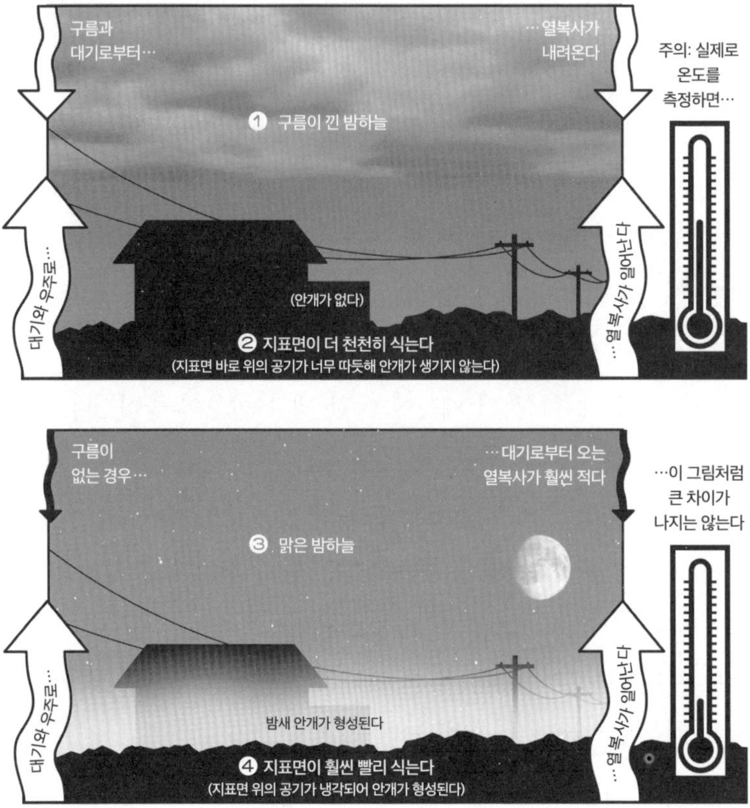

'복사안개'는 맑은 밤에 지표면이 급속하게 식는 과정에서 땅 바로 위에 있는 공기도 함께 식기 때문에 생긴다.

은 막처럼 남아 있기도 한다. 어느 날 호주에서 청명한 밤이 지나고 나서 이런 안개가 장관으로 펼쳐졌던 것을 본 적이 있다. 이른 새벽에 나가보니 복사안개가 내 목 높이까지 차올라 있었다. 그런데 동이 터오면서 지표면이 따듯해지자, 땅에서 가슴 높이까지는 안개가 사라져버렸다. 이렇게 공중에 떠오른 구름의 바닥을 헤치며 걷고 있자니 아주 묘한 기분이 들었다. 마치 몇백 년이 지나 복도가 움푹 꺼져버린 집 안을 거니는 유령이 된 기분이었다. 물론 일반적으로는 아주 무게가 나가는 집 안에서 떠다닐 듯 가벼운 유령이 돌아다니는 게 맞는 얘기겠지만, 나는 반대로 공기처럼 가벼운 집 안을 떠도는 꽤나 무거운 유령이었다.

이류안개와 복사안개가 제일 흔하게 나타나는 안개의 형태이기는 하지만, 그렇다고 그런 형태만 있는 것은 아니다.

'김안개steam fog'는 차가운 공기가 따듯한 물 위로 흘러가면서 수면에서 증발해 올라오는 수증기를 순간적으로 냉각시켜 물방울을 만들어낼 때 생긴다(이류안개와 정반대다). 소용돌이치며 올라오는 안개 물방울들은 증발 과정이 눈에 드러난 것에 불과하다. 사실 평소에도 해수면에서는 끊임없이 수증기가 올라오고 있다. 그저 눈에 보이지 않을 뿐이다. 이런 유형의 안개는 극지에서 가장 극적으로 나타난다. 이것을 '북극바다김안개Arctic sea smoke'라고 부른다.

'활승안개upslope fog'는 부드러운 미풍이 습기를 머금은 공기를 언덕이나 산의 사면을 따라 밀어 올리면 기압이 떨어진 공기가 냉각되면서 물방울이 응결되어 생긴다. '골안개valley fog'는 고도가 높은 땅에서 밤사이에 냉각된 공기가 밀도가 높아져 낮은 땅으로 가라앉을 때 생긴다. 공기가 충분히 냉각된 경우에는 안개가 빙하 같은 구름으로 계곡을 가득 채우기 때문에 굴곡이 있는 지형이 가려지고 편평한 풍경이 펼쳐진다.

기온이 낮아 안개의 물방울이 물체와 접촉할 때 '서리'로 얼어붙

골안개. 이런 이름이 붙은 이유는 설명하지 않아도 알 수 있다.

는다면, 이것을 '결빙안개freezing fog'라고 한다. 이것을 '얼음안개ice fog'와 혼동하면 안 된다. 얼음안개는 안개의 물방울이 공기 중에서 얼음 결정으로 얼어붙은 것을 말한다. 얼음안개는 기온이 극단적으로 낮을 때, 보통 영하 30도 이하일 때 생긴다. 얼음안개는 햇빛을 받으면 아름답게 반짝인다. 얼음안개와 가까운 친척인 '다이아몬드 가루diamond dust'는 얼음안개보다 큰 얼음 결정이 생겨서 떨어지는데 이 결정이 햇빛과 상호작용하면 아름다운 광학 효과가 나타난다. 이 광학 효과는 권운과 권층운처럼 고도가 높은 얼음 구름에서 나타나는 것과 비슷하다. 보석처럼 반짝이는 진귀한 얼음안개는 안개 중에서도 가장 황홀하다.

***

나는 실제 구름을 보는 것만큼이나 구름 사진을 보는 것도 좋아한다. 구름 사진은 아무런 조작을 가하지 않아도 마치 추상화를 보는 듯한 느낌을 준다. 구름 사진은 세상을 있는 그대로 기록하면서도, 그와 동시에 감정을 함께 표현해준다고 감히 말하고 싶다.

미국의 사진작가 알프레드 스티글리츠Alfred Stieglitz도 같은 생각을 했다. 1922년에 그는 장기간에 걸쳐 시리즈로 구름 사진을 찍었는데, 나중에는 그 시리즈를 〈등가Equivalents〉라고 불렀다. 그는 오로지 구름의 예술적 가치만을 위해 구름 사진 촬영에 착수한 최초의 사진작가였다. 〈등가〉 사진은 대비가 강한 흑백사진이었다. 처음 몇 년 동안에는 사진에 풍경도 함께 들어갔지만, 1925년에는 아예 직접 하늘을 향해 올려 찍어서 구름이 사진을 완전히 가득 채우게 만들었다. 그는 그 사진들이 자신의 마음 상태를 표현한다고 생각했다. 그는 한 친구에게 편지로 이렇게 적어 보냈다. "나에겐 삶의 비전이 있어. 그리고 그것에 대응하는 등가물을 찾으려고 노력하지."[3]

스티글리츠가 사진작가로만 활동한 것은 아니다. 그는 뉴욕 5번가에서 미술 화랑인 '291'을 운영했고, 이를 통해 추상 미술의 유력한 옹호자가 되었다. 그는 미국을 전쟁 전의 유럽 전위 예술가들에게 소개하는 데 중요한 역할을 했고, 1908년에서 1914년까지 그의 '291' 화랑은 마티스, 루소, 세잔, 피카소 등 새로이 떠오르는 재능 있는 화가들의 작품을 미국 최초로 전시하기도 했다.

추상 미술(스티글리츠는 추상 미술을 '새로운 표현 매체이자 진정한 매체'[4]라고 표현했다)에 대한 그의 열정에 견줄 만한 것은 사진이 그 자체로 하나의 예술 분야로 인정받는 것을 보고 말겠다는 그의 굳은 결심밖에 없었다. 이 두 가지는 서로 상반된 것이 아닌가 생각이 들지도 모르겠다. 추상 미술은 사실주의를 거부하는 전위 예술이지만, 사진은 본질적으로 사실을 있는 그대로 나타내는 구상주의의 경향이 두드러지는 분야이기 때문이다.

스티글리츠는 〈등가〉 시리즈의 구름 사진을 통해 이런 모순을 해결했다. 구름은 자연이 만들어낸 추상화이며, 하늘의 기분을 나타내는 것이다. 사진으로 추상적인 감정을 표현하기에는 더할 나위 없이 완벽한 소재인 것이다. "내가 아무도 해보지 않은 일을 했다는 것을 알아. 어쩌면 음악에서는 가끔 보이는 접근 방법인지도 모르겠군. (…) 나는 구름을 통해 인생에 대한 나의 철학을 표현하고 싶어." 스티글리츠는 한 친구에게 이렇게 편지를 썼다.[5] "내 사진이 나무나 얼굴, 건물의 내부, 아무나 볼 수 없는 귀한 물건같이, 꼭 어떤 특정한 소재를 담고 있을 필요가 없다는 것을 보여주고 싶거든. 구름은 누구나 볼 수 있는 것이 아닌가? 아직까지 구름에는 세금이 붙지 않았으니까. 구름 보는 것은 공짜잖아."[6]

***

이제 런던에서의 하루 일과를 마치고 집으로 돌아가는 길이다. 오늘 아침에 내 기분을 정말 우울하게 만들었던 불투명 안개모양층운에 그사이 변화가 있었다. 살짝 가랑비가 내린 뒤에 오후가 지나면서, 형태가 없던 회색 구름층 밑면에 덩어리 형태가 생긴 것이다. 밑면의 일부는 하얗게 밝아져 있었고, 일부는 짙은 청회색 점판암처럼 어두워져 있었다. 층운이 층적운Stratocumulus이라는 덩어리진 층으로 바뀌었다. 이것은 구름층이 사라지기 시작하면서 생기는 과도기적인 구름이다.

해 질 무렵 집에 도착하니 구름 사이로 틈이 생겨 있다. 그 틈으로 권운 혹은 '새털구름'이 보인다. 얼음 입자로 만들어진 권운의 섬세한 구름 가닥들이 하늘 높이 떠 있다. 이제 낮은 구름은 지구의 그림자에 가려 어두워지만, 하늘 높이 뜬 권운은 아직 햇빛을 받고 있다. 노을에 물든 밝은 노란색 구름 줄기가 어두워지는 겨울 하늘을 배경으로 빛난다.

기분이 좋다. 숨 막힐 듯 답답한 층운이 걷히는 것을 보니 미국의 시인 제임스 러셀 로웰의 시가 떠오른다.

> 구름이 어디로 달아났는지 그 누가 알리오?
> 상처 자국 없는 하늘에는 흔적 하나 남지 않았고
> 눈은 자신이 흘린 눈물을 잊고,
> 가슴은 그 슬픔과 고통마저 잊어버렸으니…[7]

구름관찰자에겐 드넓은 창공이 새로 얼굴을 드러낼 때만큼 만족스러운 순간도 없다. 소용돌이치는 안개로 기꺼이 우리 곁을 찾아 내려올 준비가 된 구름은 층운밖에 없건만, 내가 대체 무슨 생각으

David Fuller (62번 회원)

층운. 산 정상에서 바라본 아름다운 모습.

로 그 구름을 탓했을까? 하루 종일 이렇게 파란 하늘이었다면 과연 기뻤을까? 아니다. 그렇지 않았을 것이다. 층운은 마술사가 드리워놓은 천과 같다. 우리가 모든 것이 사라져버렸다고 생각할 무렵, 휙 걷어내면, 짜잔! 다시 한번 드넓은 창공이 얼굴을 드러내니까 말이다.

4

the Cloudspotter's Guide

층적운

層積雲, 층쌘구름, Stratocumulus

둥글게 부풀어 오른 낮은 구름층

구름은 어떤 날에는 숨 막힐 듯 답답한 존재였다가도, 다음 날이면 우리에게 영감을 불어넣어 꿈을 꾸게 하는 존재가 되기도 한다. 하늘에 떠 있는 성을 바라보며 땅 위의 온갖 시름과 걱정으로부터 자유로워진 세상을 꿈꾸어보지 않은 이가 있을까? 층운으로부터 층적운, 즉 층쌘구름이 발달해 나옴에 따라 구름 사이로 파란 하늘이 언뜻언뜻 나타나기 시작한다. 몇 시간 전만 해도 태양은 완전히 구름에 가려 있었지만, 지금은 안개 같은 구름층이 마치 눈 덮인 산 모양으로 모여들기 시작했고, 그 사이로 마치 파란 강물이 굽이굽이 흘러가는 것만 같다. 저 위에는 또 다른 세상이 있다. 빙하 계곡과 우뚝 솟은 산꼭대기가 시시때때로 모습을 바꾸며 나타나는 약속과 도피의 땅. 자기만의 모호한 지질학 법칙이 지배하는 땅.

층적운(층쌘구름) 관찰법

층적운은 층을 이루거나 조각으로 떠 있는 하층운으로 밑면의 경계가 분명하다. 보통 덩어리나 두루마리 형태로 구성되어 있으며 한 구름 안에서도 밝은 흰색에서 어두운 회색에 이르기까지 색조 변화가 다양하다. 구름의 구성 요소들이 끊어지지 않고 연속적인 층을 형성하기도 하고, 요소들 사이로 틈이 벌어져 있는 경우도 있다.

고도(중위도 지역 기준): 600~2000미터

형성 지역: 전 세계 어디서나 아주 흔한 구름이다.

강수: 가끔 약하게 비나 눈, 또는 눈싸라기가 내린다.

불투명 층상층적운

틈새 층상층적운

층적운의 종

층상층적운: 가장 흔한 형태로, 덩어리나 두루마리 덩어리 형태가 광범위한 영역에 퍼져 있다. '두루마리구름'은 특별한 형태로, 구름이 개별적인 커다란 관 모양으로 뻗어 있다.

렌즈층적운: 매끈하고 견고해 보이는 아몬드나 렌즈 형태의 구름이 하나나 그 이상의 덩어리로 존재한다.

탑상층적운: 구름 구성 요소의 꼭대기가 총안銃眼 모양이다.

층적운의 변종

불투명구름: 구름층이 두꺼워 태양이나 달의 위치가 보이지 않는 경우.

반투명구름: 구름층이 얇아 태양이나 달의 위치를 확인할 수 있는 경우.

틈새구름: 구름 구성 요소들 사이에 틈이 있는 경우.

이중구름: 다른 고도에 층이 여러 개 존재하는 경우. 때로는 층이 부분적으로 합쳐지기도 한다.

파상구름: 구름 구성 요소들이 거의 평행하게 배열되어 있는 경우.

방사구름: 다발로 가까이 모인 구성 요소들이 선을 이루고, 그 선들이 지평선을 향해 모이는 것처럼 보이는 경우.

벌집구름: 구름층에 그물눈 같은 커다란 구멍이 뚫려 있고, 그물눈 가장자리를 구름이 그물의 실처럼 둘러싸고 있는 경우.

혼동하기 쉬운 구름

적운: 적운도 덩어리져 보이고 경계가 명확하며 비슷한 고도에서 형성되지만, 층적운의 구성 요소들은 더 가까이 모여 있고 꼭대기가 더 편평한 경향이 있다.

고적운: 중층운의 하나로 작은 구름 조각이 층을 이루어 나타난다. 이 구름 조각들은 층적운의 구성 요소보다 작다. 지평선에서 30도 위를 바라보며 팔을 뻗어 손가락 세 개를 겹치면 층적운의 구성 요소는 손가락 세 개 굵기보다 크게 보인다.

층운: 층운은 하층운으로 흐릿한 구름층이며, 색조의 변화가 적고 층적운에 비해 경계가 불분명하다.

기원전 414년에 처음 공연된 아리스토파네스의 희극 〈새〉에 등장하는 두 주인공은 자신들의 고향 아테네에 싫증이 났다. 이 두 노인은 아테네의 지긋지긋한 관료주의와 끊이지 않는 법정 분쟁에 진절머리가 났고, 요즘의 도시 사람들이 많이 그러는 것처럼 좀 더 평화로운 삶을 위해 도시를 떠났다. 자기가 진 빚과 도시를 뒤로 한 채 그들은 테레우스를 찾아 나섰다. 테레우스는 그리스 신화에 나오는 등장인물로 신이 오디새(후투티)로 만들어버린 인물이다. 그들의 논리는 이러했다. 테레우스가 한때는 인간이었다가 지금은 새가 되었으니 어쩌면 양털 담요처럼 부드러운, 멋지고 편안한 도시를 찾아냈을지도 모르고, 그럼 자신들도 그곳에 몸을 웅크리고 잠을 청할 수 있으리라는 것이다.[1]

하지만 막상 그를 찾고 보니 그 새가 제안한 것 중에 딱히 맘에 드는 것은 없었다. 도시는 속 편히 살 수 있는 곳이 아니라서 문제고, 새의 삶은 속은 편해 보였지만 정작 새는 도시에 살지 않는다는 것이 문제였다. 그때 두 노인 중 하나가 새에게 아이디어를 제안했다. 함께 하늘 위에 도시를 건설하면 어떨까? 속세의 걱정거리에서 벗어난 저 높은 구름 위에 말이다. 그는 이 새로운 도시가 막강한 힘을 지닌 도시가 되리라고 설명했다. 새들은 신을 볼모로 삼을 수 있기 때문이다. 인간 세상에서 제물을 태워 올린 연기가 제우스나 다른 하늘나라의 신에게 닿을 수 있도록 통과시킬지 말지는 그들한테 달려 있게 될 터이다. 그리고 그 도시는 두 아테네 노인이 도망쳐 나오기에도 완벽한 장소가 되리라. 노인의 계획을 들은 새

궁극의 도피

들은 무척 기뻐하며 동의했고, 그를 자기들의 대장으로 삼았다.

마법의 뿌리를 먹자 그는 날개가 자라났다. 이 날개는 분명 새로운 도시를 돌아보는 데 도움이 될 터였다. 하지만 구름 속 유토피아로 도피하는 일에도 어려움이 없지는 않았다. 새들의 새로운 대장과 그 친구는 그들의 구름 도시로 찾아와 살고 싶어 하는 온갖 사기꾼과 협잡꾼들의 공격을 막아내야 했고, 화가 난 올림포스의 일부 신과도 씨름해야 했다.

하지만 결국은 모든 일이 잘 해결되었다. 약간의 설득으로 두 노인은 권력을 새들에게 양도하도록 신을 납득시키는 데 성공했고, 얼마 뒤 꿈같은 하늘 도시의 보금자리를 통치하게 된다. 하지만 누군가 실제로 이런 나라를 꿈꾸는 사람이 있다면 주위에선 그를 두고 '구름뻐꾹나라'•에 산다고 놀릴지도 모르겠다. 사실 이 표현은 크게 틀린 얘기가 아니다. '구름뻐꾹나라'라는 용어는 실제로 그리스어인 'Nephelokokkygia'를 그대로 번역한 용어이기 때문이다. 두 아테네인이 자신들의 환상적인 유토피아 도시에 붙인 이름이 바로 이것이었다.

층운이 층적운으로 바뀌어 하늘이 드러날 때까지 기다리는 동안 구름관찰자는 무엇을 하면 좋을까? 당연히 하늘을 올려다보아야 한다. 그리고 자기만의 구름뻐꾹나라로 탈출하는 꿈을 꾸기를!

• Cloudcuckooland. 모든 것이 완벽한 비현실적이고 이상적인 상태를 의미한다. 영어로 '너 구름뻐꾹나라에 사는구나'는 세상물정을 모르는 순진한 사람을 조롱하는 표현이다.

***

층적운은 하층운으로 온대지방에서 보통 600~2000미터 사이에서 형성되며, 덩어리나 더미로 구성된다. 적운 모양을 할 때가 많고, 이 덩어리나 더미들이 한데 결합해서 연속적인 층을 형성하거나 각각의 사이사이로 틈이 벌어질 때도 있다. 둘 중 어느 형태이든지 간에 구름층은 층운보다 훨씬 다양한 색조를 보이고, 밑면은 뚜렷한 질감을 드러내는 경향이 있다. 구름의 색은 밝은 흰색부터 어두운 청회색에 이르기까지 다양하다. 일반적으로는 강수량이 많지 않지만, 더미가 충분히 키가 커지면 약한 비나 눈을 내리기도 한다. 만약 층적운에서 큰 소나기가 내린다면, 이것은 보통 층적운 속에 봉우리적운이나 심지어는 적란운이 파묻혀 있기 때문인 경우가 많다. 이 구름의 기둥이 층적운 위로 솟구쳐 오르는 데도 아래서 보면 가려서 보이지 않는 것이다.

층적운은 개별적으로 자유롭게 떠다니는 적운과 특별한 모양 없이 층으로 펼쳐진 층운의 중간 형태라고 볼 수 있다. 그리고 하층운 중에서 가장 다양한 외형을 뽐낸다.

이 속屬에서는 대부분 구름의 모양과 구름 구성 요소들의 배열을 중요한 기준으로 삼아서 종과 변종을 나눈다. 이 속에서 확인된 세 가지 종은 다음과 같다. 우선 가장 흔한 종인 층상구름stratiformis이 있다. 층상구름은 하나나 그 이상의 고립된 조각으로 나타나기보다는 덩어리진 구름층이 하늘을 넓게 뒤덮는 형태다. 그리고 탑상구름castellanus이 있다. 탑상구름은 구름층을 구성하는 개별적인 요소들이 상대적으로 매끈한 밑면 위에 작은 탑 모양의 총안•처럼 솟아 있는 것을 말한다. 그리고 렌즈구름lenticularis은 매끄러운 렌즈나 아몬드 형태의 구름을 말한다(이 종은 때때로 구름 덩어리의 층으로 보이기보다는 아몬드 형태를 하고 있는 하나의 개별 구름처럼 보인다). 다른 구름 속과 마찬가지로 층적운도 확인된 이 세 가지 종 중 하나로 꼭 분류해야 하는 것은 아니다. 낮게 덩어리져서 떠 있는 구름 조각이 있는데 위에서 말한 묘사와 맞아떨어지는 것이 없다면 그냥 층적운이라고 하면 된다.

구름에 이름을 정확하게 붙여주고 싶은 구름관찰자라면 기억해야 할 것이 있다. 어떤 속屬에 해당하는 구름을 종으로 분류할 때는 어느 때건 한 종으로만 분류할 수 있다는 것이다. 동시에 둘 이상의 종으로 분류할 수는 없다. 하지만 변종으로 분류할 때는 여러 가지 다양한 조합이 가능하다. 변종이란 그 유형의 구름에서 흔하게 나타나는 등장 형태의 특징을 말한다. 형태가 다양한 구름인 층적운은 자랑스럽게도 확인된 변종만 일곱 가지나 된다.

1) 이중구름duplicatus(두겹구름): 고도가 다른 둘 이상의 뚜렷한 층으로 이루어졌을 때.

2) 틈새구름perlucidus: 구름 덩어리들 사이에 틈이 있어서, 그 사이로 하늘이나 그보다 높이 있는 구름이 보인다.

3) 벌집구름lacunosus: 보기 드문 변종으로, 틈새구름과는 정반대의

• 적을 향해 총이나 대포 등을 쏠 수 있도록 성벽이나 탑 위에 톱니모양으로 만들어놓은 홈.

층적운. 누군가 깜박하고 솜사탕 기계를 끄지 않았나 보다.

형태다. 커다란 구멍들 사이로 구름이 느슨한 벌집 모양의 강줄기처럼 끼어들어 구멍들 사이를 나누고 있는 형태다.

4) 방사구름radiatus: 적운에서도 나타나는 변종이다. 구름층의 덩어리들이 다소 서로 평행하게 줄을 지어 멀리까지 뻗어 있는 형태로, 마치 지평선을 향해 모이는 것처럼 보인다.

5) 불투명구름opacus: 뒤에 나오는 두 가지 변종과 마찬가지로 층운을 묘사할 때도 사용되는 변종이다. 구름층이 두꺼워 태양과 달의 위치를 가리는 경우를 말한다.

6) 반투명구름translucidus: 반대로 태양이나 달의 위치를 확인할 수 있을 정도로 구름이 얇은 경우를 말한다(변종 중에 유일하게 불투명구름과 반투명구름이 함께 나타날 수 없다).

7) 파상구름undulatus(파도구름): 구름층이 서로 평행한 선처럼 배열되어 있어 그 밑면에 평행한 파도 모양의 기복이 생긴 경우를 말한다(이때 구름층이 이루는 선은 두루마리 형태로 서로 분리되어 있는 경우도 있고, 서로 융합되어 있는 경우도 있다).

구름계의 쉐어

이렇게 겉모습이 다양하다 보니, 층적운은 시시때때로 모양을 바꾼다. 무대를 연출할 때마다 여러 번 의상을 바꿔 입으며 공연하는 팝가수 쉐어Cher와 비슷하다. 그녀는 무대에서 사라졌다가 다시 등장할 때는 더 괴상한 의상으로 갈아입고 나타난다. 층적운이 갈아입는 의상도 얼마나 다양한지 모른다! 그보다 더 극적인 형태 중 하나는 '두루마리구름'으로 알려진 구름이다. 이것은 기다란 관처럼 생긴 층적운이다. 표면이 어떨 때는 얼음처럼 매끈하기도 하고, 어떨 때는 적운을 아주 길게 늘여놓은 것처럼 둥글둥글할 때도 있다.

지금 내가 하는 말에 웃지 말기 바란다. 사실 나는 그저 층적운 두루마리구름을 보기 위해 지구 반대편까지 날아간 적이 있다. '모닝 글로리Morning Glory'라는 이 구름은 호주 퀸즐랜드 북부에서 봄인 9, 10월에 형성된다.

종종 영국 땅덩어리보다 길게 뻗어 있는 이 거대한 구름은 카펀테리아만灣의 해안가 위를 통과한다. 이 구름은 거대한 공기의 파도 중앙에서 형성되어 최고 시속 60km/h의 속도로 이동한다. 이 구름 덕분에 호주의 오지에 작은 정착지가 생겨나 활공기 조종사들의 메카로 자리잡았다. 활공기 조종사들은 마치 파도를 타듯 구름을 탄다. 이 특별한 층적운은 너무나도 독특하고 극적이기 때문에 나는 아예 이 구름을 위한 장을 따로 하나 할애했다(13장 〈모닝글로리〉 참조). 구름계에서 모닝글로리는 1979년 〈테이크 미 홈Take Me Home〉 앨범 재킷에서 황동 갑옷 비키니와 황금 바이킹 헬멧 의상을 입고 나온 쉐어에 해당한다 해도 과언이 아니다.

길고 매끄러운 관 모양의 모닝글로리 두루마리구름과, 개개의 구름 무더기들이 덩어리져서 넓게 층으로 펼쳐져 있는 틈새 층상층적운처럼 모양이 서로 완전히 다른 구름을 같은 층적운 분류에 집어넣는다는 일이 터무니없어 보일지도 모른다. 이 두 형태는 달라도 너무 달라 보인다.

하지만 구름관찰자들은 이 점을 명심해야 한다. 층적운 속屬은 상승기류에 의해 개별적으로 발생하는 다양한 종의 적운이나, 안개처럼 밋밋하게 층으로 펼쳐진 층운이 아닌 모든 하층운(고도 2000미터 이하)을 지칭할 때 사용하는 분류다. 특정 분류를 따르기를 거부하는 하층운을 모두 싸잡아서 지칭하는 분류인 것이다. 하층운의 사촌뻘 되는 구름 중에 관습을 무시하고 자유사상을 긍정하는 구름은 이 분류에 집어넣으면 된다.

우리가 구름의 행동 법칙에 대해서 주제넘게 이러쿵저러쿵 말을 해도, 구름은 그것을 가볍게 무시한다. 뿌연 내면 깊숙한 곳까지 속

속들이 혼돈 그 자체인 구름은 그들을 분류해보려는 우리의 시도를 어떻게든 좌절시키고 만다.

모호하고, 덧없고, 변덕스럽기 그지없는 존재를 어떻게 칸칸이 딱딱 떨어지게 분류할 수가 있겠는가? 구름관찰자는 구름의 반항적인 성격을 사랑하게 될 것이다. 구름의 대형을 보고 그 분류를 찾아냈다고 여기는 순간, 구름은 모습을 바꾸며 자신을 한 분류로 붙잡아 놓으려던 우리의 시도를 조롱할 것이다.

루크 하워드가 1802년에 〈구름의 종류에 관하여On the Modifications of Clouds〉라는 중요한 강의에서 구름의 분류 체계를 제안했을 때, 구름을 고정된 형태로 생각하는 일이 어리석은 짓임을 인식한 것은 그의 천재성이 돋보인 부분이었다. 구름은 끊임없이 변화한다. 이 점은 사진이나 그림으로는 결코 전달할 수 없는 부분이다. 하워드가 도입한 적운Cumulus, 층운Stratus, 권운Cirrus, 비구름Nimbus이라는 용어는 끊임없이 변화하는 구름 형태 중 어느 한순간을 일컫는 용어일 뿐이다.

변화 과정에 있는 물인 구름은 끊임없이 하늘과 땅을 오르내리는 물의 순환 주기에서 잠깐 스쳐 지나는 한 단계에 불과한지도 모른다. 마치 테니스 선수가 로브 타법•으로 쳐 올려 하늘 위 정점에서 순간적으로 멈춘 듯 우아하게 떠 있는 테니스공처럼 말이다.

***

• 테니스에서 공을 높고 느리게 받아치는 타법.

층적운이 형성되는 한 가지 방식은 적운이 퍼지면서 서로 연결되는 것이다. 구름관찰자라면 대기 중에서 대체 어떤 지각 변동이 일어나길래 섬처럼 홀로 자유롭게 떠다니던 적운이 한데 모여 층적운에서 보이는 언덕 많은 하늘의 지형을 만들어내는지 궁금증이 일지도 모르겠다. 이런 현상은 기상학자들이 '기온역전inversion'이라 부르는 것 아래서 적운이 형성되었을 때 일어난다.

기온역전 현상을 눈으로 볼 수는 없다. 공기의 온도에 관한 얘기이기 때문이다. 그렇다 보니 머리로 이해하기가 만만치는 않다. 하지만 명색이 구름관찰자라면 잠시 짬을 내어 이 현상을 이해해두는 편이 좋다. 이 현상은 비단 층적운뿐 아니라 여러 가지 구름들이 퍼져 나가는 원리를 이해하는 데 중요한 역할을 하기 때문이다.

일반적으로 대류권에서 공기는 고도가 높아짐에 따라 차가워진다. 하지만 이는 일반적인 경우일 뿐 늘 그런 것은 아니다. 전 세계적으로 따듯한 공기와 차가운 공기가 이동하고, 대기권의 여러 부분 사이에서 밤낮으로 열이 왔다 갔다 하다 보면 때로는 대량의 따듯한 공기가 차가운 공기 위에 놓이는 경우가 생긴다. 그런 지역에서는 일시적으로 공기가 높은 고도에서도 따듯해지는 현상이 생긴다. 잠시 정상적인 온도 분포 패턴이 역전되는 것이다. 기온역전 현상은 대류권 어느 고도에서든지 일어날 수 있다. 그리고 범위도 국소적인 영역에서부터 수천 제곱킬로미터에 이르는 넓은 영역까지 다양하다.

기온역전이 구름의 형성과 관련이 있는 이유는 그것이 구름의 수직 성장을 가로막는 보이지 않는 천장 역할을 할 수 있기 때문이다.

적운을 만들어내는 상승기류가 기온역전을 만나면 갑자기 주변의 공기보다 더 따듯하지도, 더 가볍지도 않은 순간이 찾아온다. 그럼 상승기류는 옆으로 퍼져 나가는 것 말고는 다른 선택지가 없다. 정원사가 온실 안에서 파이프 담배를 물고 토마토를 돌보는 동안 담배에서 나온 연기 기둥이 온실 천장에서 막혀 모이는 것처럼, 기온역전층 아래서도 구름들이 퍼지면서 서로 만나게 된다.

적란운 꼭대기에서 모루구름이 퍼지는 것도 같은 원리로 설명할 수 있다. 산처럼 우뚝 솟은 이 적란운의 경우에는 눈에 보이지 않는 기온역전 천장 역할을 하는 것이 보통 '대류권계면'이다. 이 경계면에서는 고도에 따라 온도가 낮아지던 현상이 멈추기 시작한다(성층권 하층에 있는 오존 같은 기체가 태양의 자외선을 흡수하는 방식에 따른 결과이다).

날씨 좋은 날에 뜬 낮은 적운의 경우에는 상승기류가 국소적으로 형성된 기온역전층을 뚫고 올라갈 만큼 에너지가 충분하지 못하면 옆으로 퍼지면서 덩어리 구름이 합쳐진 층으로 변한다. 층적운 층이 생겨나는 것이다.

***

누구나 가끔씩은 일탈이 필요하다. 공항에서 줄지어 서 있다가 비행기 안으로 꾸역꾸역 들어가서, 어느 해변에 도착해 다른 패키지 여행객들과 함께 일광욕을 즐기는 일을 얘기하는 것이 아니다. 구름 관찰자에게는 집과 가까운 곳에서도 시도할 수 있는 형태의 일탈이 있다. 이런 일탈은 돈도 들지 않고, 틀림없이 정신건강에도 이롭다.

나는 이것을 '하늘을 아래로 굽어보기'라고 부른다. 이것이 효과적일지는 올바른 마음가짐을 받아들이느냐, 그리고 적절한 자세를 취하느냐에 달려 있다. 우선 좀 솟아오른 장소를 찾아야 한다. 언덕이나 위층 창가 앞도 좋다. 그리고 구름을 올려다볼 수 있게 등을 바닥에 대고 누워서 고개를 뒤로 젖힌다. 층적운이 멋있게 깔린 하늘이라면 이것을 시도해보기에 좋다.

구름을 보면서 관점의 전환이 일어나도록 해야 한다. 이 관점에서 바라보면 마치 더 이상 구름을 올려다보는 것이 아니라, 위에서 아래로 내려다보는 것처럼 느껴진다. 구름들은 환상의 구름나라 위에 매달려 저 먼 곳까지 뻗어 있다.

수고스럽지만 구름관찰자는 이 신기한 나라의 지도를 만들어 두어야 한다. 지금 놓치면 두 번 다시는 볼 수 없기 때문이다. 그 지형의 윤곽을 조사해보라. 부드럽게 오르내리는 지형의 기복을 그리고, 구불구불 나 있는 계곡을 따라가보고, 어두운 산꼭대기에서 잠시 멈추어보라. 이곳은 빛이 다르게 행동한다. 계곡에서 솟아 나온 빛이 산꼭대기에 그림자를 드리운다. 정말로 이 지형은 안쪽에서 빛을 낸다.

구름을 바라보며 들어야 할 음악 선곡의 문제는 해결이 되었다. 캐나다 몬트리올의 퀘백대학교 교수로 있는 니콜라스 리브스Nicolas Reeves라는 사람이 '구름 하프'를 개발했기 때문이다. 이 악기는 그 위에 떠 있는 구름의 형태로부터 음악을 만들어낸다. 지금까지 구

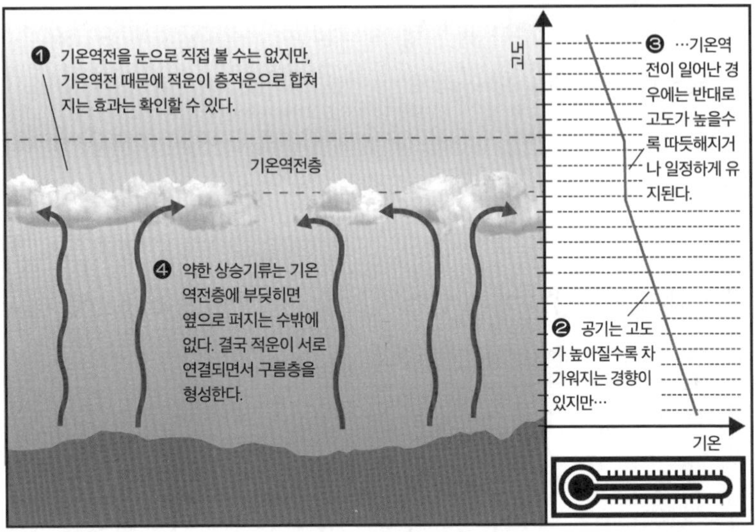

적운이 옆으로 퍼지며 서로 연결돼서 둥글둥글한 층적운이 되는 이유 중 하나가 '기온역전' 현상이다.

름 하프는 캐나다의 아모스와 몬트리올, 프랑스의 리옹, 독일의 함부르크, 폴란드의 기지츠코, 미국의 피츠버그 등 전 세계적으로 여섯 도시를 돌며 연주했다.

하늘이 파랄 때는 하프도 침묵한다. 하지만 하프 위로 구름이 처음 등장하면 음악이 시작된다. 리브스는 이렇게 설명한다. "라이더 lidar를 사용합니다. 구름을 향해 레이저 빔을 쏘는 장비죠. 악기로 반사되어 돌아오는 레이저를 측정하면 구름의 높이는 물론이고 밝기도 알아낼 수 있죠." 이렇게 얻은 정보가 특정 음악 사운드를 촉발하고 조절하도록 '구름연주자cloudist'라는 음악가가 악기를 설정해 놓는다. 그런 다음 지나가는 사람들을 위해 구름의 음악을 연주하게끔 놔두는 것이다.

가끔은 음악가가 투입되어 하프가 연주할 음악 샘플을 녹음해서 관현악 편성을 돕는다. 리브스는 이렇게 설명한다. "함부르크에서 온 트릴리안 바텔의 편곡을 통해 세인트루이스나 미주리의 구름을 연주할 수 있다는 뜻이죠."

2004년 몬트리올의 예술기술협회에 설치된 커다란 '구름 하프'. '라이더'가 하프의 음악을 개시한다. 라이더는 자기 위를 덮고 있는 구름의 변화를 측정할 수 있는 장비다.

노선퀘백의 아모스에서는 구름 하프가 나무로 둘러싸인 공원 공터에 설치되었다. 리브스는 이렇게 기억한다. "보름달이었을 때 사람들이 침낭을 갖고 와서 하프 곁에서 밤을 샜어요. 거기 누워서 구름의 음악에 귀를 기울인 것이죠. 정말 환상적이었습니다."

하늘을 아래로 굽어보면, 몇 분에 불과한 시간일지언정 구름관찰자는 인생의 걱정과 시름으로부터 자유로워질 수 있다. 남들이야 햇살 좋은 곳으로 탈출하건 꿈을 꾸건 내버려두자. 구름관찰자는 그보다 더 좋은 것을 알고 있다. 우리는 미국의 작가 겸 자연주의자 헨리 데이비드 소로Henry David Thoreau가 저무는 햇살 속에서 바라보았던 세상을 만날 수 있다.

저녁 붉은 기운 아래 낮은 층으로 있는, 살짝 장미 빛깔이 도는 황금색 햇살로 갈아입은 두 거대한 산 사이로, 그리고 멀고 머나먼 곳, 마치 지중해에서 바라본 스페인 해안 그림에서나 나올 법한 거대한 협곡 사이로 나는 한 도시를 본다. 영원한 서쪽의 도시, 유령의 도시, 거리에는 나그네의 발이 닿은 적 없고, 포장된 도로로는 태양의 말들이 이미 서둘러 지나간 도시. 상상 속의 살라망카 같은 도시를.[2]

***

스티븐 스필버그의 영화 〈미지와의 조우Close Encounters of the Third Kind〉(1982)의 마지막 장면을 보면 거대한 UFO 하나가 와이오밍의 데블스타워에 내려온다. 그리고 리처드 드레이퍼스Richard Dreyfuss가 연기한 등장인물 로이 니어리는 미국의 과학자들과 함께 우주선을 타고 어딘지 모를 곳을 향해 날아 오른다.

아직 이 영화를 안 본 사람들에게 결말을 일러바치는 스포일러 노릇을 해버렸는지도 모르겠지만, 그럴 만한 이유가 있어서 그랬다. UFO 모선이 등장하기 바로 전에 등장한 특수효과를 보면 기온역전이 어떻게 층적운을 만들어내는지 설명하는 데 도움이 되기 때문이다.

모선이 등장하기 바로 전에 그보다 작은 우주선 무리가 선발대로 내려온다. 그들은 저속 촬영한 것처럼 사막 하늘을 가로질러 퍼지며 피어오르는 두꺼운 구름층을 뚫고 나타난다. 이것은 영화 역사상 최초로 설득력 있게 표현된 특수효과 구름이었고, 시각효과의 개척자인 더글러스 트럼불Douglas Trumbull의 작품이다. 이 구름은 기상학적인 패턴과는 다소 맞지 않게 우주선 뒤쪽에서 아래로 부풀어 오르기도 했지만, 진짜 층적운이 퍼지는 것과 아주 비슷한 방식으로 퍼져 나갔다. 트럼불은 이 구름 영상 제작을 위해 특별한 장비를 발명해야 했다. 그 장비는 '구름 탱크'로 알려져 있는데, 기온역전의 원리를 이용한 장비로 구름 특수효과에 혁명을 불러일으켰다.•

트럼불의 구름은 진짜 구름처럼 공중에 떠 있는 물방울로 만들어진 것이 아니라 물탱크 안에서 작은 페인트 방울로 만들어진 것이다. 트럼불은 구름을 적절하게 통제하고 조명도 효과적으로 이용하려면 작은 구름 모형을 만들어야 한다는 것을 알았다. 그는 1977년 〈아메리칸 시네마토그래퍼American Cinematographer〉라는 잡지에서 이렇게 얘기했다. "물속 환경에서라면 진짜하고 비슷한 소형 구름을 만들 수 있지 않을까 생각했습니다. 물속으로 우유처럼 하얀 다른 액체를 주입해서 만드는 것이죠." 그는 자신의 특수효과 스튜디오에 유리로 된 7제곱피트짜리 탱크를 만들고, 리모컨으로 작동하는 팔을 탱크 아래로 내려서 특수 혼합한 흰색 포스터 페인트를 주입할 수 있게 했다.

이 탱크는 냉수성 어종을 키울지 열대어종을 키울지 결정을 못 내린 사람을 위해 제작된 커다란 어항 같았다. 탱크의 바닥 쪽 절반

• 유튜브에서 'Close Encounters Cloud Tank Shots'로 검색해보면 해당 영화 장면을 찾아볼 수 있다. 컴퓨터 그래픽 없이 특수효과만으로 촬영했다는 사실이 믿기지 않을 정도로 훌륭하다.

Ian Watterson (1524번 회원)

층적운이 되려면 구름층이 2000미터 이하라야 한다. 이 사진만 봐서는 이 구름의 고도를 판단하기가 어렵지만, 자욱하게 피어오른 파상구름이 너무 보기 좋아 그냥 여기에 실었다.

에는 찬물을 담았고, 위쪽 절반에는 더운물을 넣었기 때문이다. 물론 수온은 언제나 퍼져서 균등해지려는 경향이 있다. 하지만 복잡한 배관, 가열, 여과 시스템 덕분에 특수효과 담당자는 밀도가 낮은 따듯한 물을 밀도가 높은 찬물 위에 덮게 해서 기온역전 상태를 유지할 수 있었다. 두 수온층의 경계 영역에서 리모컨 조정 팔을 조심스럽게 조작해 흰색 페인트로 만든 구름을 뿜어내게 했다. 그리고 달빛을 흉내내기 위해서 위에서 조명을 비췄고, 번개 효과를 내기 위해서 광섬유 탐침을 내려 모형 구름 속에 집어넣었다. 그리고 나면 스필버그는 물속에서 카메라를 위로 향하게 하여 구름을 아래쪽에서 촬영할 수 있었다.

페인트 용액의 온도는 더운물과 찬물의 중간 정도였다. 즉, 밀도도 양쪽 물의 중간 정도라는 얘기다. 이 페인트 용액을 층의 경계 부위에 주입하면 페인트는 위쪽 더운물을 천장 삼아 거기까지만 부풀어 올랐고, 아래쪽 찬물을 바닥 삼아 그 아래로는 더 이상 내려가지 않았다. 공기 중에서 기온역전층을 직접 눈으로 볼 수 없듯이, 물속의 온도역전도 카메라에는 잡히지 않았다. 트럼불의 구름은 층적운이 기온역전층 아래서 모이고 퍼져 나가듯, 뭉게뭉게 층으로 피어오르며 퍼져 나갔다.

트럼불은 이렇게 설명했다. "각각의 '테이크'를 촬영할 때마다 물을 여과하고 특수하게 가열 또는 냉각해서, 신선하고 깨끗한 물로 탱크를 완전히 다시 채워야 했기 때문에 촬영이 더디고 어려웠습니다. 그렇게 일 년 동안 불규칙하게 촬영하고 나서야 우리가 원하는 결과물을 얻을 수 있었죠."

미치광이가 만들어놓은 어항 속에서 뿜어져 나온 흰색 페인트를 와이오밍의 하늘을 가로지르는 구름처럼 보이게 하는 일은 틀림없이 괴로운 과정이었을 것이다. 하지만 〈미지와의 조우〉 작업 덕분에 트럼불은 1978년 오스카 시상식에서 최우수 시각효과상 부문에 후보로 지명받게 된다. 그가 최우수상을 수상하지 못해서 부당하다고 생각하는 것은 아무래도 나의 편견일지 모르지만, 적어도 진짜처럼 보이는 구름을 만들어내는 데 성공한 그의 뛰어난 업적은 '기온역전을 조연으로 제일 잘 이용한 상' 정도는 받았어야 공정하지 않았을까?

***

몇 년 전에 나는 런던의 테이트 브리튼에 〈미 대륙의 숭고함: 1820~1880년에 그려진 미국의 풍경화〉라는 미술 전시회를 보러 갔다. 19세기 미국의 위대한 화가들의 거대한 그림들이 방마다 전시되어 있었다. 그 그림들은 이상화된 풍경들을 극적으로 담아내고 있었고, 길들여지지 않은 야생의 대초원과 호수, 그리고 산들이 끝 간 데 없이 펼쳐져 있었다. 카탈로그에 따르면 이런 그림들은 젊은 대륙에 정착한 유럽 정착민들의 팽창주의 정신과 개척 정신을 반영한다. 당연히 나는 그 그림 속 하늘에서 벌어지는 일에 관심이 쏠렸다.

프레더릭 에드윈 처치의 〈황야의 황혼Twilight in the Wilderness〉과 앨버트 비어슈타트의 〈로키산맥의 폭풍Storm in the Rocky Mountains, Mt Rosalie〉을 보고 있으려니, 그들의 환상적인 구름 풍경이 그 아래서 일어나는 극적인 풍경을 반영하는 방식에 감명을 받았다. 때때로 웅대한 하늘은 풍경 안에 들어 있다기보다는 오히려 숭고한 황야의 풍경을 찬양하러 나온 존재로 보였다. 지평선 아래 풍경보다는 지평선 위 그림이 오히려 그 시대의 개척 정신을 더 잘 나타내주는 것 같았다.

갤러리 애호가 버전으로 불현듯 '하늘을 아래로 굽어보기'를 해보고 싶은 욕구가 생겼다. 그래서 그림을 뒤집으면 어떻게 보일까 싶어 카탈로그를 구입했다. 물론 처치와 비어슈타트는 자기 무덤 안에 누워 이미 그렇게 하늘을 뒤집어 보고 있겠지만, 그것은 새로운 사실을 깨닫게 해준 시도였다.

그림을 뒤집어 구름이 아래로 펼쳐진 풍경 역할을 하게 한 후에 그 숭고한 광경을 다시 바라보니, 그림을 바로 세워놓고 볼 때와 사실 큰 차이가 없었다. 만약 이 극적인 그림들 중 하나가 실수로 거꾸로 걸려 있었더라도 과연 사람들이 쉽게 알아차릴 수 있었을까 궁금해졌다. 프레더릭 에드윈 처치의 〈바 하버의 노을Sunset, Bar Harbor〉에서 극사실주의적으로 묘사된 주홍색 구름이 아래로 펼쳐진 풍경이 되고, 땅의 어두운 언덕 실루엣이 위로 떠 있는 암울한 구름이 된다면 어떨까?

위아래가 뒤집힌 그림들

내 눈에는 거꾸로 뒤집은 그림도 영토를 더욱 확장하려는 신생 공화국 미국의 야망을 마찬가지로 효과적으로 나타내는 것으로 보였다. 보통 고층운과 권운은 층적운으로부터 몇 킬로미터 위쪽에 형성되는 구름인데, 노을에 물든 그 구름들이 거꾸로 뒤집혀 있는 것을 보니 마치 내가 아주 높은 곳에서 광대한 풍경을 내려다보는 기분이었다.

상상 속의 지형에 빠져 있다가(구름관찰자가 땅 위에 누워 탐험하는 지형과 같은 것이다) 문득 사람들이 나를 쳐다보는 것을 느끼고 민망해졌다. 위엄이 있는 테이트 브리튼의 갤러리에 서서 카탈로그를 거꾸로 잡고 뒤적거리고 서 있었으니, 미술의 '미' 자도 모르는 무식한 자라고 여겼을 것이 아닌가!

* * *

프레더릭 에드윈 처치의 〈바 하버의 노을〉(1854). 이 그림을 뒤집어 걸어놓으면 알아차릴 사람이 있을까?

층적운은 기온역전층 아래서 적운이 퍼져 나가는 방식으로 형성되기도 하지만, 안정적이고 편평하게 펼쳐져 있던 층운에서 발달해 나오기도 한다. 안개처럼 조용하게 펼쳐져 있던 구름층이 뭉치면서 덩어리를 만드는 것이다.

담요처럼 낮게 펼쳐져 있던 층운이 이렇게 거칠어지는 이유가 대체 무얼까? 먼저 층운의 구름 높이에서 바람이 강해지면서 난류가 만들어질 때 거칠어질 수 있다. 또는 층운의 구름층이 햇빛을 통과할 수 있을 정도로 얇아 지면이 데워지고, 그 결과 약한 상승기류가 발생해서 층운을 휘저어놓아 이런 현상이 생기기도 한다. 하지만 바람도 거의 없고, 구름이 두꺼워서 상승기류가 생기지 않는 상황에서도 층운이 뭉쳐서 층적운이 발생할 수 있다.

이 경우에는 구름이 열을 흡수하고 발산하는 방식 때문에 이런 변화가 나타난다. 기온역전과 마찬가지로 이 현상도 구름관찰자들이 잘 이해해두는 편이 좋다. 층적운뿐 아니라 구름의 일반적인 형성 과정에서 중요한 요소로 작용하는 원리이기 때문이다.

열이 이동하는 방식에는 네 가지가 있는데, 이 방식들 모두 구름의 형성에 영향을 미친다. '대류'는 따듯한 공기가 상승기류를 타고 위로 떠오르는 과정에서 열을 운반하는 방식이다. 앞서 라바램프의 예를 보면 기체나 액체의 이동을 통해서 어떻게 열이 이동하는지가 잘 설명된다. '전도'는 서로 접하고 있는 물체들 사이에서나 물체 내부에서 열이 이동하는 방식을 말한다. 따듯한 부분의 분자는 차가운 부분의 분자보다 활동이 활발한데, 이 활발한 분자가 얌전하게 있던 이웃 분자와 충돌하면서 에너지를 나누어주다 보면 결국 둘은 같은 속도로 움직이게 된다. 전도가 일어난 것이다. 손에 올려놓은 눈덩어리가 녹는 것이 바로 전도 현상 때문이다. 맑은 밤이 지나고 난 후에 차가운 지면에 닿은 공기가 지면에 열을 뺏기고 식어서 안개를 형성하는 것도 마찬가지 이유다. '증발'은 우리 피부에서 흘러나온 땀이 몸을 식혀주는 원리다. 물은 수증기로 변할 때 피부에서 열을 빼앗아간다. 구름의 물방울이 처음 나타났을 때 공기가 살짝 따듯해지는 것도 바로 이 원리다. 물방울이 형성될 때 방출되는 열 때문에 공기가 팽창하고 솟구치면서 적운이 뭉게뭉게 브로콜리 모양으로 피어난다. 그리고 마지막으로 '복사' 현상이 있다.

이거 무슨 물리학 강의가 시작되려는 듯한 냄새가 풍긴다. 하지만 이 강의를 땡땡이치면 실수하는 거다. 구름관찰자들은 자전거 보관소 뒤에 숨어 있지 말고 냉큼 돌아와 잠깐만 시간을 내어 복사에 관

Nick Lightbody (95번 회원)

층적운의 울퉁불퉁한 지형은 자기만의 공중지질학 법칙을 따른다.

한 설명을 듣기 바란다. 네 가지 열 이동 방식 중에 이것이 제일 중요하기 때문이다. 물론 층운이 층적운으로 변화하도록 촉진하는 역할을 하기 때문에 중요한 것이 아니라, 복사 현상이 없었다면 지구는 너무 추워서 생명이 살지 못하는 곳이 되었을 터이기 때문에 중요하다는 것이다. 태양의 열이 진공의 우주 공간을 지나 우리에게 닿을 수 있는 것은 바로 복사 현상 때문이다. 이 현상은 나머지 세 개와는 조금 다르다. '전자기파'라는 형태를 띠기 때문이다.

태양이 복사하는 모든 전자기파 에너지 중에서 우리가 눈으로 볼 수 있는 가시광선의 파장 범위는 아주 좁지만 태양이 방출하는 모든 에너지 중 45퍼센트 정도를 차지한다. 9퍼센트는 가시광선보다 파장이 짧은 영역으로 자외선도 여기 해당된다. 자외선은 눈으로 볼 수는 없지만 우리 피부를 검게 태운다. 그리고 나머지 46퍼센트는 '적외선'이라는 파장이 긴 영역에 넓게 퍼져 있다. 적외선도 눈으로 볼 수는 없지만 따듯한 열기로 느낄 수 있다. 모든 물체는 복사 전자기파를 방출한다. 그리고 물체가 뜨거워질수록 가장 많이 복사하는 전자기파의 파장도 짧아진다(뜨거운 물체가 처음에는 붉은색으로 빛나다가 점점 뜨거워질수록 노란색으로 변하고, 결국에는 파란색으로 변하는 이유다). 지구는 태양보다 훨씬 차갑기 때문에 눈에 보이지 않는 파장이 긴 적외선이 제일 많이 나온다.

모든 물체는 전자기파를 방출하지만, 어느 파장의 복사를 흡수할 것인가에 대해서는 저마다 고유한 특성을 가지고 있다. 이것은 물체를 구성하는 원자나 분자의 유형이 어떠한가에 달려 있다. 구름 물방울은 파장이 긴 적외선 복사를 더 많이 흡수하고, 파장이 짧은 가시광선이나 자외선을 반사하는 경향이 있다. 이것이 구름이 낀 날은 낮이 서늘해지고(태양에서 주로 나오는 파장이 짧은 복사를 반사하고, 그 과정에서 가열되지 않기 때문에), 밤은 더 따듯해지는 이유다(지구가 내보내는 파장이 긴 적외선 복사를 상당 부분 흡수했다가 다시 지면으로 일부를 되돌려 복사하기 때문에).

자, 졸지 마세요!

조금 시간이 걸리긴 했지만, 드디어 왜 편평한 층운이 외부의 바람이나 상승기류의 영향 없이도 덩어리진 층적운으로 바뀔 수 있는지를 설명할 시간이 왔다.

층운은 윗면은 차가워지고 밑면은 따듯해진다. 윗면은 위에서 내려오는 태양의 짧은 파장 복사를 거의 흡수하지 못하고 반사해버리기 때문이다. 하지만 밑면은 아래 지표면에서 내보내는 파장이 긴 복사를 상당 부분 흡수한다. 어떤 구름이라도 아래쪽이 따듯하고 위쪽이 차가워지면 불안정한 상태가 된다. 아래쪽의 따듯한 공기가 팽창하면서 차갑고 밀도가 높은 위쪽의 공기를 뚫고 떠오르기 시작하기 때문이다. 한때는 조용하고, 편평하고, 안정적이었던 층운의 구름층에서 일부 따듯한 공기가 위로 상승하면서 대류 소용돌이가 생겨나기 시작한다. 이 현상이 구름층을 휘저어놓으면 어떤 부위는 구름층이 두꺼워지고, 어떤 부위는 얇아지면서 층적운으로 발달한다.

이번 주 숙제:
뜬 구름 보기

생각처럼 어려운 물리학 강의는 아니었다. 안 그런가?

***

조너선 스위프트가 쓴 18세기의 풍자 소설 《걸리버 여행기》에 등장하는 주인공 걸리버가 찾아간 온갖 해괴한 상상의 나라들 중에서도 사람들이 제일 잘 기억하는 나라는 실속 없이 거창한 생각만 하는 난쟁이들이 살던 소인국 릴리풋이다. 하지만 구름관찰자의 입장에서는 용감한 여행가 걸리버가 다른 한 섬에서 맞닥뜨렸던 사람들이 오히려 더 관심이 간다.

걸리버는 우연히 라퓨타섬에 도착했는데, 그 섬이 구름 위에 떠 있는 것을 보고 크게 놀란다. 그 섬은 바닥에 들어 있는 자철석이라는 거대한 자석의 작용으로 하늘 높이 떠 있을 수 있었다. 라퓨타 사

Azhy Chato Hasan (1687번 회원)

머리를 구름 속에 둔 것처럼 공상하며 사는 것이 뭐 어때서?

람들은 자철석의 방향을 바꿈으로써 공중의 섬을 자기들 왕의 영토 위로 움직일 수 있었다. 나중에 알고 보니 이들은 다소 기이한 사람들이었다.

> 그들의 머리는 모두 오른쪽이나 왼쪽으로 기울어 있었고, 눈 한 쪽은 안쪽으로, 그리고 나머지 눈 하나는 똑바로 위를 향하고 있었다. 그리고 겉옷은 태양, 달, 그리고 별의 무늬로 장식되어 있었다.[3]

라퓨타 사람들은 구름 위에 살다 보니 산만하기 그지없는 종족이기도 했다. 그들의 머리는 늘 이해하기 힘든 수학과 음악으로 꽉 차 있었다. 걸리버가 라퓨타 사람들을 만났을 때 처음 눈에 들어온 것 중 하나는 '플래퍼'라는 수행원들이었다. 이 하인들은 자갈이 든 주머니를 짧은 막대 끝에 매달고 다니다가 누군가 자기 주인에게 말을 걸면 그것으로 주인의 귀를 치고, 주인이 대답해야 할 차례가 오면 입을 쳤다.

> 이 사람들의 머릿속은 너무나도 진지한 사색으로 가득 차 있어서 말하는 기관이나 듣는 기관을 밖에서 누군가 건드려 깨워주지 않으면 말을 하지도, 다른 사람의 말에 귀를 기울이지도 못했다.[4]

걸리버는 이 괴상한 사람들에게 마음을 붙이지 못했다. 걸리버가 그들의 수학적, 음악적 재능을 존경한 것은 사실이었지만, 그들은 자기들만의 세계에 너무 빠져 있어서 좀처럼 친해지기 어려웠다.

구름관찰자의 마음이 변화무쌍한 하늘의 지형을 따라 방랑하고 있는 동안에는 라퓨타 사람들처럼 머리를 구름 속에 두고 멍하게 산다는 말을 자주 듣게 될 것이다.

물론 그런 말에는 신경 쓸 필요 없다. 구름관찰자라면 당연히 그렇게 살고 있으니까. 그게 뭐 어때서?

고적운

고층운

난층운

중층운은 2000~7000미터 높이에서 형성된다. 중층운은 보통 물방울로 이루어지지만, 겨울철의 경우 과냉각된 물방울로 형성된 구름이 많이 관측된다. 고적운, 고층운 및 구름의 두께가 두꺼운 난층운이 여기에 속한다.

2000 ~ 7000m

the Middle clouds

중층운

5

the Cloudspotter's Guide

고적운

高積雲, 높쌘구름, Altocumulus

하늘에 층을 지어 떠 있는 롤빵

고적운, 즉 높쌘구름은 중층운이다. 작은 구름덩어리가 다소 규칙적인 간격으로 배열되어 있으며, 층을 이루거나 조각으로 떠 있다. 고적운은 지면과 대류권 꼭대기 사이 중간 정도 높이에서 형성된다.

중층운에 속한 구름들의 이름을 보면 라틴어로 '높다'는 의미의 접두사 'Alto-'가 붙은 경우가 있어 좀 혼란스러울 수 있다. '중간'을 뜻하는 'Medio-'를 붙였으면 뜻이 좀 더 잘 통하지 않았을까?• 타당한 생각이긴 하지만, 생모르 공원과 몽수리 공원에 있는 프랑스 기상대의 책임자인 에밀리앙 르누Émilien Renou는 1855년에 이 높이에 있는 구름의 이름을 이렇게 제안했고 그 후로 1870년대에 기상학

• 우리말로도 '중적운'이 아닌 '고적운'이라는 이름이 붙었다.

고적운(높쌘구름) 관찰법

고적운은 작은 구름 조각들이 층을 이루거나 조각으로 떠 있는 중간 높이의 구름으로, 둥근 덩어리 형태나 두루마리 형태, 혹은 아몬드/렌즈 형태로 나타난다. 고적운은 흰색이나 회색이며, 태양을 등진 쪽에는 그늘이 드리운다. 고적운은 보통 물방울로 이루어지지만, 얼음 결정이 들어 있을 때도 있다.

고도(중위도 지역 기준): 2000~5500미터
형성 지역: 전 세계적으로 발생한다.
강수: 아주 드물게 약한 비를 내린다.

고적운의 종

층상고적운: 가장 흔한 종으로 구름 조각들이 넓은 영역을 뒤덮는 경우.
렌즈고적운: 아몬드나 렌즈 모양의 구름 덩어리가 하나나 그 이상 나타나는 형태. 치밀해 보이고 암영이 두드러진다.
탑상고적운: 구름 조각의 머리가 총안처럼 생긴 경우.
포기고적운: 구름 조각이 적은 비슷한 다발로 이루어져 있고, 밑면이 울퉁불퉁하다. 얼음 결정이 아래로 떨어지면서 생기는 섬유 모양의 흔적(꼬리구름)이 달린 경우가 많다.

파상 층상고적운

렌즈고적운

포기고적운

고적운의 변종

불투명구름: 구름층이 두꺼워 태양이나 달의 위치가 보이지 않는 경우.
반투명구름: 구름층이 얇아 태양이나 달의 위치를 확인할 수 있는 경우.
틈새구름: 구름 조각들 사이에 틈이 있는 경우.
이중구름: 다른 고도에 층이 여러 개 존재하는 경우. 때로는 층이 부분적으로 합쳐지기도 한다.
파상구름: 구름 조각들이 거의 평행하게 배열되어 있는 경우.
방사구름: 길게 줄지은 구름들이 지평선을 향해 모이는 것처럼 보이는 경우.
벌집구름: 구름층에 그물눈 같은 구멍이 뚫려 있고, 그물눈 가장자리를 구름이 그물의 실처럼 둘러싸고 있는 경우.

혼동하기 쉬운 구름

권적운: 권적운은 구름 조각들이 상부에 층을 이루고 있으며, 구름 조각이 작은 소금 가루처럼 보인다. 지평선에서 30도 위로 손을 뻗어 손가락 세 개를 겹쳐 놓았을 때 고적운의 구름 조각은 일반적으로 손가락 하나 굵기보다 크고, 손가락 세 개의 굵기보다 작다. 또한 고적운의 구름 조각에서는 암영이 보이지만, 권적운에서는 보이지 않는다.
권운: 권운은 상층운으로, 거기서 떨어지는 얼음 결정의 줄무늬가 고적운 구름 조각에 달린 꼬리구름과 비슷해 보이지만, 권운에는 고적운에서 보이는 것 같은 짙은 머리 부분이 없다.

위: Stephen Cook (132번 회원), 아래 왼쪽: Mike Cook (1690번 회원), 아래 오른쪽: Terry Falco (1592번 회원)

계에 의해 그대로 받아들여졌다.

대류권 중간 영역의 고도를 정의하는 일은 생각처럼 간단하지 않다. 대류권의 높이가 장소에 따라 크게 달라지기 때문이다. 대기권 전체의 높이는 극지방보다는 열대지방에서 훨씬 높다. 적도 근처의 표면이 다른 곳보다 더 따듯해서 대기권이 팽창하는 것이 가장 큰 이유다. 따라서 열대지방에서는 대류권의 높이가 18킬로미터를 넘어가는 경우가 많지만, 극지방에서는 7.5킬로미터 정도에 불과하다.

위도에 따라 대류권의 높이가 달라진다는 것은 중층운이 형성되는 고도의 범위가 일정하지 않음을 뜻한다. 좀 더 간단하게 설명하기 위해 대류권의 높이가 대략 14킬로미터 정도 되는 중간 위도의 온대지방을 기준으로 이야기해보자. 이 지역에서는 고적운이나 다른 중층운의 형성 고도가 2~7킬로미터 사이이다.

일반적으로 이 고도는 지표면이 태양에 의해 덥혀질 때 솟아오르는 국소적인 기류인 상승기류의 영향에서 벗어난 높이이다. 따라서 적운과 달리 고적운에서는 상승기류가 핵심적인 역할을 맡지 않는다. 구름관찰자들은 구름의 속, 종, 변종의 이름을 정할 때는 구름이 어떻게 형성되었느냐보다는 전형적인 형성 고도가 어디고 외관상 어떻게 보이느냐가 더 중요하다는 사실을 명심해야 한다. 이름의 형식적인 의미 때문에 혼동하지 않기를 바란다. '고적운Altocumulus'이라는 이름은 이것이 중층운이고 우연히도 적운처럼 덩어리진 형태임을 뜻할 뿐이지, 적운과 같은 방식으로 형성된다는 뜻이 아니다.

***

1907년 7월 27일, 오슬로에서 32킬로미터 남쪽에 위치한 노르웨이의 작은 마을인 드뢰바크에서 어떤 사람이 오슬로피오르•를 가로질러 건너편에 있는 홀름스부 마을이 내다보이는 기분이 좋아지는 풍경을 촬영했다. 거친 화면으로 촬영된 이 흑백 사진에는 배를 대는 선착장 두 개가 앞쪽에 보이고, 쾌속 범선 몇 대가 수심 깊은 곳에 닻을 내리고 있다. 그리고 그 위 하늘에는 검은 원반 하나가 떠 있는 것도 보인다. 이 사진은 촬영되고 60년이 지난 후에 〈이탈리안 선데이〉의 증보판인 〈도메니카 델 코리에레La Domenica del Corriere〉에서 공개되어 최초의 UFO 사진으로 제시된다.

정체를 모르니까 UFO(미확인 비행 물체)라고 했지만, 이것은 비행접시와는 전혀 상관이 없다. 사실 고적운의 한 특별한 종인 렌즈구름이다. 이 사진에서는 원반 모양의 그림자만 보일 뿐 세세한 부분까지는 보이지 않지만, 이 형체가 구름이라는 단서는 바로 그 앞에 있는 언덕이다.

이것은 가장 오래된 UFO 사진일까, 아니면 구름관찰자의 작품일까?

앞에서 나는 고적운이 보통 규칙

• 노르웨이 남동쪽에 있는 만灣으로, 지명에는 피오르가 들어가 있지만 엄밀한 의미에서 실제 피오르 지형은 아니다.

적인 간격으로 배열되어 있는 작은 구름 덩어리들이 층을 이루거나 조각으로 떠 있는 것이라고 했다. 그런데 이렇게 개별적으로 존재하는 구름을 고적운으로 분류하다니 이상해 보이는 것도 무리가 아니다. 이 구름은 별로 층을 이루고 있는 것 같지는 않다. 사실 렌즈고적운은 전형적인 형태의 고적운과는 상당히 달라 보이고, 오히려 하층운인 층적운에서 나타나는 렌즈층적운과 공통점이 더 많다.

렌즈고적운이나 렌즈층적운 모두 '산악구름orographic cloud'이다. '산악구름'은 '지형구름'이라고도 하는데 공기가 언덕이나 산 같은 장애물을 만나 위로 밀려 올라갈 때 형성되는 구름이라는 뜻이다. 그럼에도 이 구름의 형태는 대단히 극적이어서 어쩌다 이런 구름과 만나면 대단히 특별한 사건을 마주한 듯한 기분이 든다. 세기의 전환기에 등장했던 이 이름 모를 사진작가가 구름관찰자였는지, 아니면 그저 우연히 렌즈고적운을 찍게 되었는지는 아무도 모를 일이다. 나는 그 사람이 흥분해서 소리를 지르며 삼각대를 설치하고 그저 구름을 기록으로 남길 목적으로 서둘러 구도를 잡지 않았을까 생각하고 싶다. 결국 렌즈고적운은 구름의 여러 종 중에서도 가장 극적이고 아름다운 종이니까 말이다.

이 구름이 다른 구름들보다 더 옹골차 보이는 이유는 뭉게뭉게 피어오른 어린 적운처럼 아주 작은 물방울들이 대량으로 모여 구성되었기 때문이다. 물방울의 크기가 작을수록, 그리고 그 양이 풍부할수록 구름은 더 불투명하게 보인다. 하지만 렌즈구름은 상승기류 구름에서 뭉게뭉게 선명하게 솟아난 덩어리들보다 표면이 훨씬 매끄럽고 부드럽다.

렌즈구름이라는 이름은 렌즈 같은 형태 때문에 붙은 것이다. 이 구름은 길쭉하게 늘어난 마름모꼴 형태일 때도 있고, 팬케이크를 쌓아놓은 형태일 때도 있지만, 가장 전형적인 것은 비행접시 형태다. 구름관찰자가 알프스에서 스노보드를 타다가 운이 좋아 이 렌즈구름을 보게 된다면, 혹시 외계인들이 은하수 너머 고향으로 긴 항해를 떠나기 전에 따듯하게 글뤼바인•이나 한잔 머그컵에 따라 마시려고 마터호른산의 바람 후면에 우주선을 잠시 주차시켜놓은 것이 아닐까 궁금해질지도 모르겠다. 물론 그렇지는 않다. 이들은 그저 이 구름이 자연의 시임을 일깨우기 위해 찾아왔을 뿐이다. 자연이 산마루와 바위산 사이의 희박한 공기 속에 속삭여놓은 시 말이다.

글뤼바인을
한잔하고 가려고
주차한 외계인

***

어느 여름 토스카나 아레초에서 휴가를 즐기다가 같은 종류의 '미확인 비행 렌즈구름'을 보고서 나는 정말 기뻐 어쩔 줄 몰랐다. 그 구름은 내 머리 위 하늘에 있었던 것이 아니라 성 프란체스코 성당 벽에 프레스코화로 그려져 있는 구름이었다. 그 구름은 피에로 델라 프란체스카가 15세기에 그린 걸작, 〈성십자가의 전설The Legend of the True Cross〉의 화폭 속 하늘 위에 떠 있었다.

• 설탕 혹은 꿀과 향료를 넣어서 데운 적포도주.

John Lamb (1478번 회원)

뉴질랜드 쿡산에서 바람의 후면에 생긴 렌즈고적운.

이탈리아 성 프란체스코 성당 벽에 그려진 피에로 델라 프란체스카의 프레스코화. 그림 속 하늘에는 렌즈고적운이 떠 있다.

연속적으로 이어진 프레스코화는 예수가 못 박힌 십자가를 만드는 데 사용된 목재에 관한 이야기를 들려주고 있다. 사람들은 대부분 그 전설을 가장 잘 묘사한 작품으로 이 프레스코화를 꼽는다. 이 그림들 속에는 이 목재가 어떻게 아담의 무덤에서 자란 나무에서 나왔고, 그 목재의 소름끼치는 운명을 예언한 솔로몬 왕에 의해 숨겨졌다가 어떻게 다시 발견되어 십자가 형벌에 사용되었고, 나중에 황제와 왕들이 그것을 두고 어떻게 싸웠는지가 나와 있다. 하지만 나는 그림 속 구름 때문에 이 프레스코화가 좋다.

무슨 이유인지 피에로는 푸른 하늘을 렌즈고적운으로 채워놓았다. 그 당시 다른 프레스코화 화가들은 오랫동안 흔하게 그려진 적운을 사용하는 것으로도 만족했지만, 피에로는 그것으로 만족하기 어려웠다. 그는 색다른 구름을 원했다. 하지만 왜 하필 렌즈구름일까? 왜 먼 훗날 〈도메니카 델 코리에레〉에서 최초의 UFO 사진이라고 착각한 것과 같은 유형의 구름을 선택했을까? 아마도 그가 '보르고 산 세폴크로'(현재는 '산세폴크로'로 불린다)에서 자랐다는 점과 관련이 있을 것이다.

아펜니노산맥 발치의 움브리아 지역 가까이 자리잡고 있던 피에로의 고향은 렌즈고적운 같은 산악구름을 보기에는 그 어느 곳보다도 좋은 장소였을 것이다. 어린 시절, 이 화가는 문득 하늘을 올려보았다가 앞산 바람의 후면으로 아름다운 렌즈구름이 편대를 이루어 떠 있는 광경을 본 것일까? 그리고 피에로에게 구름관찰자로서의 깨달음의 순간이 찾아왔던 것일까? 훗날 화가가 되었을 때 그림에 그려 넣을 구름의 종류를 알려주는 깨달음이?

아무렴. 분명 그러했을 것이다.

***

고적운에는 살펴보아야 할 다른 놀라운 형태들이 많이 있기 때문에 렌즈구름에만 시간을 너무 뺏기고 싶지는 않다. 하지만 조금만 더 시간을 투자하도록 하겠다. 산악구름인 렌즈구름은 고적운의 주요 형성 원리 중 한 가지를 잘 보여주기 때문이다.

적운 같은 상승기류 구름은 태양열로 달구어진 지표면에서 공기가 상승기류를 타고 올라갈 때 형성된다. 그리고 층운같이 층을 이루는 구름은 따듯한 공기가 차가운 공기와 만나 위로 상승할 때 습기를 머금은 공기가 대규모로 천천히 함께 상승하면서 생기는 경우가 많다. 하지만 렌즈구름 같은 산악구름은 바람이 언덕이나 산 같은 장애물을 만나 그 위로 지나갈 때 공기가 위로 떠밀려 올라가면서 형성된다. 각각의 구름 형성 방식에는 모두 공기의 상승이 관여하고 있다. 공기가 상승하면 팽창하고, 그 과정에서 공기의 온도가 내려간다. 이렇게 냉각되면 공기 중에 들어 있던 분자들은 속도가 느려지고, 그중 물 분자, 즉 수증기의 일부는 결국 함께 뭉쳐서 물방울이 되거나, 기온이 많이 떨어진 경우에는 얼음 결정이 된다.

구름관찰자 몇 사람이 경치를 구경하려고 산등성이를 따라 위로 차를 몰고 간다고 생각해보자. 고도가 높아질수록 기압이 떨어지면서 이들은 어느 순간 귀가 트이는 느낌을 받을 것이다. 산의 사면을 따라 올라가는 기류도 마찬가지로 점점 주변 기압이 떨어진다.

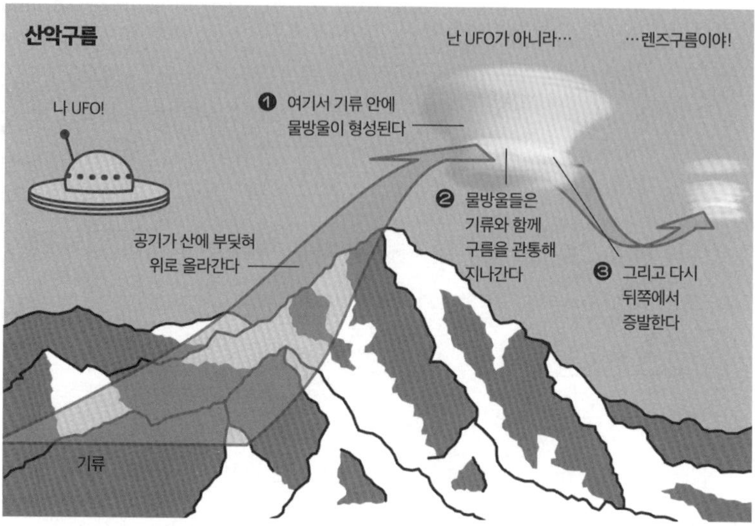

'산악구름'은 공기가 이동 중 산과 같은 장애물을 만나 그것을 넘어가려고 위로 밀려 올라갈 때 생긴다.

눈길을 만나자 구름관찰자들은 바퀴를 지면에 더 잘 밀착시키려고 차를 멈추고 타이어에서 바람을 빼 압력을 낮추기로 했다. 구름관찰자들은 타이어에서 공기가 팽창하면서 밖으로 빠져나오는 동안 노즐이 차가워지는 것을 느꼈다. 마찬가지로 산을 따라 위로 떠밀려 오르며 기압이 떨어지는 공기도 팽창하면서 냉각된다.

자랑스럽게 산 정상에 올라선 구름관찰자들은 숨으로 내쉰 공기가 주변의 공기와 섞이며 냉각되어 입김이 만들어지는 것을 보았다. 산을 따라 떠밀려 올라가는 기류가 충분히 많은 수증기를 머금고 있고, 고도가 높아짐에 따라 충분히 냉각되면 수증기의 일부가 구름 물방울로 응결되어 결국 구름관찰자들이 경외해 마지않는 산악구름이 만들어진다.

이것이 산악구름 형성의 일반적인 원리이지만, 렌즈구름의 특이한 형태는 기류가 산 정상의 바람 후면에서 파동과 같은 움직임을 보일 때 생긴다. 빠르게 흘러가는 개울물이 큰 바위 위를 지날 때 생기는 정상파standing wave와 비슷하다. 수면은 장애물 하류 쪽에서도 일정한 파형을 유지할 수 있다. 물은 끊임없이 빠른 속도로 흘러가고 있는데도, 파동의 마루(파동의 꼭대기)는 그대로 정지해 있는 것이다.

산이나 언덕 위의 공기 흐름에서도 이와 똑같은 현상이 일어날 수 있고, 기류가 만들어낸 정지한 파동 마루는 산보다 훨씬 높은 곳에서 나타날 수도 있다. 적당한 조건 아래서는 파동의 마루마다 렌즈 모양의 구름이 형성되기도 한다. 예리한 구름관찰자라면 렌즈고적운은 다른 대부분의 구름들과 달리 꽤 심한 바람이 불고 있는 동안에도 움직이지 않고 한자리에 고정되어 있다는 사실을 눈치챘을 것이다.

공기는 실제로 구름을 끊임없이 관통하며 불고 있다.• 파동 마루 앞쪽에서 물방울이 만들어지고, 이 물방울이 기류와 함께 구름을 관통하고 지나가 파동 마루 뒤쪽에 오면 다시 증발하는 것이다. 공기가 일정한 속도로 흐르는 동안에는 물방울들도 구름을 관통해서 속도를 내어 흐르고 있지만, 물방울이 형성되는 지점과 증발하는 지점은 고정되어 있다. 따라서 구름 전체의 모양은 움직이지 않는

• 바람이 구름의 형태를 따라 돌아 비껴가는 것이 아니라, 구름 내부를 정통으로 관통하고 있다는 점에 주의하기 바란다.

것이다.

공기가 맹렬한 속도로 자신을 관통하고 있음에도 불구하고, 렌즈구름은 산의 바람 후면에서 주차 공간을 찾아내어 거기 머물고 있다. 하지만 그 자리를 일단 떠나게 되면 다시는 이런 좋은 주차 공간을 찾아낼 수 없을 거라는 생각에 분명 걱정이 이만저만이 아닐 것이다.

*＊＊

렌즈구름이 산악구름의 전형적인 형태인 것은 맞지만, 산악 지형 때문에 생기는 구름이 이것만 있는 것은 아니다. 솟아오른 지형 위를 지나가는 공기는 좀 더 흔한 유형의 구름과 만나게 된다. 습기를 머금은 공기가 산비탈을 따라 부드럽게, 그리고 렌즈구름의 빠른 기류보다 훨씬 느리게 소용돌이치며 위로 떠오르면, 마치 산길 거닐기를 좋아하는 오랜 망자들의 영혼처럼 층운의 조각들이 안개 낀 듯 산허리를 두르며 매달려 있는 경우가 많다. 아름다운 '모자구름cap cloud'은 산꼭대기를 중심으로 대칭으로 나타나는 구름으로, 때로는 하얀 키파 모자•처럼 나타날 때도 있고, 때로는 산이 접시돌리기를 하고 있는 듯이 둥글고 편평한 층으로 퍼져서 나타나기도 한다. '깃발구름banner cloud'은 산 정상 바로 뒤로 바람에 펄럭이는 흰 깃발처럼 보인다. 마치 산이 접시돌리기에 신물이 나서 항복의 백

• 차양이 없는 베레모. 유대인 남성이나 가톨릭 주교가 쓰는 모자.

기를 흔드는 것 같다.

남아프리카공화국 케이프타운의 테이블 마운틴 같은 고원 정상에서는 두둥실 피어오른 층적운 구름층이 발달할 수 있다. 이 고원은 지역 사람들이 '식탁보구름Tablecloth cloud'이라고 부르는 구름으로 종종 덮인다. 이 구름의 등장은 케이프 닥터Cape Doctor로 설명할 수 있다. 케이프 닥터란 여름이면 남동쪽에서 불어와 케이프타운의 공해 물질을 날려주는 바람을 말한다. 도시를 향해 오는 길에 따듯한 바다 수면 위를 지나며 습기를 머금은 기류는 테이블 마운틴에 부딪혀 떠밀려 오르는 동안 냉각되어 구름을 형성한다. 이리하여 식탁보구름은 두꺼운 다마스크 천처럼 산의 표면을 뒤덮는다. 하지만 이 구름의 기원을 설명하는 또 다른 설명이 있다.

또 다른 설명에서는 네덜란드의 18세기 해적 얀 반 헝크Jan Van Hunks가 등장한다. 그는 바다를 두려움에 떨게 하느라 바빴던 생활을 접고 테이블 마운틴 산비탈에 정착했다. 반 헝크에게는 잔소리가 심한 아내가 있었는데, 아내를 피해 마음 편하게 담배를 피우고 싶을 때는 산 위로 산책을 갈 때가 많았다고 한다.

하루는 산 위에 앉아 있는데 모르는 사람이 가까이 오더니 담배를 좀 나눠달라고 했다. 두 사람은 함께 담배를 피우며 시간을 보내고 있었는데, 그 낯선 사람이 반 헝크에게 담배 피우기 내기를 하자고 제안했다. 그는 제안에 응했고, 내기에서 이긴 사람은 금으로 된 배를 갖기로 했다.

며칠 동안 두 사람은 꼼짝 않고 계속해서 담배만 피워댔고, 결국 내기에서 이긴 반 헝크가 심한 기침 속에서 쌕쌕거리며 모습을 나

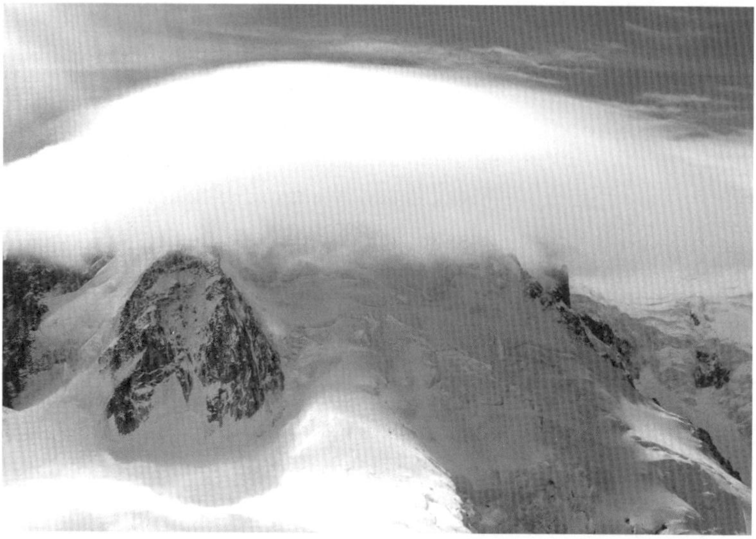

프랑스 알프스의 몽블랑산 대산괴 위로 '모자구름'이 드리워져 있다.

타냈다. 하지만 내기에서 이긴 뿌듯함도 곧바로 물거품처럼 사라지고 말았다. 알고 보니 그 낯선 이방인이 사실은 악마였던 것이다! 설마 악마일 줄이야 생각이나 했겠는가? 악마가 약속을 지킬 리 없었다. 악마는 구름으로 반 헝크를 둘러싸더니, 쾅 하는 천둥소리와 함께 그를 데리고 사라져버렸다.

결국 그 내기가 끝나고 뒤에 남은 것은 거대한 담배 연기 구름밖에 없었고, 결국 이것이 식탁보구름이 되었다고 한다. 11월부터 이듬해 2월까지 여름 기간 동안에 이 구름이 나타나는 이유는 반 헝크와 악마가 그 구름 속에서 다시 담배 피우기 내기를 하기 때문이라고 한다.

Jean Cassidy (250번 회원)

고적운 대부분은 UFO 모양의 렌즈구름이 아니라 이 사진 속 층상구름처럼 작은 구름 덩어리들로 구성된 층을 이루고 있다.

***

구름은 몽상가를 위한 것이다. 구름관찰자라면 구름의 형상에 대해 사색하는 시간은 아까운 시간이 아니다. 구름은 하늘에 새겨진 로르샤흐 검사• 이미지나 마찬가지다. 우리의 상상을 투영하는 추상적인 형태인 것이다. 구름이 무엇을 닮았는지 생각하면서 시간을 보내다 보면 분명 정신분석 상담에 드는 비용을 아낄 수 있을 것이다.

사실상 아이들은 구름에서 형상을 찾아내는 일에 늘 푹 빠져 있다.

• 형태가 뚜렷하지 않고 좌우 대칭인 잉크 얼룩 그림을 보여주면서 무엇처럼 보이는지, 무슨 생각이 나는지 등을 자유롭게 말하게 하여 피험자의 성격을 테스트하는 방법.

그런데 왜 어른이 되고 나면 그것을 하지 않는 사람이 많아질까? 너무 철이 들어버려 구름에서 아무 형상도 못 보는 구름관찰자가 있다면 자신을 다시 한번 돌아볼 필요가 있다. 일단 이성적인 머리는 잠시 접어두고 엉뚱한 생각이 머릿속에 자리잡게 해야 한다. 셰익스피어의 〈햄릿〉에서 맞장구나 쳐주기 바쁜 신하 폴로니어스처럼 남들한테 들은 것만 눈에 보이는 구름관찰자는 부디 없었으면 좋겠다.

햄릿: 저기 거의 낙타 모양으로 생긴 저 구름이 보이시오?

폴로니어스: 맹세코 말씀드리는데, 정말 낙타처럼 생겼군요.

햄릿: 내 생각에는 족제비처럼 보이는데.

폴로니어스: 등이 정말 족제비처럼 생겼군요.

햄릿: 아니면 고래를 닮았나?

폴로니어스: 고래하고 아주 비슷하네요.[1]

아마 구름관찰자의 눈에는 아리스토파네스의 연극 〈구름〉의 등장인물 소크라테스처럼 '켄타우로스(반인반마의 괴물)나 표범, 혹은 늑대나 황소'[2]가 보일지도 모른다. 아니 어쩌면 로마의 시인 루크레티우스가 자신의 서사시 《만물의 본성에 대하여De Rerum Natura》에서 말했듯이 '거인의 얼굴이나 거대한 산이나 바위를 찾아내었다가 (…) 그 뒤에서 다른 구름들을 당기며 질질 끌고 가는 괴물'[3]을 찾아내기도 할 것이다.

그리스인과 로마인은 이 취미 활동에 대단히 열정적이었던 것으로 보인다. 구름에 대해서 무언가 한마디 거들기에는 아마도 제일

고대에 등장했던 구름의 형상

좋은 이름이 아닐까 싶은 고대 그리스의 소피스트 필로스트라투스•는 티아나의 아폴로니우스라는 한 철학자의 삶을 낭만적인 이야기로 풀어냈는데, 이 철학자는 조수 다미스와 구름의 모양에 관해 이야기하며 구름에서 형상을 찾아내는 취미의 매력을 조금 김새게 했다.

두 사람은 그림이 사실은 물감에 지나지 않기 때문에 그 그림 속 이미지도 환상에 불과하고, 따라서 구름 속에서 보이는 이미지들도 마찬가지로 환상에 불과하다는 데 뜻을 같이한다. 아폴로니우스는 이렇게 묻는다. 그렇다면 신은 구름에 이미지를 그리며 시간 보내기를 좋아하는 화가라고 가정해야 마땅하지 않은가? 사실 나 자신은 이런 개념에 무척 끌리지만 아폴로니우스는 다른 판단을 내린다. 즉, 구름의 모양은 신이 개입할 필요 없이 무작위로 만들어지고, 구름에서 얼굴이나 동물을 보는 것은 인간이 유난히 환상을 좋아하기 때문이라는 것이다.

고대인들이 구름 속에서 형상을 찾아내는 일에 골몰했을지는 몰라도, 그것이 미술로 표현된 적은 없었다. 사실 고대의 풍경화 속 하늘을 아무리 뒤져봐도 우리의 솜털 친구들은 코빼기도 찾아보기 힘들다. 그림에 구름의 모양이 등장하는 것을 보려면 르네상스 시대로 눈을 돌려야 한다.

• 필로스트라투스는 Philostratus라고 적는데 여기서 'philo-'는 무언가를 사랑한다는 뜻이고, 'stratus'는 층운이라는 뜻이니 풀이해보면 '층운을 사랑한다'는 의미가 된다.

***

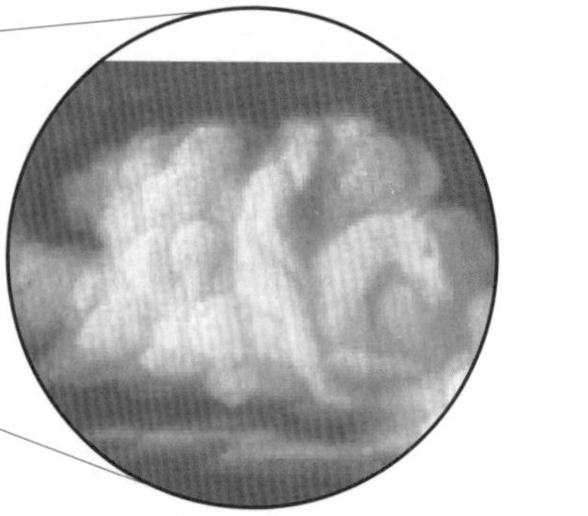

안드레아 만테냐의 〈성 세바스찬〉(1457~1458). 이 가엾은 성인은 잊어버리고 구름을 보라. 무언가 숨어 있다.

르네상스 시대의 그림에 구름이 등장한 첫 사례 중 하나는 안드레아 만테냐Andrea Mantegna의 작품, 〈성 세바스찬〉이다. 이 그림을 보려고 빈 미술사박물관까지 찾아온 구름관찰자가 있다면 전경에 그려진, 화살에 박혀 고슴도치가 된 가엾은 성인은 눈에 들어오지 않고, 오히려 그 배경 하늘로 눈이 갈 것이다. 만테냐를 구름을 잘 그린 화가로 보기는 힘들다. 그는 구름의 형태를 다소 혼란스럽게 그리는 경향이 있었기 때문이다. 그는 가운데 부분은 뭉게뭉게 덩어리진 적운의 형태를 아주 납작하게 그려놓고, 양쪽 끝에는 얼음 결정으로 이루어진 상층운인 권운과 비슷하게 깃털 형태로 그려놓는 경우가 많았다. 사실 권운 높이에서도 구름이 덩어리 형태로 형성되는 경우가 있다. 그런 구름을 권적운이라고 한다. 하지만 실제 권적운은 분명 만테냐가 그려놓은 혼란스러운 형태와는 조금도 닮지 않았다.

하지만 만테냐는 성 세바스찬 뒤로 다른 구름들보다 적운의 원래 형태에 좀 더 충실한 구름을 하나 그려놓았다. 눈이 예리한 구름관찰자라면 이곳에 무언가 특별한 것이 있음을 눈치챌 것이다. 입체적으로 그려진 구름의 모양 속에 만테냐는 말에 올라타 있는 한 사내의 형상을 묘사해놓았다. 만테냐가 그 형상을 왜 거기에 그려 넣었는지는 수수께끼다. 그 형상은 그림의 나머지 부분과 별로 관련이 있어 보이지 않는다. 어쩌면 구름에 대한 그리스인과 로마인의 사랑을 장난스럽게 언급하려 했던 것인지도 모르겠다. 이 그림에는 고전적인 내용들이 많이 언급되어 있고, 심지어 만테냐의 이름도 그리스어로 서명되어 있기 때문이다.

〈성 세바스찬〉을 그릴 당시 만테냐는 20대였지만, 그가 다시 그림의 구름 속에 형상을 숨겨놓은 것은 노인이 된 71세가 되고 난 후였다. 풍자적인 그림인 〈미덕의 정원에서 악덕을 물리치는 미네르바Minerva Expelling the Vices from the Garden of Virtue〉이다. 이 그림은 파리 루브르 박물관에 있다. 이번에 숨겨놓은 형상은 그림 위쪽 뭉게구름 속에서 어렴풋이 나타나는 옆얼굴이었다.

만테냐가 그린 구름은 기상학자의 관점에서 보면 아쉬운 부분이 없지 않겠지만, 사실 르네상스 시대 화가 중에서는 구름을 그다지 현실감 있게 그린 사람이 없었다는 점을 짚고 넘어가야겠다. 그림에 실물과 똑같은 구름을 처음으로 그리기 시작한 사람은 바로크 시대 네덜란드의 거장들이었고, 그중에서도 특히 야콥 반 루이스달Jacob Van Ruisdael이 뛰어났다.

그렇다 해도 그림에서 정확성이 전부는 아니다. 분명 만테냐의 잡종 구름은 루이스달의 극적이고 장엄한 층적운이나 적운에 비할 바는 아니다. 하지만 만테냐는 틀림없이 구름 속에 형상을 감추면서 즐거워했을 것이다. 자기 그림을 보는 사람 중에 자신이 숨겨놓은 구름 속 형상을 모르고 지나치는 사람이 많을 것이라는 생각에 그가 싱글벙글했을 것임은 의심의 여지가 없다.

내 생각에도 대부분이 모르고 지나가지 않을까 싶다. 물론 구름관찰자들은 예외지만….

***

UFO 모양의 렌즈구름 종 말고도 고적운에는 다양한 형태가 있다. 구름관찰자들은 고적운 속屬을 층적운이 고도만 더 높아진 형태라 생각해도 무방하다. 전형적인 고적운, 즉 산악 지형에 의해 생기는 것이 아닌 일반적인 고적운은 모자이크 같은 층으로 펼쳐진 수많은 개개의 작은 구름 조각들로 구성되어 있다. 하층운인 층적운과 한 가지 다른 점이 있다면 지표면으로부터 올라오는 상승기류나 소용돌이의 영향에서 벗어나 있기 때문에 이 구름 구성 요소들은 좀 더 매끄럽고, 크기나 간격이 일정한 경우가 많다는 점이다. 때때로 고적운은 너무도 가지런하게 배열되어 있어 노을의 따듯한 색깔에 물들기라도 하면 마치 조각낸 롤빵을 나란히 모아놓은 것처럼 보이기도 한다.

고적운을 다른 구름 형태와 구분할 수 있는 몇 가지 쉬운 방법이 있다. 첫 번째는 다른 방법보다 더 직접적인 것으로, 손을 들어 구름 구성 요소를 손가락 굵기와 비교하는 것이다.

사실 구름을 사랑하는 사람으로서 내가 길거리에 서서 구름에 대고 손가락질이나 하고 있자니 불편한 마음이 없는 것은 아니지만, 이것이 구름 조각층의 일반적인 고도를 판단하기에는 가장 쉬운 방법이다. 다행히 욕을 할 때처럼 손가락을 치켜세울 필요는 없다.

우선 손가락 세 개를 겹쳐놓고 팔을 쭉 뻗는다. 만약 구름층 속에 들어 있는 구름의 개별 구성 요소가 손가락 세 개의 굵기보다 넓다면 그 구름은 하층운인 층적운일 가능성이 크다. 만약 구름 구성 요소가 손가락 하나의 굵기보다 작다면 상층운인 권적운일 가능성이 크다. 그리고 구름 조각의 크기가 그 중간, 즉 손가락 세 개 굵기보다는 작고, 하나의 굵기보다는 크다면 고적운일 가능성이 크다.

하지만 구름을 멀찌감치 떨어져 바라볼 때는 이 '손가락으로 구름 엿 먹이기' 법칙이 제대로 작동하지 않는다. 이 법칙을 제대로 적용하려면 팔을 지면에서 30도 각도로 유지해야 한다.

고적운을 확인하는 경험적 법칙 두 번째는 구름 조각의 명암을 살피는 것이다. 만약 그 위쪽 하늘이 맑고 태양이 구름을 직접 비춘다면 고적운에서 태양을 등진 면에는 비록 아주 진하지는 않아도 쉽게 알아볼 수 있는 그늘이 생길 것이다. 하층운인 층적운에서는 그늘진 부분이 아주 어두운 경우가 많고, 상층운인 권적운의 작은 구름 조각에서는 그늘이 전혀 보이지 않는다. 다른 말로 하면, 눈에 보이는 그늘이 있는 작은 구름 조각이 있다면 그 구름은 고적운이라는 뜻이다.

고적운의 구성 요소 아래쪽 공기에서는 꼬리구름virga(미류운尾流雲)이라는 부가적 특성이 나타나는 경우가 흔하다. 꼬리구름은 구름에서 내리는 강수가 섬유 다발 같은 흔적을 남기는 것으로, 구름 조각 아래 매달려 있어 마치 해파리 다리처럼 보인다. 이 구름은 구름에서 내리는 비나 눈이 지표면에 닿기도 전에 증발해버릴 때 생긴다. 꼬리구름이 있으면 고적운을 작은 적운의 무리(편평운)와 구분하는 데 도움이 된다. 편평운은 절대로 강수를 내리지 않기 때문이다. 해파리 촉수처럼 생긴 꼬리구름이 보이면 구름관찰자는 지나가던 사람을 돌아보며 자신 있게 이렇게 말해도 된다. "저기 해파리처럼 생긴 구름 보이시죠? 뭐, 알고 계시겠지만, 저것은 고적운입니다. 혹시나 뭉게구름이 높이 모여 있는 거라고 생각하시지 않나 해서요."

고적운의 형태와 배열은 정말 놀라울 정도로 다양하다. 사실 이 속屬은 팝가수 쉐어처럼 옷을 갈아입기 좋아하는 하층운인 층적운보다도 더 많은 종과 변종을 보인다. 고적운은 층적운과 마찬가지로 불투명구름, 반투명구름, 틈새구름, 이중구름, 파상구름, 방사구름, 벌집구름 등 일곱 가지 공식 변종이 나타나지만, 공식 종은 하층운 사촌보다 한 가지가 더 많다.

고적운과 층적운 모두 UFO 모양의 렌즈구름이나, 층을 이루며 하늘을 넓게 뒤덮는 흔한 층상구름, 구름조각 위로 성처럼 총안이 있는 탑상구름 등이 나타난다. 하지만 고적운에는 '포기구름floccus'이라는 종이 하나 더 있다. 이 종은 구름 조각 꼭대기가 매끄럽지 않고 뭉게구름처럼 더미들이 솟아 있다. 포기고적운은 들쑥날쑥한 밑면에 매달린 꼬리구름을 동반하는 경우가 많다.

Michael Rubin (329번 회원)

고적운 구름 조각에 나타난 '꼬리구름'. 강수가 증발하며 남기는 흔적 때문에 구름이 해파리 모양으로 보인다.

Alex Sinclair (3267번 회원)

반투명 층상고적운. 대부분의 고적운 종처럼, 팔을 뻗어 손가락 굵기와 비교해봤을 때 구름 조각의 크기가 손가락 하나의 굵기보다는 크고, 세 손가락 굵기보다는 작다.

***

구름에서 형상을 찾아내는 데도 기술이 필요하다. 어떤 사람은 아주 쉽게 하지만 어떤 사람한테는 아주 어려운 일이다. 아이들은 보통 별로 힘들이지 않고 구름 속에 숨겨진 형상을 찾아내지만, 안타깝게도 어린 시절의 나는 예외였다.

네 살이나 다섯 살쯤 되었을 때 학교에서 '구름 바라보기'를 했던 날을 기억한다. 병아리 떼처럼 줄을 지어 학교 뒤 풀밭으로 행진해 간 우리는 등을 바닥에 대고 누워 하늘 위 구름을 바라보았다. 눈에 보이는 구름의 유형('솜털구름', '작은 구름', '조금 큰 구름', '깃털구름' 등)을 열심히 분석하고 난 다음에 우리는 구름에서 어떤 형상이 보이는지 찾아보라는 말을 들었다.

우리 선생님은(선생님의 이름이 아마도 구름을 뜻하는 맥클라우드McCloud였던 것으로 기억하는데, 어쩌면 내가 무의식중에 꾸며낸 이름인지도 모르겠다) 구름에서 형상을 찾아내는 사람의 이야기를 읽어주었다. 그러자 우리 반 친구들은 자기 눈에 어떤 형상이 보이는지 소리치기 시작했다. 숀은 용을 보았고, 제시는 꽃을 찾아내고는 무척 즐거워했지만, 내 눈에는 아무것도 보이지 않았다. 그저 솜털구름만 가득 보일 뿐….

나는 뚫어져라 보고, 또 보았지만, 아무리 봐도 아무 형상도 찾아내지 못했다. 옆에서 어떤 아이는 여기서 슈퍼영웅의 모습을 찾아내고, 또 어떤 아이는 저기서 이상하게 생긴 물고기 얼굴을 찾아내고 있으니, 나는 스트레스를 받기 시작했다. 나는 내 옆에 있던 작은 여자애한테 인어 머리가 어디냐고 물어보았다. 그 애는 손가락으로 가리키며 저기 둥근 구름 옆에 있다고 말해주었다. 하지만 형상을 찾으려고 애를 쓸수록 실망만 더 커질 뿐이었다. 왜 내 눈에는 아무것도 보이지 않을까? 차라리 〈마법의 회전목마〉•에 나오는 어민트루드가 그랬듯이 갈퀴를 가져다가 구름을 모두 쓸어버리고 싶은 심정이었다.

구름에서 형상 찾기 놀이가 끝나고 나서 우리는 다시 무리를 지어 교실로 돌아왔다. 교실로 온 우리는 파란 종이 위에 솜털 다발을 붙였다. 그 솜털은 수직 성장 단계에서 편평운이나 중간적운에 해당하는 뭉게구름을 닮았다. 맥클라우드 선생님은 우리한테 작은 플라스틱 구슬을 붙여서 구름에서 비를 내리게 해보라고 했다.

지금까지 이 책을 꼼꼼히 읽은 사람이라면 이것이 얼마나 큰 잘못인지 잘 알 것이다. 상승기류 구름이 비를 내리는 것은 봉우리적운이나 적란운 단계밖에 없기 때문이다. 기상학에서 보면 이것은 무척 실례되는 행동이지만, 고맙게도 그날의 활동 중에서는 솜털을 가지고 놀았던 부분이 내가 유일하게 별문제 없이 참가할 수 있던 활동이었다. 하지만 전체적으로 보면 나에게는 재앙 같은 날이었다. 내가 뭔가 잘못된 것이 아닐까 걱정하지 않을 수 없었기 때문이다. 세상 사람들은 다 보이는 형상이 왜 나한테만 보이지 않을까?

***

• 2006년 제작된 영국의 TV 애니메이션.

구름은 대부분 해가 뜨거나 질 때 가장 극적인 모습을 보여준다. 하지만 하루 중 햇살이 낮게 깔려 들어오는 이 시간에 중층의 고적운만큼 아름다운 구름이 또 있을까 싶다. 고적운 층의 구성 요소는 덩어리 형태가 잘 발달해 있기 때문에 낮은 햇살이 드리우면 일부는 빨간색, 오렌지색, 분홍색으로 타오르고, 어떤 부분은 짙은 쪽빛으로 그늘이 지면서 입체감이 극적으로 살아난다. 더군다나 중층운인 고적운은 햇살이 그 아래를 비출 수 있을 정도로 충분히 고도가 높고, 한편으론 구름의 구성 요소를 분간하기 어려울 정도로 지나치게 높지도 않다.

구름 전문가들은 해돋이 사진과 해넘이 사진을 조금 경멸하는 경우가 많은데, 그 이유는 너무 뻔해 보인다. 개똥이든 소똥이든 세상에 노을을 바라보며 감탄하지 않는 사람은 없다. 하지만 구름의 아름다움을 진정으로 이해하는 사람이 아니고서는 뭉게뭉게 피어오르는 봉우리적운 꼭대기 위에 우아하게 걸터앉은 삿갓구름만의 독특한 아름다움을 보지 못한다. 나로서는 무엇이든 사람들이 하늘을 쳐다보게 만드는 것이라면 다 좋다고 생각한다. 하지만 오스카 와일드Oscar Wilde는 1889년에 남긴 대화록 《거짓말의 쇠퇴: 어떤 관찰Decay of Lying: An Observation》에서 노을에 대해서 아주 오만하기 짝이 없는 관점을 보여주었다.

> 요즘에는 진짜 교양이 있는 사람이라면 노을의 아름다움에 대해서는 절대 얘기를 꺼내지 않는다. 노을은 구식도 한참 구식이다. 노을은 터너•가 거장으로 통하던 시대에나 통하던 것이다. 노을을

Carolyn Torella (1634번 회원)

고적운 또는 비둘기.

Michael Poole (1594번 회원)

조각적운 또는 밥 말리.

칭송한다는 것은 그 사람의 기질이 고루하다는 것을 보여주는 뚜렷한 증거다. 어제 저녁에는 아룬델 부인이 나한테 어서 빨리 창가로 와서 하늘을 보라고 호들갑을 떨었다. 부인 딴에는 장엄하게 아름다운 하늘이라는 것이다. 물론 나는 하는 수 없이 그 하늘을 올려다보아야 했다. (…) 저 하늘이 뭐가 어쨌다고? 그 하늘은 그저 이류급 터너에 불과했다. 그 화가가 지니고 있던 최악의 단점들이 모두 과장되고 지나치게 강조된, 시대를 잘못 타고난 터너 말이다.[4]

***

구름관찰자는 구름의 형태가 조금씩 계속 바뀐다는 사실을 받아들여야 한다. 구름에서 특정 형상을 가려낼 수 없다면, 그냥 그런가보다 해야 한다. 그냥 긴장을 풀고 구름이 변화하는 모습을 지켜볼 일이다. 그럼 머지않아 눈에 익은 형태가 등장한다. 어렸을 적에 구름에서 형상을 찾아내지 못해 실망했던 기억을 지금 다시 돌이켜보니, 내 방법이 잘못되었다는 것을 깨달았다.

나는 숀이나 제시 같은 반 친구들을 따라잡으려고 바짝 긴장하고 있었다. 구름에서 어떤 형상을 찾아내려고 애를 쓸수록 구름의 모습은 점점 더 난해해졌다. 코나 몸통의 형태를 찾으려고 눈을 부라

- 조지프 말로드 윌리엄 터너Joseph Mallord William Turner(1775~1851). 영국 근대 미술의 아버지로 불리는 18세기 화가.

릴수록 구름은 형체가 없는 추상적인 모습으로 보였다.

구름을 이런 식으로 보아서는 안 된다. 기필코 찾고야 말겠노라고 이를 악문다고 해서 구름에서 형상이 나타나는 것도 아니고, 옆 사람이 무엇을 찾았는지 자꾸 신경 쓰다 보면 보일 것도 안 보인다. 구름에서 형상을 찾는 가장 좋은 방법은 마음을 비우고 하늘을 바라보면서, 그 형상이 나를 찾아오게끔 기다리는 것이다.

아마 그 반 친구들은 이제 더 이상은 구름의 형상을 찾지 않을 것 같다. 분명 제시는 오후가 되면 학교를 마치고 돌아오는 아이들을 챙기느라 너무 바쁠 것이고, 숀은 집 평수 늘리는 데 들어갈 목돈 마련에만 온통 정신이 팔려 있을 것이다. 이제 그 친구들은 구름의 형상이 드러날 때까지 하늘을 보며 기다릴 시간도 없고, 마음의 여유도 없으리라. 그나마 좋은 소식이라면 드디어 내가 구름의 형상을 보는 방법을 이해한 것 같다는 점이다.

구름에서 형상이 보이지 않아도 속상해하지 않고, 두둥실 떠가는 구름에는 형상이 없다는 사실 그 자체로 즐거워하다가 생긴 일이었다. 이제 나는 형상을 찾아내려고 애쓰는 것이 얼마나 어리석은 일인지 안다. 아리스토텔레스가 우리가 꿈을 꿀 때 어떤 일이 일어나는지 설명하면서 구름의 형상을 비유로 든 것은 참 적절했다는 생각이 든다. 그는 꿈이란 의식의 감각적 소란스러움이 제거되었을 때만 일어나는 것이라고 지적했다.

> 꿈은 영혼 안에 잠재되어 있다. 하지만 꿈의 실체화는 그것을 가로막던 장애물이 긴장을 풀어 꿈이 자유롭게 풀려났을 때만 가능

Michael Rubin (329번 회원)

중간적운, 또는 살사를 추는 고양이 두 마리.

Steve Flitton (342번 회원)

이 구름은 흩어지는 적운의 기둥일까, 노르웨이의 천둥의 신 토르일까?

> 하다. (…) 꿈은 구름에서 나타나는 형상처럼 그럴듯해 보인다. 시시때때로 탈바꿈하는 구름의 형상은 어느 순간에는 사람을 닮았다가도 그다음 순간에는 반인반마의 켄타우로스를 닮기도 한다.[5]

구름의 형상이 드러나는 것도, 그것을 가로막고 있던 장애물이 긴장을 풀었을 때만 가능해 보인다. 꿈을 자신의 의지대로 꿀 수 없듯, 구름의 형상도 억지로 나타나게 할 수는 없는 법이다.

***

왼쪽 하단의 사진은 머금고 있던 수분 대부분을 막 비로 쏟아내고 흩어지는 봉우리적운의 기둥일까? 아니면 자신의 딸 트루드를 한쪽 팔에 끼고 천둥망치를 휘두르는 노르웨이 천둥의 신 토르일까? 물론 둘 다 옳다. 구름을 바라보는 방법에는 두 가지가 있다. 이것은 구름을 이해하는 두 가지 방법이기도 하며 구름관찰자들은 둘 모두를 익혀야 한다. 양쪽 모두 배워둘 가치가 있기 때문이다. 구름 속에서 해파리의 형상을 찾아내는 일은 그것이 꼬리구름을 달고 있는 포기고적운이라는 점을 확인하는 것만큼이나 가치 있는 활동이다. 결국 하나의 구름을 두고 이름만 달리 부르는 것이니까.

6

the Cloudspotter's Guide

고층운

高層雲, 높층구름, Altostratus

'따분한 구름'으로 알려진 중층의 구름층

고층운, 즉 높층구름은 중층의 구름층으로 하층에 생기는 사촌인 층운과 마찬가지로 아름다운 구름으로 알려져 있지는 않다. 고층운은 보통 특색이 없는 층을 이루어 하늘을 완전히 뒤덮는 경우가 많고, 2~7킬로미터 사이의 고도에서 형성된다.

고층운은 확인하기 어려울 때가 있다. 일부 특성이 층운이나, 상층운인 권층운과 겹치기 때문이다. 고층운은 중용의 구름이다. 완전히 액체 물방울이나 얼음 입자로만 이루어지는 경우가 없이, 기온에 따라서 두 가지가 섞여 있는 경우가 많기 때문이다. 고층운은 매끄러운 담요 같은 구름으로 굉장히 다양한 두께로 나타난다. 얇아서 하늘이 부분적으로 비쳐 보이는 경우에는 파란색을 띤 밝은 흰색으로 나타나고, 두꺼워서 불투명할 때는 검은 회색의 먹구름으로

고층운(높층구름) 관찰법

고층운은 중층운으로, 회색의 층을 이루며, 특색이 없거나 섬유 가닥 모양으로 보인다. 일반적으로 수천 제곱킬로미터에 이르는 넓은 지역을 뒤덮고 있다. 보통 물방울과 얼음 결정이 섞여 있으며, 얇아서 부분적으로 태양의 위치가 드러나는 경우가 많은데, 그럼 간유리를 대놓은 것처럼 보인다. 고층운에서는 흰색이나 아주 옅은 색깔을 띤 빛의 원반인 '광환'이 태양이나 달 주위에 생기기도 한다.

고도(중위도 지역 기준): 2~7킬로미터

형성 지역: 전 세계적으로 발생하고 중위도 지역에서 더 흔하다.

강수: 일반적으로 없으나 드물게 약한 비나 눈을 내리기도 한다.

고층운의 종

구름의 외형이 대단히 균질하기 때문에 종이 없다.

반투명 고층운

방사 고층운

고층운의 변종

불투명구름: 구름층이 전반적으로 두꺼워 태양이나 달의 위치를 가리는 경우.

반투명구름: 구름층이 전반적으로 얇아 태양이나 달의 위치가 드러나는 경우.

이중구름: 다른 고도에 구름층이 여러 개 존재하는 경우. 때로는 층이 부분적으로 합쳐지기도 한다. 이중고층운을 눈으로 확인할 수 있는 경우는 햇빛이 낮게 드리워 높은 층만 비추고 낮은 층에는 그늘이 져 있을 때나, 바람 때문에 두 층의 줄무늬 방향이 달라졌을 때뿐이다.

방사구름: 기다란 물결 무늬가 지평선을 향해 모이는 것처럼 보일 때.

혼동하기 쉬운 구름

권층운: 권층운은 얼음 결정으로 이루어진 상층운으로 얇은 백색의 장막이 하늘에 드리운 것처럼 보인다. 종종 두꺼워지고 낮아지면서 고층운으로 발달하기도 한다. 고층운은 권층운보다 더 불투명한 경향이 있고, 햇빛을 흐려놓기 때문에 땅 위에 그늘이 잘 생기지 않는다. 반면 권층운이 있을 때는 그늘이 비교적 선명하게 드러난다. 고층운에서 하얗거나 색이 들어 있는 빛의 원반인 '광환'이 태양이나 달 주위로 생길 수는 있지만, 권층운에서 보이는 '무리 현상'은 나타나지 않는다.

난층운: 난층운은 비를 내리는 두껍고 어두운 구름층으로 고층운에서 발달해 나오는 경우가 많다. 일반적으로 고층운보다 더 어둡고, 상당한 비나 눈을 내린다.

왼쪽: Irene Zielinski (1631번 회원), 오른쪽: Aleksey Suslov (1479번 회원)

나타난다. 고층운은 강수를 내리지 않는 구름이라고도, 강수를 내리는 구름이라고도 딱 잘라 말하기 어렵다. 고층운은 강수를 전혀 내리지 않고 그냥 밝은 회색의 흐린 하늘로 나타나는 경우가 많지만, 두꺼운 형태로 나타나면 약한 비나 눈, 또는 얼음싸라기가 끊이지 않고 꾸준히 내리는 경우도 있기 때문이다. 이렇게 어중간한 구름이다 보니, 고층운 확인은 참으로 애매한 경우가 많다.

그렇다면 가엾은 구름관찰자는 자기가 보고 있는 것이 고층운인지 아닌지를 어떻게 안단 말인가? 고층운이 반투명 변종인 경우, 즉 태양이나 달의 위치를 확인할 수 있을 정도로 구름의 두께가 얇은 경우에는 확인이 쉬워진다.

가장 흔한 오류는 고층운을 하층운인 층운이나, 상층운인 권층운으로 착각하는 것이다. 반투명 층운과 비교해보면, 고층운을 뚫고 보이는 태양은 마치 간유리를 통해 보는 것 같은 느낌을 준다. 고층운은 액체 물방울과 고체 얼음 입자가 뒤섞여 있기 때문에 태양이 더 퍼지고 흐린 형태로 보인다. 태양이나 달이 권층운을 뚫고 빛나는 경우에는, 권층운이 프리즘 모양의 얼음 결정으로 구성된 경우가 많아 그에 따른 광학 효과로 주변에 둥근 테 무늬, 즉 햇무리나 달무리가 보인다. 고층운에서는 무리 현상이 나타나는 경우가 거의 없기 때문에, 이것의 존재 여부만으로도 둘을 구분할 수 있다.

하지만 얇은 고층운은 태양이나 달 주위로 자기 고유의 광학 효과를 나타낸다. 이것을 '광환corona'이라고 하며 속이 꽉 채워진 빛의 원반 형태로 나타난다. 광환은 권층운에서 나타나는 무리의 테 무늬와는 아주 다르게 생겼다. 광환의 안쪽은 밝고 푸르스름한 색깔이고, 밖으로 가면서 누르스름한 흰색을 보이다가 제일 바깥 둘레에서는 갈색을 띤다. 이뿐만 아니라, 고층운의 물방울 크기가 균일한 경우에는 원반 바깥쪽에서 색을 띤 희미한 테두리들이 가끔 보이기도 한다.

하지만 광환의 존재는 두 가지 구름을 구분하는 데 별 도움이 되지 않는다. 권층운도 고층운처럼 광환이 나타날 때가 있기 때문이다. 하지만 태양 주위로 햇무리가 나타나는 경우는 고층운이 아니라 권층운이라고 자신 있게 말할 수 있다.

고층운과 권층운을 구분하는 다른 방법이 있다. 위를 보는 것이 아니라 아래를 보는 것이다. 상층운인 권층운을 뚫고 내려온 햇빛은 언제나 날카롭기 때문에 땅 위에 그림자가 보이지만, 고층운은 피터 팬처럼 그림자를 남기지 않는 경향이 있다.

하지만 고층운을 통해 태양이나 달의 위치를 볼 수 없는 경우에는 어떻게 해야 할까? 구름층이 두꺼워져서 반투명구름이 아니라 불투명구름 변종이 되어 태양이나 달의 위치가 보이지 않는다면 구름관찰자는 무엇을 해야 하나? 우선 그것이 상층운인 권층운은 아니라고 확신할 수 있다. 권층운은 언제나 태양이나 달의 위치를 확인할 수 있을 정도로 충분한 빛을 통과시켜주기 때문이다. 문제는 두께가 비슷한 불투명 고층운과 불투명 층운Stratus opacus을 구별하는 것이다.

고층운은 층운보다 훨씬 더 밋밋한 경우가 많다. 만약 구름 밑면을 볼 때 어떤 질감이 느껴진다면 하층운인 층운일 가능성이 크다. 하지만 땅 위에서 보면 구름 속에서 별다른 질감이 느껴지는 경우

이 사진을 보면 고층운을 따분한 구름이라고 부르는 이유를 어렵지 않게 이해할 수 있다.

는 별로 없다. 가장 확실한 방법은 불투명구름 층의 고도를 확인하는 것밖에 없다. 고도가 2킬로미터 이하면 층운이고, 2~7킬로미터 사이면 고층운이다. 하지만 구름관찰자들은 보통 직접 타고 올라가서 확인해볼 비행기가 없기 때문에 두꺼운 고층운과 층운을 분간하는 일은 참으로 애매하다.

시각적인 특성이 워낙에 빈약하다 보니 고층운 속屬은 종으로 다시 분류하지 않는다. 하지만 공식 변종은 다섯 가지가 있다. 태양이나 달의 위치를 육안으로 확인할 수 있느냐에 따라 반투명구름과 불투명구름으로 나뉘고, 구분이 가능한 층이 두 층 이상 형성되었다면 이중구름, 밑면에 구분이 가능한 부드럽게 물결치는 모양이 보이면 파상구름, 아주 길게 뻗어 있는 구름의 줄이 지평선을 향해 모이는 것처럼 보이면 방사구름이다.

아무래도 재미없는 구름이라고 할 수밖에 없는 이 고층운은 딱히 사람들한테 보라고 권하기도 무안한데, 그만큼 인기가 없다. 기상학자들은 농담 삼아 이 구름을 따분한 구름이라고 부르기도 하는데, 무슨 뜻으로 그러는지는 어렵지 않게 이해가 간다.

***

하지만 어떤 구름이든 어느 하루 볕 들 날은 있는 법이다. 하루가 아니면 적어도 잠깐이라도 말이다. 그리고 다른 구름들과 마찬가지로 고층운에게도 그 잠깐은 바로 해돋이와 해넘이 시간이다. 아무리 칙칙한 구름이라 하더라도 새벽의 여명과 저녁노을 속에서는 더 아름다워지기 마련이다.

이 사실을 미국의 자연주의자 헨리 데이비드 소로보다 잘 알았던 사람은 없다. 그는 전반적으로 구름을 무척 좋아했고, '자연에서 눈물을 가득 머금은 구름에 비친 태양만큼 아름다운 것은 없다'[1]라고 단언하기도 했다. 그의 일기는 하늘에 대한 찬사로 가득하지만 특히나 그중에서도 장엄한 노을에 대한 찬사만큼 열정적인 것은 없었다. 소로는 노을의 아름다움은 모두 구름 때문이라는 것을 잘 알고 있었다.

> 제일 후미에서 경호원으로 하루를 지키며 온통 검게 물들어 있던 작은 구름들이 흐릿한 노란색으로 잠시 빛나다가 다시 어두워

> 진다. 그리고 이제 저녁 붉은 기운이 깊어질 대로 깊어져 결국 서쪽 지평선이 온통 붉은색으로 물든다. 마치 누군가가 지워지지 않는 진한 인디언 물감을 하늘에 대고 문질러놓기라도 한 듯, 세상의 위대한 화가가 하늘이라는 뒤집어진 접시 가장자리에서 붉은 물감을 개기라도 한 듯, (…) 붉은 노을은 마치 하늘의 가장자리를 따라 으깨어놓은 산딸기의 얼룩 같다.[2]

태양이 지평선 위에 낮게 걸치는 그 짧은 순간만큼은 따분한 고층운조차 루비 같은 다홍색으로 하늘을 물들이기 위해, 아껴두었던 화려한 의상을 꺼내 입는다. 비록 짧은 시간일지언정 이 얼마나 큰 차이인가! 회색으로 펼쳐져 있던 별 볼 일 없던 구름층이 어느 순간 갑자기 분홍과 자주 빛깔이 섬세하게 아로새겨진 아름다운 바다로 탈바꿈한다.

태양의 고도가 낮을 때는 고층운 밑면에 있는 모든 윤곽이 훨씬 도드라지며 입체감이 강해진다. 소로는 이렇게 적었다. “하늘에도 길이 나 있건만, 땅 위에 붙어사는 사람들은 보통 그 길의 검고 그늘진 아랫면만 보고 산다. 새벽이나 저녁에 지평선 위 적합한 각도에서 바라볼 때라야 구름에 풍부하게 나 있는 줄무늬가 일부나마 희미하게 드러난다.”[3]

물론 태양이 고층운 같은 구름층의 아래를 비추려면 해가 뜨거나 지는 방향에서 햇빛을 가로막고 있는 것이 없어야 한다. 이것이 ‘저녁에 붉은 하늘은 양치기에게 보내는 선물이요, 아침에 붉은 하늘은 양치기에게 보내는 경고다’라는 옛말을 설명해준다. 온대지방의 날씨는 서쪽에서 동쪽으로 이동하는 경향이 있다.• 따라서 저녁에 하늘이 붉다는 것은 지금 당장은 머리 위로 구름이 끼어 있지만, 해가 지는 서쪽은 구름이 없으니까 붉은 햇살이 그 구름 아래까지 차오를 수 있다는 뜻이다. 서쪽 하늘이 맑다는 것은 맑은 날씨가 다가오고 있을 가능성이 크다는 의미다. 반대로 아침에 하늘이 붉다는 것은 동쪽 맑은 하늘에서 비추는 아침 햇살이 지금 머리 위에 있는 구름을 비추고 있다는 뜻이다. 따라서 맑은 날씨는 이미 지나갔고, 더 많은 구름이 몰려오고 있을 가능성이 크다는 의미다.

이런 관찰은 수천 년 전부터 있었다. 성경에 따르면 예수는 하늘로부터 오는 표적을 보여달라고 요구해온 바리새인과 사두개인을 꾸짖으며 이 점을 언급했다고 한다.

> 예수께서 대답하여 이르시되 너희가 저녁에 하늘이 붉으면 날이 좋겠다 하고, 아침에 하늘이 붉고 흐리면 오늘은 날이 궂겠다 하니, 그대 위선자들이여, 너희가 하늘을 보고 날씨는 분별할 줄 알면서 시대의 표적은 분별할 줄 모르느냐?[4]

나는 소로가 '제일 후미에서 하루를 지키는 경호원'이라고 불렀던 작은 구름들 때문에 클라우드베리••라는 이름이 생긴 것이 아닌지

• 이것은 극지로 갈수록 기온이 낮아지는 현상과 지구의 자전 현상이 한데 얽혀 공기의 이동에 영향을 미치기 때문이다 – 원주.

•• cloudberry, 야생의 나무딸기로 영어말을 풀면 '구름딸기'라는 뜻이다.

Mike Davies (1633번 회원)

이 흑백사진에서 보듯 고층운이 빛날 수 있는 시간은 따듯한 색상으로 물든 새벽과 저녁 무렵이다.

몹시 궁금하다. 이 딸기는 산딸기와 친척이지만, 분절이 적어서 중층운 중에 고층운의 친척뻘인 고적운의 구름 조각과 모양이 비슷하다. 클라우드베리는 불타는 듯 짙은 붉은색이었다가 익으면서 샤프란 같은 짙은 황금색으로 바뀐다. 고적운도 밝아오는 해돋이의 빛 속에서 이런 색조의 변화를 보여줄 때가 있다.

클라우드베리는 늪지대, 특히 외딴 북위도 지역에서 자라는 경우가 많아 상당한 별미로 대접받는다. 러시아 극지 툰드라의 광활한 황무지 같은 곳이 클라우드베리가 번성하기에 알맞은 지역이다. 이 딸기는 쌀쌀한 여름 날씨 속에서 매일 하루 24시간을 보내면서 클라우드베리만의 독특하고 강렬한 풍미를 키우며 천천히 익어간다.

그리고 툰드라 습지를 덮고 있는 어두운 이끼와 관목들 사이에서 노을에 물든 작은 고적운처럼 눈에 톡 튄다.

***

하지만 9월의 마지막을 향하고 있는 어느 쌀쌀한 저녁, 시베리아와 바렌츠해가 만나는 페초라 삼각지의 하늘에는 고층운이 편평한 담요처럼 드리워져 있었다. 구름은 파티 의상을 걸쳐 입고 있었다. 겨울이 다가오면서 해가 짧아지고 있었고, 태양이 드디어 지평선 아래로 잠기기 시작했기 때문이다.

이 외딴 지역에는 클라우드베리를 따 먹을 거주민이 거의 살지 않았지만, 분명 이 딸기들이 허비되는 일은 없을 것이다. 올리야는 매년 이곳을 찾아오는 수천의 방문자들과 마찬가지로 클라우드베리를 잔뜩 몸에 비축하는 중이다. 그녀는 지난 15년 동안 이 삼각지에서 여름을 보냈고, 주홍색으로 물든 고층운 아래서 마치 목숨이 거기 달려 있다는 듯 클라우드베리를 먹어댄다. 이 열매에 목숨이 달렸다는 것이 과장은 아니라고 생각한다.

올리야는 백조다. 좀 더 정확히 말하자면 고니Bewick's swan다. 올리야는 툰드라의 풍부한 관목과 이끼와 더불어 클라우드베리로 살을 찌우고 있다. 올리야의 마음속에는 하나의 목표밖에 없다. 오늘 밤, 그녀는 자기 짝과 두 어린 새끼와 함께 글로스터셔의 세번강 하구까지 3000킬로미터에 이르는 머나먼 이동을 시작할 것이다. 이 여정을 모두 마치는 데는 2주 정도가 걸린다. 중간에 여러 곳에 들러

Keith Epps (868번 회원)

파상구름은 고층운에서 나타나는 좀 더 흥미로운 변종 중 하나다. 낮게 드리운 태양의 색조가 없더라도 말이다.

휴식을 취하기도 하겠지만 아주 진 빠지는 힘든 여행길이 될 것이다. 올리야가 광학 원리를 보여주기 위해 이 먼 길을 돌아오는 것이라 생각하니 조금 애처로운 생각이 든다.

올리야는 어째서 낮은 태양에서 드리운 햇빛이 고층운 같은 구름을 불타는 듯 아름다운 선홍빛으로 꾸며주는지, 그 이유를 보여줄 것이다. 그녀는 햇빛이 낮은 각도로 대기를 통과하는 과정에서 색조가 변하는 이유를 설명하러 그 먼 길을 돌아오는 것이다.

좋다. 올리야 같은 고니들이 9월에 북극 툰드라 지대를 떠나는 이유를 조류학자들은 조금 다르게 생각한다는 것을 나도 잘 알고 있다. 이곳은 일 년 중 이맘때가 되면 기온이 떨어지면서 매서운 시베리아 겨울의 시작을 알린다. 겨울이면 이곳은 온통 얼어붙을 것이고, 다른 모든 식물들과 마찬가지로 클라우드베리도 아득한 기억 저편으로 사라져버릴 것이다. 조류학자들은 고니가 습관의 동물이라고 말한다. 이들은 어린 새끼들에게 자기가 좋아하는 북서유럽 습지의 겨울 먹이터로 가는 길을 가르쳐준다. 일단 적당한 장소를 찾고 나면 이들은 매년 그곳으로 돌아온다. 비록 3000킬로미터나 떨어진 곳이라도 말이다.

다른 고니들은 그럴지 몰라도 올리야는 좀 다르다. 그녀는 사명을 띠고 온다. 그녀와 그 가족들이 세번강 하구 갈대밭 사이에 위치한 목적지에 도착하고 나면 그녀는 광학 원리를 시범 보일 것이다. 세번강 하구는 눈을 씻고 찾아봐도 클라우드베리는 볼 수 없는 곳이다.

***

툰드라를 떠나는 다른 백조들과 마찬가지로 올리야와 그 짝도 출발 시간을 조심스럽게 저녁 시간대로 골랐다. 카라해를 가로질러 온 북동풍이 노바야젬랴 군도를 지나며 하루 종일 불고 있었다. 해안을 따라 서쪽으로 날아가는 데 힘을 보태줄 고마운 바람이다. 거기 더해서 오늘 저녁에 낀 고층운은 높이도 높고 두껍지도 않아서 밤에 비행하는 동안에도 시야가 좋을 것 같다. 앞으로 몇 주간 올리야 가족은 호수와 습지 여러 곳에 들러서 휴식도 취하고, 먹이도 먹으며 힘을 재충전할 것이다. 남서쪽 방향으로 백해 위를 지나 카렐리아를 가로질러 핀란드만으로 향하는 동안 그들의 여행 경로는 발트해 연안을 따라갈 것이고, 결국 네덜란드에서 북해를 건너 영국 해안에 닿게 된다.

백조들은, 심지어는 다른 대부분의 백조들보다 작은 고니조차도, 이륙은 볼품이 없지만 착륙할 때만큼은 아주 우아하다. 참 다행이다. 올리야가 글로스터셔에 도착했을 때는 기나긴 여정에 지칠 대로 지치고, 출발할 때보다 상당히 여위어 있겠지만, 그래도 백조에게 어울리는 우아한 동작으로 시범을 보일 수 있다는 얘기니까 말이다.

올리야의 짝은 더 튼튼한 날개를 가졌기 때문에 맨 앞에서 가족 편대를 이끌었고, 결국 10월 중순의 어느 새벽녘에 세번강 하구의 갈대 습지에 도착했다. 올리야의 짝은 물리학 따위는 신경 쓸 이유가 없어서 갈대에서 멀리 떨어진 물 한복판에 착륙했다. 하지만 이

번에는 올리야의 차례다. 그녀는 착륙할 곳을 잘 고른다.

물갈퀴 달린 발을 앞으로 벌려 내밀며 그녀는 한 무더기의 갈대가 자라고 있는 근처의 고요한 하구 수면 위로 사뿐히 내려앉는다. 올리야가 만든 넓은 물결이 갈대밭으로 퍼져 들어간다. 갈대는 수면을 따라 진행하려는 물결의 파동을 가로막는 작은 장애물로 작용한다.

이와 마찬가지 방식으로 대기를 구성하고 있는 아주 작은 입자들, 즉 산소와 질소 같은 분자를 비롯해, 먼지, 소금, 검댕 같은 입자들도 태양에서 지구로 들어온 햇빛의 파동을 가로막는 장애물 역할을 한다.

올리야가 3000킬로미터나 날아와서 선보이는 이 시범은 두 부분으로 구성되어 있는데, 지금 막 그 첫 번째 부분을 마무리했다. 올리야가 이 싱그러운 10월 아침에 수면 위에 착륙하면서 퍼져 나온 물결의 파동은 마루에서 마루까지의 거리가 파동의 경로를 막고 선 작은 갈대 장애물보다 훨씬 넓다. 따라서 이 물결의 파동은 대체로 방해받지 않고 갈대밭을 통과해 반대편으로 나오게 된다.

태양에서 지구로 들어온 가시광선의 모든 파동 중에 우리 눈에 빨갛게 보이는 파동이 바로 마루와 마루 사이의 길이가 가장 긴, 그러니까 파장이 가장 긴 파동이다. 올리야가 착륙할 때 나온 파장이 긴 물결과 마찬가지로, 이렇게 파장이 긴 빛은 대기 중의 작은 분자나 입자에 의해 그다지 산란되지 않고 그대로 대기를 통과하는 경향이 있다.

이제 올리야가 두 번째 부분을 진행할 차례다. 아직 긴장도 풀리

낮게 뜬 태양의 색상

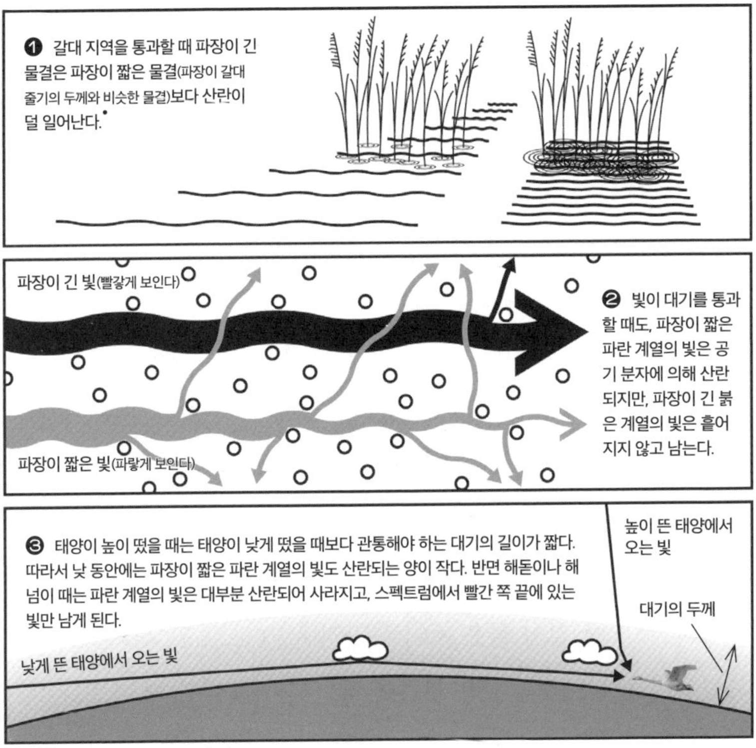

해돋이와 해넘이 때 구름이 붉은색, 오렌지색으로 보이는 이유를 올리야가 시범으로 보인다.

지 않았고, 배도 고픈 상태지만 어쨌거나 올리야는 시범을 계속 진행하려 한다. 작은 새끼 두 마리가 안전하게 물에 내려온 것을 재빨리 확인한 후에 올리야는 아주 부드럽게 발로 물을 저으며 아까 그

- 이것은 이상화된 수면파다. 실제로 수면파의 파장은 이동한 거리에 비례해서 증가한다 – 원주.

갈대밭 바로 앞을 지나간다. 올리야의 가슴에서 짧은 잔물결이 번진다.

잔물결이 갈대에 닿을 때 보니, 아까의 폭넓은 물결과는 달리 파장(파장 마루에서 마루까지의 거리)이 갈대 줄기의 굵기와 거의 비슷하다. "갈대에서 잔물결이 어떻게 산란되는지 보이세요?" 말을 할 수만 있었다면 올리야는 이렇게 얘기했을 것이다. 갈대밭으로 들어가자 잔물결이 흩어졌기 때문이다.

우리 눈에 파란색이나 보라색으로 보이는 가시광선의 파장은 대기를 구성하는 분자나 입자의 크기와 비교할 만하다. 그래서 올리야가 만들어낸 잔물결처럼 그런 파장은 대기를 통과하는 과정에서 산란이 더 잘 일어난다.

올리야는 새끼들에게 겨울을 날 새로운 보금자리를 보여주며, 먹잇감과 쉴 곳을 찾아 물을 저어 사라져버렸다. 그 뒷모습을 보며 구름관찰자들이 권층운 같은 구름이 해돋이와 해넘이 때 따듯한 색으로 물드는 것과 그녀가 보여준 시범이 대체 무슨 상관이 있다는 것인지 의아해하는 것도 당연하다.

태양이 하늘 높이 떠 있을 때는 햇빛이 구름에서 반사되거나 대기를 그 두께만큼 통과해 지표면에 도착한다. 이때는 햇빛이 통과하는 대기의 거리가 그리 길지 않아 파장이 짧은 파란색과 보라색 계열의 빛이 그렇게 많이 산란되지 않으므로 모든 범위의 가시광선이 우리 눈에 도달한다. 가시광선이 스펙트럼 전체를 가득 채우면 우리 눈에는 흰색으로 보인다. 따라서 그 빛을 반사하는 구름의 색깔도 하얗게 보인다.

하지만 태양이 지평선 위로 낮게 깔려 있을 때는 구름에 반사된 빛이 우리한테 도달하려면 대기를 비스듬하게 아주 길게 통과해야만 한다. 사실 대기는 빛을 굴절시키는 특성이 있으므로 지평선 바로 위에서 들어온 햇빛은 지구의 곡면을 따라 굴절하면서 움직일 수 있다. 그래서 중천에 뜬 태양에서 곧장 지면으로 내려오는 빛보다 대기를 40배나 더 길게 통과한다.

이 각도에서 들어온 햇빛은 구름에 반사되어 구름관찰자의 눈에 닿기까지 대기 속을 길게 이동하기 때문에, 파란색이나 보라색 계열처럼 파장이 짧은 빛은 대기 중의 분자나 입자에 의해 대부분 산란되어 흩어져버리고, 산란의 영향을 적게 받는 파장이 긴 붉은 빛만 남게 된다.

이 원리로 맑은 하늘이 낮에 파랗게 보이는 이유도 설명할 수 있다. 태양의 방향과 다른 방향으로부터 우리에게 도달하는 가시광선은 햇빛이 대기 중의 분자와 입자에 의해 산란되어 나온 가시광선이다.• 이렇게 산란되는 가시광선은 주로 파장이 짧은 파란 빛이나 보라색 빛이다(우리 눈은 파장이 더 짧은 보라색 빛에는 덜 민감하기 때문에 파란색이 두드러져 보인다). 여기서 화산 폭발 후에 노을이 더 깊고 붉어지는 이유도 설명할 수 있다. 화산 분출로 대기 중에 쏟아져 나온 입자들 때문에 짧은 파장과 중간 파장의 빛이 더 많이 산란되어 더 좁은 스펙트럼의 붉은 계열 빛만 남는 것이다.

• 달에는 대기가 없어서 이런 산란이 생기지 않기 때문에 태양이 떠 있을 때도 하늘이 검게 보인다. 우주가 검게 보이는 이유도 마찬가지다.

고대 중국에서는 붉은 구름을 매우 길한 징조라 여겼다. 도교의 창시자로 인정받는 노자로부터 나온 생각이라고 한다. 빨강과 노랑은 '우주 분화cosmic differentiation'의 색깔이었고, 언덕 위에서 적절한 제물을 바치면 색을 띤 구름이 그 위에 내려온다고 한다. 사실 기원전 3천 년 전에 중국을 지배했다고 하는 전설 속의 황제黃帝는 구름 덕분에 세상 만물을 지배할 수 있었다고 한다.

구름의 색깔은 대기 중에서 구름의 상대적인 높이를 판단하는 기준으로 사용할 수도 있다. 기하학적으로 보면 태양이 지평선 위에 간신히 걸려 있을 때는 낮은 구름에서 반사된 빛이 대기를 더 길게 통과하기 때문에 고도가 높은 구름보다 더 붉게 나타난다. 따라서 낮게 뜬 태양은 구름의 고도를 색으로 부호화해서 남긴다고 할 수 있다. 제일 높이 뜬 구름은 밝은 흰색, 중간 높이의 구름은 황금색, 제일 낮게 깔린 구름은 붉은색, 이렇게 말이다. 그러다 태양이 지평선 바로 아래로 잠기면 낮은 구름은 지구의 그림자에 가려서 어두워진다.

***

소로는 노을의 색을 과학적으로 설명하고 싶었다 해도 그럴 시간이 없었을 것이다. 그는 저녁노을의 색깔 변화를 딱딱한 과학을 빌려 설명해야 할 필요를 느끼지도 않았다. 이유야 어쨌건, 정말 중요한 것은 노을의 아름다움을 제대로 감상하는 일이었으니까.

나는 빛에 물든 구름의 모습으로 다가온 아름다움을 목격한다. 그리고 그 아름다움은 내 상상력에게 말을 건다. 그대는 과학적인 설명으로 나를 이해시키려 하지만, 내 상상의 나래를 펴주지는 않는다. (…) 나는 30킬로미터 정도 떨어진 곳에 서서 지평선에서 핏빛으로 붉게 물든 구름을 바라보고 서 있다. 그대는 그것이 다른 빛은 모두 흡수하고 붉은색만을 반사하는 수증기 덩어리라고 얘기하지만, 그런 말은 아무런 소용이 없다. 이 붉은색은 나를 흥분시키고, 내 피를 끓게 하고, 생각이 흘러넘치게 만들기 때문이다. (…) 이해를 증진시키나, 상상력을 앗아가버린다면 대체 그것이 무슨 과학이란 말인가?[5]

시인 존 키츠John Keats는 물방울을 통과하는 빛의 파장을 언급하며 아무런 감흥도 없이 객관적으로 무지개를 설명하려 한 아이작 뉴턴Isaac Newton을 싫어했다. 소로는 키츠가 느꼈던 감정을 되풀이해서 느끼고 있었던 셈이다. 키츠의 입장에서 보면, 뉴턴이 설명하는 '차가운 철학'• 속에는 영혼이 들어 있지 않았다.

차가운 철학의 손길이 살짝 스치기만 해도
모든 매력이 사라져버리지 않던가?
(…)

• 여기서 키츠가 말하는 '철학'은 뉴턴의 물리학 저술《자연철학의 수학적 원리》(1687)를 지칭하는 듯하다.

철학은 천사의 날개를 잘라버리고
모든 신비를 법칙과 선으로 정복하며
공중을 떠도는 유령과 동굴 속 꼬마요정을 몰아내고
무지개도 풀어헤쳐버린다.
차가운 철학은 방금
상냥한 사람의 모습을 한 괴물 라미아•조차
그늘로 녹아 사라지게 하였으니.[6]

소로와 키츠가 무슨 뜻으로 이런 글을 남겼는지는 이해할 수 있다. 하지만 이 글들은 예술가 행세를 하면서, 과학을 좋아하는 반 친구를 놀려대는 아이들이나 할 법한 소리처럼 들린다. 아픈 기억이 하나 떠오른다. 중등학교 시절에 선택과목을 모두 과학 과목으로 채웠더니, 짓궂은 반 친구들이 나더러 '공중을 떠도는 유령과 동굴 속 꼬마요정을 몰아내는' 정서가 메마른 놈이라며 놀려댔다. 좋다. 솔직히 그 애들이 정말로 그렇게 말한 것은 아니었지만, 풍기는 분위기는 딱 그랬다.

구름관찰자라면 과학과 예술을 이렇게 옹졸하게 구분하는 일 따위는 초월할 것이다. 우리의 솜털 친구들이 그런 구분을 초월해 하늘 위에 떠 있듯이 말이다. 우리 구름관찰자의 입장에서는 구름을 우리의 상상력을 자극해서 피를 끓게 하는 동시에 '차가운 철학'으로 우리의 이해를 풍성하게 하는 존재로 보아도 전혀 모순될 것이

• 그리스 신화에 나오는 괴물로 상반신은 여자, 하반신은 뱀이다.

Tim Salter (1621 회원)

고층운은 가끔 '유방구름'이라는 부가적 특성을 나타내기도 한다. 염소 젖통처럼 생긴 이 구름 주머니 덕분에 밋밋한 회색의 구름층에 반가운 입체감이 생겨난다.

없다.

후자의 경우라면, 올리야가 아마도 소로에게 한마디 따지고 싶은 점이 있지 않을까. 그녀가 고생하며 시범을 보였듯이, 태양이 고도가 낮을 때 구름이 빨갛게 변하는 이유는 구름이 '다른 빛은 모두 흡수하고 붉은색만을 반사하는 수증기 덩어리'이기 때문이 아니다.

소로가 좀 더 관심을 가지고 지켜보았더라면 구름이 모든 파장의 가시광선을 거의 비슷하게 반사한다는 사실을 이해했을 것이다. 구름의 붉은색은 낮게 드리운 햇빛이 대기를 뚫고 비스듬하게 먼 거리를 통과하는 동안 짧은 파장의 빛을 산란시켰기 때문이다. 그것이 붉은 빛깔만 우리 눈에 도달하는 이유다.

젠장, 올리야가 고생하면서 그 먼 거리를 와서 시범까지 보였는데, 아무래도 헛고생한 거 아닌가 싶다.

***

고층운은 보통 권층운이라는 상층운이 두꺼워지고 낮아진 결과로 형성된다. 그리고 대개 구름층의 하강은 고층운 높이에서 멈추지 않는다.

꾸준히 내리는 가벼운 강수가 동반되면, 흐릿한 구름층 밑면이 낮게 내려오면서 고층운은 계속해서 두꺼워지고, 어둡게 변해간다. 구름층의 두께가 두꺼워짐에 따라 강수량도 점차 많아지기 시작한다. 머지않아 구름은 더 이상 대류권 중층에만 머물지 않고 몇백 미터 높이까지 바짝 아래로 내려온다. 이제 고층운은 쉴 새 없이 비를 퍼붓는 난층운으로 바뀌었다.

물론 언제나 이런 식으로 진행하는 것은 아니다. 때때로 고층운은 발달한 다음에 거기에 그냥 자리를 지키고 있기도 한다. 따분한 구름의 흐린 회색 의상을 몸에 두른 채로, 좀 더 머물지 그냥 갈지, 비를 내릴지 말지 고민하면서 말이다.

어떤 고층운은 따분하기 그지없는 것이 사실이지만, 그래도 그들을 밝게 빛나는 모습으로 기억해주면 고마워할 것이다. 구름관찰자라면 하루가 시작하고 마감하던 시간, 잠깐이나마 활동적이었던 순간의 모습으로 고층운을 기억해주어야 마땅하다. 그렇게만 해준다면 이 구름은 구름관찰자들에게 아주 유용한 교훈을 알려줄 것이다. 존 러스킨이 그 교훈을 잘 표현해놓았다. "동터오는 모든 새벽이 그대 삶의 시작이 되게 하라. 그리고 해 지는 모든 노을이 그대 삶의 마감이 되게 하라."

7

the Cloudspotter's Guide

난층운

亂層雲, 비층구름, Nimbostratus

두꺼운 회색 담요 같은 구름. 내리는 것은 비, 비, 그리고 또 비

비구름을 뜻하는 라틴어는 'nimbus'다. 난층운, 즉 비층구름의 라틴어 이름이 'Nimbostratus'인 이유는 말뜻 그대로 이 구름이 강수를 머금고 있기 때문이다. 난층운은 또한 어둡고, 두껍고, 외형이 들쑥날쑥하다.

물을 떨구는 구름 유형은 많지만, 그 물이 지표면에 도달하는 경우에만(꼬리구름처럼 내려오다 증발해버리는 경우도 있다) 비로 공식 인정을 받고, '강수구름praecipitatio'이라는 호칭을 사용할 수 있다. 하지만 난층운에는 이 용어가 필요 없다. 난층운이 끼었다면 이 축축한 구름층 밑에서 고양이나 개가 떨어지지는 않을지언정•, 비나 눈이 땅

• 　'비가 억수같이 퍼붓다'를 뜻하는 영어 관용 표현 'rain cats and dogs'를 이용한 유머.

난층운(비층구름) 관찰법

난층운은 뚜렷한 특색이 없는 두꺼운 회색 구름층으로, 비, 눈, 얼음싸라기 등을 오랜 시간에 걸쳐 꾸준히, 그리고 종종 세차게 내린다. 강수를 동반하기 때문에 밑면이 아주 흐리게 번져 보인다. 난층운은 모든 층구름 중에서도 가장 두꺼워서 때로는 고도 600미터에서 5500미터 높이까지 두껍게 걸쳐질 때도 있다. 그리고 일반적으로 수천 제곱킬로미터에 이를 만큼 하늘을 광범위하게 뒤덮는다. 다른 강수 구름과 마찬가지로 강수로 인해 난층운 하방 대기에 조각층운이 생기기도 한다. 이것을 '편난운'이라 하는데, 가는 구름 조각 형태로 나타나며 난층운 밑면보다 더 어둡게 보인다. 이 구름들이 연결되면 난층운의 밑면이 훨씬 더 아래로 내려온다. 난층운은 예외 없이 태양과 달을 완전히 가릴 만큼 두껍다.

고도(중위도 지역 기준): 600~5500미터

형성 지역: 전 세계적으로 발생하며 중위도 지역에서 더 흔하다.

강수: 비나 눈이 보통 강도로 오기도 하고, 아주 심하게 오기도 한다(오랫동안 꾸준히 내린다).

난층운의 종

구름의 형태가 획일적이기 때문에 종으로 구분되지 않는다.

난층운의 변종

구름의 형태가 획일적이기 때문에 변종이 존재하지 않는다.

혼동하기 쉬운 구름

고층운: 고층운도 경계가 불분명한 구름층이지만 난층운보다는 얇다. 난층운은 고층운보다는 언제나 더 어둡게 보이고 강수를 동반한다. 고층운은 어쩌다가 비를 내릴 뿐이고, 일반적으로 강수량이 많지 않다. 고층운의 경우에는 보통 구름층의 일부를 통해 태양의 위치를 파악할 수 있지만, 난층운에서는 파악이 불가능하다.

적란운: 적란운도 바로 아래서 관찰하면 하늘을 온통 뒤덮고 있는 검은 구름층으로 보인다. 적란운에서 내리는 갑작스러운 소나기와 비교해보면, 난층운에서 내리는 강수는 그리 심하지 않고 더 오래 꾸준히 내린다. 또한 난층운은 우박이나 천둥, 번개를 동반하지 않는다.

난층운. 결코 예쁜 광경은 아니다.

David Foster (1157번 회원)

을 두드릴 것은 너무도 당연하기 때문이다.

물론 뇌운인 적란운의 라틴어 이름인 'Cumulonimbus'에도 'nimbus'라는 단어가 사용되었다. 하지만 공통점은 거기까지다. 둘 다 강수를 동반하는 구름이기는 하지만, 그 방식은 천양지차이기 때문이다. 적란운은 맹렬한 폭풍우 속에서 강수를 쏟아붓고, 그것도 몇 분 만에 다 쏟아내지만, 난층운은 머금은 물을 몇 시간에 걸쳐 진득하게 흘려보낸다. 난층운은 아주 느리고 둔한 구름이다.

난층운은 형태도 적란운과는 아주 다르다. 난층운에서는 적란운의 전형적인 특징인 장엄한 높은 기둥이 나타나지 않는다. 난층운은 장대함과는 거리가 먼 구름층이 몇천 제곱킬로미터에 걸쳐 펴져 있다. 하지만 깊은 물이 고요히 흐른다고 했던가. 두 구름이 말다툼을 벌이다가 결국 권투 시합이라도 벌인다면 적란운의 승리로 끝날 가능성은 결단코 없다.

분명 뭉게뭉게 피어오르는 상승기류 구름은 사람들의 눈을 즐겁게 해줄 동작들을 많이 선보일지도 모른다. 적란운은 무하마드 알리의 현란한 발놀림에 프린스 나심•의 활기 넘치는 상체 동작을 보여줄 것이다. 하지만 나라면 돈은 난층운에 걸겠다. 난층운은 비록 구름의 왕 적란운처럼 높이 솟지는 않을지언정, 난층운이 뒤덮는 영역의 광대함과 악착같고 끈질긴 인내심은 그것을 만회하고도 남는다. 번개구름이 어마어마한 펀치를 날려대기는 하겠지만, 이 다부진 권투 선수는 끝까지 버텨서 승리를 쟁취할 것이다.

• 영국 국적의 복서 나심 하메드. 1995년 WBO 페더급 챔피언을 지냈다.

과연 누가 이길까?

난층운은 물방울, 빗방울, 얼음 결정, 눈송이 중에서 기온에 따라 그 어떤 조합으로도 구성이 가능하다. 강수량이 많으려면 구름의 키가 커야 한다. 기상학자들은 이것을 구름이 깊다고 표현한다. 그리고 난층운은 구름을 분류하는 기준이 되는 하층, 중층, 상층의 세 층 중에 하나 이상의 층에 걸칠 만큼 두꺼워지는 경향이 있다. 난층운이 적란운만큼 키가 커지는 일은 절대로 없지만, 이따금 구름의 두께가 지면 300미터 높이에서 6킬로미터 상공(중층에서도 위쪽 영역)에 이를 만큼 두꺼워지기도 한다.

이런 이유로 난층운을 하층운, 중층운 중 어디로 분류해야 하는지 따지는 것은 별 의미가 없다. 하지만 난층운은 적어도 중층에는 어김없이 한 발을 걸치고 있기 때문에 다른 중층운과 한데 묶어 얘기를 진행해야 난층운도 즐거워할 것이라고 확신한다.

***

난층운이 구름의 왕이라는 적란운에게 대항할 수 있을 정도로 대단한 헤비급 선수라면 기상학계 밖에 있는 사람들한테는 왜 그렇게 생소하게 느껴질까? 적란운은 번개구름이라는 이름으로 얘기를 꺼내면 누구나 다 알아듣지만, 보통 사람들한테 난층운 얘기를 꺼내면 필경 눈만 껌벅거릴 것이다.

분명 난층운은 재미있게 바라볼 수 있는 구름이 아니다. 난층운이 발달하는 곳 아래 서 있으면, 별다른 특색이 없는 밑면이 불길하게 어두워지면서 내려오는 것 말고는 눈에 띄는 것이 없다. 시인 존 밀턴John Milton은 이렇게 적었다. '탁한 구름이 생기 어린 하늘의 얼굴을 온통 뒤덮고, 낮게 드리운 궂은 날씨가 어두워진 풍경 위로 눈이나 비를 내리며 노려본다.'[1]

높게 떠 있던 얇은 고층운이 탈바꿈하며 층이 두꺼워지면 햇빛을 점차 가려서 하늘이 어두워진다. 그러다가 비를 내리는 난층운으로 완전히 발달할 즈음이면 구름이 워낙에 두꺼워져서 태양이나 달의 위치는 아득한 기억 저편으로 멀어져간다.

난층운을 확인하려면 그저 밑면이 들쑥날쑥 경계가 모호하고 어두운 회색인지, 그리고 거기서 내리는 비나 눈의 강도가 보통에서 심한 정도이고 쉼 없이 계속 내리는지만 판단하면 된다. 여기에 해당한다면 그 구름은 난층운이다.

그렇다고 혼동의 여지가 아예 없는 것은 아니다. 구름관찰에서는 언제나 혼동의 가능성이 따라온다. 예를 들어 구름관찰자가 적란운 바로 아래 있는 경우에도 이런 혼동이 생길 수 있다. 난층운과 마찬가지로 적란운도 바로 아래에서 보면 밑면이 어둡고, 적란운이 층적운 같은 층구름 안에 묻혀 있는 경우에는 하늘을 넓게 뒤덮는 것으로 보일 수도 있다. 혼란을 가중하는 것이 있으니, 양쪽 구름 모두 편난운이라는 부속구름이 생기는 경우가 많다. 이 검은 구름 조각은 강수로 공기 중에 수분이 포화되었을 때 구름 밑면 아래서 나타날 수 있다.

하지만 강수의 특성을 잘 고려하면 보통은 구분할 수 있다. 적란운에서는 소나기가 짧게 폭우로 쏟아진다. 적란운 하나가 다른 하나로 계속해서 이어지는 '다세포' 폭풍우의 경우라 하더라도, 소나기는 간헐적으로 내리고 우박을 동반하는 경우가 많다. 적란운은 바람도 더 강하고, 천둥과 번개를 숨기지 못해 들켜버리는 경향이 있다.

더 자주 혼동하는 구름은 고층운이다. 난층운은 고층운에서 발달해 나오는 경우가 아주 많다. 고층운은 난층운보다 얇은 층구름으로 강수량이 많지 않다. 일단 강수를 내리기 시작하면 난층운과 마찬가지로 꾸준한 강수를 내린다.

고층운이 얇고 반투명구름이라면 구분은 아주 쉽다. 고층운의 밝은 회색 밑면은 난층운의 어둡고 볼록한 밑면보다 훨씬 엷어 보일 것이다.

Bob Norvill (58번 회원)

구름 미인 선발대회에서 난층운이 우승하는 일은 없을 것이다.

하지만 두꺼워지는 구름층을 언제부터 난층운으로 부를 것인지는 판단이 쉽지 않은 문제다. 사실 어떤 사람은 강수가 내리기 시작하자마자 난층운이 되었다고 말하기도 하지만, 구름이 충분히 두꺼워지거나 어두워지고, 또 충분히 비를 내리는 것을 확인한 후에 난층운이 되었다고 하는 편이 더 안전하다.

이렇게 비와 눈을 내리는 것을 보면 난층운을 꼭 지루한 구름이라고만 하기도 그렇다. 하지만 난층운 속屬도 고층운과 마찬가지로 종으로 세분되지 않는다는 특별한 공통점이 있다. 사실은 변종조차 없다. 난층운은 겉모습에 눈에 띌 만한 변형이 나타나지 않는다. 그저 끊임없이 강수를 내리기 때문에 밑면이 들쑥날쑥하고 경계가 또

렷하지 않은, 두꺼운 담요 같은 구름일 뿐이다. 난층운은 다른 유형의 구름들과 권투시합이 붙으면 대부분 때려눕힐 수 있을 테지만, 아마 구름 미인 선발대회에 참가한다면 예선을 통과하기도 쉽지 않을 것이다.

***

왜 어떤 구름은 비나 눈, 우박을 내리고, 어떤 구름은 그렇지 않을까? 날씨 좋은 날의 뭉게구름은 물방울로 이루어졌다면서 왜 비를 내리지 않을까? 반면 난층운은 왜 십중팔구 비를 내릴까?

이것은 모두 물방울 입자의 크기와 관련이 있다. 물방울과 얼음 결정은 중력의 영향으로 떨어지기 마련이지만, 입자가 작을수록 공기를 뚫고 떨어지는 속도도 느려진다. 지면에서 생기는 층운인 안개를 제외하면, 모든 구름은 공기가 상승하면서 형성된다. 이 구름 속 입자들은 자기 밑에서 올라오는 공기를 뚫고 내려올 수 있을 만큼 크기가 커져야 지면을 향해 움직일 수 있다.

비가 오지 않는 좋은 날씨에 생기는 적운은 아주 작은 물방울로 구성되어 있다. 물방울의 직경이 0.005밀리미터 이하다. 이 정도 크기에서는 물방울의 낙하 속도가 아래서 위로 솟구쳐 오르는 상승기류의 속도에 비하면 미미하다. 이런 극소의 영역에서는, 물방울이 공기를 뚫고 움직이는 것은 자갈이 끈적거리는 꿀 속을 뚫고 움직이는 것이나 마찬가지다.

물론 꿀단지에 떨어진 자갈은 물컵에 떨어졌을 때보다 훨씬 느리게 떨어질 것이다. 그런데 만약 꿀단지에 꿀을 채우고 있는 동안에 자갈을 떨어뜨리면 어떻게 될까?

떨어지는 물방울과 떠오르는 꿀

자갈의 크기가 적당하고, 꿀단지를 채우는 속도만 적당하게 하면 자갈을 한 고정된 위치에 머물게 만들 수 있다. 구름 속의 물방울이나 얼음 입자가 중력의 법칙을 거스르는 것처럼 보일 때는 바로 이런 일이 일어나고 있는 것이다. 그들은 분명 떨어지고 있지만, 솟구쳐 올라오는 공기의 속도보다 빠르지 못하다. (주의! 이것은 그냥 가상 시범이다. 꿀단지에 실제로 자갈을 떨어뜨리는 일은 별로 좋은 생각이 아니다. 특히 아침 식사 탁자 위에 놓인 꿀단지라면 말이다. 꿀도 더러워질 것이고, 토스트에 발라먹었다가는 치아가 상할 수도 있다.)

만약 이런 이유로 구름의 물 입자가 떠 있는 것이라면, 대체 물 입자가 지면으로 떨어질 정도로 커지는 것은 또 어떤 경우인가?

아니면, 1950년대의 팝스타 프랭키 라이먼이 노래했듯이 "왜 비는 위에서 내릴까?"

라이먼의 두왑• 히트곡인 〈왜 바보들은 사랑에 빠질까?Why Do Fools Fall in Love?〉에 나오는 수많은 질문 중 하나에 불과하지만, 어쨌거나 좋은 질문이다. 이 노래로 라이먼은 열세 살이라는 어린 나이에 미국 음악 차트 탑텐의 위치에 올랐다. 그리고 1956년 여름에는 영국 음악 차트 1위에 올랐고, 흑인 가수 최초로 음반 판매 백만 장을 돌파하기도 했다. 많은 십 대 스타들과 마찬가지로 라이먼도 순탄치

• 리듬 앤드 블루스의 코러스 중 하나.

않은 삶을 살았다. 나는 그 모든 것이 그가 너무나 많은 질문을 마음에 두고 살았던 아이라서 그런 것이 아닐까 생각하지 않을 수 없다. 누구도 대답할 생각을 하지 않았던 질문을 말이다. "왜 새들은 저리도 즐겁게 노래할까?", "왜 연인들은 동이 터오기를 기다릴까?", "왜 바보들은 사랑에 빠질까?", "왜 비는 위에서 내릴까?"

어린 라이먼이 자신의 밴드 '더 틴에이저스The Teenagers'와 함께 미국 투어를 하자, 그를 따르는 팬들은 그의 싱글 앨범을 사기 위해 줄을 서서 기다렸다. 하지만 그중에 라이먼이 실제로 이런 질문에 대한 답을 알고 싶어 했다는 것을 안 사람이 있었을까?

아니, 그들은 몰랐다.

누군가 시간을 내어 라이먼에게 비가 왜 위에서 내리는지 설명해주었다면 상황이 달라졌을까?

스물 즈음에 라이먼은 그저 흘러간 옛 노래를 소개하는 쇼에나 가끔 출연할 뿐, 마약을 하는 구제불능의 끝물 가수가 되어 있었다. 그리고 26세에 헤로인 과다복용으로 할머니의 아파트 바닥에서 죽고 말았다.

혹시라도 상황이 달라졌을까?

만약 누군가가 이 문제 많은 젊은이를 옆에 앉혀놓고, 차 한잔 함께 마시며 왜 비가 위에서 내리는지 설명을 해주었으면 말이다. 적어도 수많은 질문 중 하나만큼은 답을 찾아냈을 것이 아닌가? 만약 '구름감상협회'와 내가 1950년대에 존재했었더라면, 나는 기쁜 마음으로 그에게 답을 알려주었을 것이다.

만약 내가 때를 놓치지 않고 그와 얘기할 수 있었다면, 일이 다르게 풀렸을지도 모를 일이다.

이를테면, 더 틴에이저스가 1957년에 〈런던 팔라디움〉을 연주하고 있는 동안 내가 이런저런 핑계를 대고 무대 뒤로 들어가 라이먼이 다시 무대로 올라가기 전에 10분 정도라도 그를 붙잡아두고 얘기할 수 있었다면 어땠을까? 나는 비나 눈이 내리려면, 구름 속 물입자가 어린 뭉게구름에서 보이는 0.005밀리미터보다 훨씬 커져야 한다고 말해주었을 것이다.

구름 입자는 그보다 훨씬 크게 자랄 수 있고, 크기가 커질수록 지표면으로 떨어질 가능성도 그만큼 커진다. 지표면에 떨어지는 물방울의 크기는 직경이 백분의 일 밀리미터 단위의 가는 안개비에서부터, 0.2~0.5밀리미터 정도 되는 가랑비, 그리고 직경 0.5밀리미터 이상의 빗방울에 이르기까지 다양하다. 빗방울의 직경은 보통 1~5밀리미터 사이이다. 크기가 8밀리미터 정도에 이르면 공기 저항의 영향으로 더 작은 빗방울로 부서진다.

이 정도면 라이먼의 궁금증이 조금은 풀렸을 테지만, 완전히 해소되지는 않았으리라 생각한다. 라이먼에게는 기초적인 내용 이상의 것이 필요하다.

라이먼은 구름 속의 물방울들이 어떻게 땅에 떨어지는 크기로 자라나는지 알고 싶을 것이다.

끼어든 김에 라이언에게 조금이라도 도움이 될 만한 설명을 하려면, 그가 다시 무대로 나가기 전에 몇 분 정도 시간을 더 벌어야 할 것 같다. 아무래도 팬이나 공연 담당자들을 모두 무대 뒤에서 내보내고 둘만 남아 있는 편이 좋겠다. 구름에서 비가 형성되는 두 가지 과정을 라이먼에게 알려줄 참이다. 하나는 물방울로 만들어진 구름의 여러 부분에서 일어나는 과정이고, 다른 하나는 물방울 대신 얼음으로 만들어진 구름에서 일어나는 과정이다. 먼저 물방울의 경우를 설명하기 위해서 나는 진주와 진주조개 이야기를 꺼낼까 한다.

***

힌두교 신화에 따르면 진주는 이슬방울이 바다에 떨어질 때 생기고, 보름달이 떴을 때 이런 일이 생기면 완벽한 진주가 탄생한다고 한다. 고대 그리스인들은 다르게 설명했다. 그들은 번갯불이 바다로 떨어질 때 진주가 생긴다고 주장했다. 그리고 로마인들은 진주가 인어의 눈물일 뿐이라고 했다. 요즘의 설명은 상상력이 조금 부족하다 싶다. 진주는 작은 알갱이가 진주조개의 껍데기 안으로 들어갔을 때 생긴다. 이 연체동물은 조개껍데기의 안쪽을 코팅하려고 진주층을 분비하는 샘이 있다. 조개 안에 모래알갱이 같은 것이 들어가면, 이것이 핵으로 작용해서 그 주변에 진주층이 쌓이기 시작하고, 진주가 형성되는 데는 1년 정도가 걸린다. 이 정도 시간이 흐르면 진주조개는 분명 조개껍데기 안쪽이 비좁아졌다고 느낄 것이고, 자기에게는 아무짝에도 쓸모없는 이 보석을 바다 밑으로 내버리려 한다.

수증기가 구름으로 응결하는 데도 공중에 뜬 모래알갱이 같은 것이 있어야 한다. 허공을 날아다니는 개별 물 분자들이 한데 모여 액체 물방울을 만들려면 그 과정을 시작시켜줄 무언가가 필요하다. 물 분자들이 엉겨 붙을 수 있는 핵이 필요한 것이다. 사실 대기 중에는 이런 용도로 쓰기 좋은 '알갱이'들이 아주 많이 떠다닌다. 기상학자들은 이것을 '구름 응결핵'이라고 부른다. 이들의 직경은 일반적으로 0.001밀리미터 이하이고, 형태는 아주 다양하다.

바다 위에서는 파도가 칠 때 떠오른 물방울이 마르면서 생긴 소금 입자가 이런 응결핵이 되기도 한다. 육지에서는 응결핵이 훨씬 더 풍부해서, 진흙의 먼지 입자나, 광물질, 혹은 식물이 말라붙은 조각이 될 수도 있다. 화산이나 산불에서 나오는 검댕도 응결핵이 될 수 있다. 매연이나 산성 입자같이 사람의 거주지 근처에서 나오는 대량의 연소 산물도 마찬가지다. 비가 형성되는 첫 번째 방식, 즉 얼음이 얼지 않을 정도로 따듯해서 액체 물방울만을 포함하고 있는 구름이 형성되는 과정에서 이 응결핵은 결정적인 역할을 한다.

응결핵들 사이에서는 수증기 분자를 끌어들이는 효율 차이가 크다. 어떤 응결핵은 다른 것보다 수증기 분자가 더 잘 달라붙는다. 습기 많은 날씨에 소금통을 사용해본 사람이라면 소금 입자가 물 분자를 아주 잘 흡수한다는 사실을 분명하게 느꼈을 것이다. 소금 입자는 아주 효율적인 구름 응결핵으로 작용한다.

산불에서 나오는 일부 입자들도 마찬가지로 응결핵으로 작용할 수 있고 효율이 나쁘지 않다. 산불이 났을 때 그 위로 두꺼운 불구름이 나타나는 이유 중 하나다.

구름이 형성되기 시작하면, 효율이 더 좋은 응결핵에서 생겨난 물방울은 다른 물방울보다 더 빠른 속도로 자란다. 시간이 지나면 이 물방울은 더 커지고, 결국 더 빨리 떨어지기 시작한다. 이 물방울들이 충분히 클 때는 작은 물방울들과 충돌하기 시작하면서, 그 과정에서 다시 더욱 커진다. 기상학자들은 이 과정을 '병합coalescence'이라고 부른다. 구름이 등장하고 15~30분 만에 비를 내릴 만큼 큰 물방울을 발달시킬 수 있는 방식 중 하나가 이것이다. 하지만(라이먼에게 이렇게 얘기해주련다) 이것이 가장 흔한 방식은 절대로 아니다. 적어도 중위도 지역에서는 그렇다.

***

지금쯤이면 라이먼이 무대로 올라갈 때가 되었다고 무대 뒤쪽 사람들이 찾고 난리가 났을 것이다. 하지만 나는 조금만 더 그를 붙잡고 빗방울이 형성되는 가장 중요한 방식을 설명해야겠다. 그것을 설명하려면 얼음 결정 얘기를 하지 않을 수 없다. 우리 머리에 물방울로 떨어지는 비도 사실 처음에는 고체 형태로 삶을 시작하는 경우가 훨씬 많다. 구름 아래 있는 따듯한 공기를 통과하는 과정에서 녹아 빗방울이 되었을 뿐이다. 비가 형성되는 두 번째 과정을 설명하려면 라이먼에게 구름 물방울이 얼음 결정으로 얼기까지의 독특한 방식에 대해 한두 가지 정도 알려줄 것이 있다.

영국에서 전형적인 가을날이라면 기온이 지표면 상공 2킬로미터 정도에서 0°C로 떨어진다. 그럼 이 고도보다 높은 곳에서는 구름 속 물방울들이 모두 얼어 있을 거라고 생각하기 쉽다. 하지만 구름에서 한 가지 놀라운 점은 물방울이 0°C에서 얼지 않는다는 것이다. 사실 기온이 그보다 훨씬 아래로 떨어지기 전에는 보통 구름의 물방울들이 얼지 않는다.

해수면 높이의 물웅덩이에 들어 있는 물은 0°C에서 얼기 시작하지만 대기 중에 떠 있는 물방울은 좀 다르게 행동한다. 수증기가 공중의 물방울로 응결하려면 '알갱이'가 필요했던 것과 마찬가지로, 이 물방울들이 고체 결정으로 얼어붙기 위해서도 핵이 필요하다. 그리고 물은(액체 상태이든, 기체 상태이든) 응결할 때보다는 빙결할 때가 핵의 유형을 더 까다롭게 따진다.

믿기 어려울 정도로
얼지 않는 물방울

'빙정핵' 역할을 하는 대기 중 입자들은 응결핵보다 훨씬 크다. 직경이 0.005~0.05밀리미터 정도 되면 응결핵보다 부피가 100배에서 13만 배 정도 크다. 주로 암석이나 광물질 조각으로 이루어진 빙정핵은 응결핵보다 훨씬 드물다.

대기 중에는 빙정핵이 그리 많지 않은데, 결빙을 시작해줄 무언가가 없으면 물방울들은 -35°C에서 -40°C 정도까지 내려가기 전에는 좀처럼 얼어붙지 않는다. 따라서 적절한 크기와 모양의 핵이 없으면 물방울들은 소위 '과냉각 상태'로 남는다.

라이먼의 밴드는 이제 벌써 무대에 올라가 있을 것이고, 라이먼의 매니저는 문을 쾅쾅 두드리며 발을 구르고 있다. 설명할 시간이 많지 않다. 하지만 곧 가장 중요한 부분을 설명할 것이다.

난층운처럼 두꺼운 구름은 차가운 상단 부분에 과냉각된 물방울의 비율이 높다. 물방울들은 높이 떠오를수록 더 차가워진다. 하지만 적당한 빙정핵이 없으면 이들은 서둘러 상태를 변화할 필요가 없고, -5°C, -7°C, -10°C까지 내려가도 얼어붙기를 고집스럽게 거부한다. 무대 뒷배경 색상이 잘못됐다고 투덜대면서 공연을 거부하는 스타 가수처럼, 기온이 영하 20도대로 떨어져도 물방울은 과냉각된 액체 상태로 남아 있을 수 있다.

하지만 그 정도로 냉각되면 물방울들은 까다로움이 눈에 띄게 줄어든다. 이제는 대충 크기나 모양이 적당하다 싶은 입자가 있으면 물방울들이 얼어붙기 시작한다. 마치 스타 가수 중 몇 사람이 "젠장, 이 정도 무대면 됐지, 뭘 그래?"라고 말하며 무대로 나가는 상황과 비슷하다. '이 정도면 됐다' 싶은 빙정핵은 완전히 이상적인 핵보다 더 많기 때문에, 물방울 중 일부가 그런 빙정핵 위에서 얼기 시작한다 싶으면, 어느새 물방울들이 너도나도 달라붙어 있다.

처음 몇몇 물방울들은 바깥쪽에서부터 안쪽으로 언다. 처음에는 부드러운 중심부 바깥으로 딱딱한 껍데기가 만들어지는 것이다. 겨울에 추운 날씨로 파이프가 동파되어 고생한 적이 있는 사람은 잘 알고 있을 텐데, 중심부가 얼게 되면 팽창하면서 바깥 껍데기를 깨뜨린다. 이 과정에서 작은 얼음 조각들이 터져 나온다. 그러고 나면 이 얼음 조각들이 다른 물방울들이 달라붙어 얼게 될 빙정핵으로 작용하고, 연쇄 작용이 일어나 작은 과냉각 물방울들이 얼어붙는다.

얼음 결정은 고체이기 때문에 물방울이었을 때보다 물 분자를 좀 더 단단하게 붙잡는다. 이것은 남아 있는 과냉각 물방울로부터 물분자들이 이동해오면서 얼음 결정이 곧 크게 자라난다는 의미다. 머지않아 얼음 결정은 상당한 낙하 속도를 얻을 정도로 충분히 커진다. 그리고 낙하를 시작함에 따라 좀 더 많은 과냉각 물방울들과 충돌하게 되고, 이것들이 다시 얼어붙으면서 결정은 훨씬 더 커진다. 곧 이들은 구름의 밑면 밖으로 떨어져 나오게 되고, 구름 밑의 따듯한 공기를 만나면 다시 녹아 비로 땅에 떨어진다.

이것이 비가 대개 위에서 내리는 이유다. 아주 아슬아슬하게 설명을 끝낼 수 있을 것 같다. 잠시 후면 프랭키 라이먼은 환호하는 팬들의 함성을 따라 무대에 올라 있을 테니 말이다. 로큰롤의 흥겨운 음악 속에 라이먼이 안내를 받아 무대로 향하는데, 나는 간신히 그의 뒤를 향해 소리쳤다. "라이먼! 그것을 베르게론 핀다이젠 과정 Bergeron-Findeisen process이라고 해!"

내가 이렇게 설명하면서 끼어들었다면 젊은 라이먼의 목숨을 구할 수 있었을까? 아마도 그로서는 그런 복잡한 질문 따위는 잊어버리고 충실하게 자신의 삶을 사는 것만으로도 충분했으리라.

***

아이들은 빗방울을 그릴 때 예외 없이 꼭 눈물방울 모양으로 그려 넣는다. 아마도 어른들한테 배워서 그런 것이 아닌가 싶다. 크리스마스트리를 그릴 때도 가지가 사선으로 아래를 향하게 그리도록 배우는 것처럼 말이다.

크리스마스트리 가지를 아래로 향하게 그리는 것이 틀린 것처럼, 빗방울을 눈물방울 모양으로 그리는 것도 틀렸다. 계속해서 그렇게 그리겠다고 고집 부리는 아이는 꿀밤을 줘야 한다.

하지만 크리스마스트리의 가지가 사실은 위를 향하고 있는 것처럼, 빗방울도 사실 눈물방울 모양으로 떨어지지 않는다. 구름 속 작은 물방울들은 완벽에 가까운 작은 구형을 하고 있을지 모르지만, 일단 물방울이 빨리 떨어질 정도로 커진 다음에는 공기 저항 때문에 형태가 크게 뒤틀리기 때문에 공 모양이나 눈물방울 모양과는 아주 달라진다. 직경이 몇 밀리미터나 그 이상이 되면 빗방울은 위에 덮는 햄버거 빵을 반쪽 잘라놓은 모양으로 보인다.

아이들이 구름에서 자그마한 햄버거가 떨어지는 모습을 그려주길 기대하는 것은 무리다(햄버거 회사 판촉 전략의 일환으로 사용하면 모를까). 우리가 상식적으로 빗방울을 눈물방울 모양으로 가르치는 것은 분명 물방울이 물체에서 떨어질 때 그런 모양으로 떨어지는 것을 늘 보며 살았기 때문일 것이다. 욕실 수도꼭지에서 떨어지는 물방울 모양도 그러니까 말이다. 수도꼭지 가장자리에 매달려 있는 물방울을 본 적이 있다면, 그 물방울이 떨어지기 시작할 때 꼭 눈물방울 모양으로 떨어진다는 것을 잘 알고 있을 것이다. 물방울은 표면장력의 힘으로 매달려 점점 아래로 처지다가 결국 아래 욕조로 떨어진다.

물론 사랑하는 연인의 눈썹을 타고 흘러내리는 눈물도 그런 모양으로 떨어진다. 또 비와 슬픔을 연결 짓게 된 바람에 빗방울을 눈물방울 형태로 그리게 되지 않았나 싶다. 이런 연상은 영국의 낭만주의 시인들에게 사랑받았다. 존 키츠는 좀 우울한 시 〈우울에 대한 송가Ode on Melancholy〉에서 이것을 이렇게 이용했다.

구름이 눈물을 흘리듯 갑자기 하늘에서
발작처럼 우울이 내려오기라도 하면,
그것이 고개 숙인 꽃들을 키우고,
푸르른 언덕을 4월의 장막 속에 가릴지니.
그때 아침 장미에 그대의 슬픔을 넘치게 쏟아내라.[2]

퍼시 비시 셸리도 일 년 후에 키츠의 사망 소식에 〈아도네이스Adonais〉를 쓸 때 비와 슬픔의 연상 관계를 이용했다. 고인이 된 친구에게 바치는 찬사 또한 아주 유머 감각이 넘친다. 셸리는 키츠의 상상력에서 나온 '짧은 꿈'이 그의 죽음과 함께 어떻게 죽어갈 것인가 상상했다. 그의 임종 자리에서 그 꿈들 중 하나에 나오는 요염한 여인은 그의 얼굴에 떨어진 눈물방울을 보게 될 것이다. 그가 죽지 않았으면 얼마나 좋았을까 생각하며 그 여인은 울부짖는다.

'잠든 꽃 위의 이슬방울처럼
어느 꿈이 그의 머리에서 떨구어놓은 눈물이 한 방울 놓여 있네.'

하지만 불행하게도 그녀는…

그녀는 얼룩이 남지 않는 그 눈물이 자신의 눈물임을 몰랐네.
그녀는 비를 모두 쏟아내버린 구름처럼 사라지고 말았네.[3]

***

강수라고 하면 비, 눈, 우박 이 세 가지밖에 없다고 생각하는 구름 관찰자가 있다면 다시 한번 생각해보기 바란다. 이 세 가지는 강수의 여러 가지 형태 중 일부에 지나지 않는다. 구름에서 떨어질 수 있는 것이 얼마나 다양한지 그 목록을 좀 더 철저하게 정리해볼 때가 되었다. 이 서로 다른 형태들은 구름의 종류, 그리고 구름 내부와 그 아래의 온도에 따라 달라진다.

	비	가랑비	눈	쌀알눈	눈싸라기	우박	작은 우박	얼음 싸라기	개와 고양이•
적운	●		✱		△				
적란운*	●		✱		△	▲	△		
층운		,	✱	△̵					
층적운	●		✱		△				
고층운	●		✱					◬	
난층운*	●		✱					◬	

* '적란운'과 '난층운'은 학명 속에 각각 '비구름'을 뜻하는 'nimbus'가 들어 있다. 그러니까 속屬의 정의 자체로 강수를 머금고 있는 구름임을 알 수 있다.

구름은 대부분 강수를 내리지 않는다. 하지만 여기에 강수를 내리는 구름을 표로 나타냈다. 강수의 형태가 비나 눈밖에 없다고 생각하는 사람들은 다시 한번 생각해보기 바란다.

액체성 강수

비rain: 직경이 일반적으로 0.5밀리미터 이상인 물방울.

어는 비freezing rain: 과냉각된 빗방울(0°C 이하)로 구성된 이 비는 온도가 0°C 아래지만 액체 상태다. 지면이나 전화 케이블 같은 물체와 접촉하면 얼어붙는 경향이 있다.

가랑비drizzle: 촘촘하고 가늘게 내리는 빗방울로, 직경이 일반적으로

• 적란운에서는 회오리바람에 쓸려 올라간 개나 고양이가 내려오기도 한다! 하긴 2장에서 보았다시피 적란운에서는 사람이 내려오기도 한다니, 저자의 유머 감각에 너무 심각하게 고민하지 마시기를!

0.5밀리미터 이하다.

결빙성 진눈깨비freezing drizzle: 과냉각된 가랑비(0°C 이하)로 결빙성 비보다 물방울이 더 작으며, 더 낮은 온도에서도 액체 상태로 존재할 수 있다. 접촉하자마자 '서리'로 얼어붙기 때문에 건물이나 비행기에 큰 손상을 입히기도 한다.

고체성 강수•

눈snow: 결정 구조의 얼음. 단일한 결정체 형태로 존재할 수도 있고, 우리가 '눈송이'라고 부르는, 여러 개가 얽힌 덩어리 결정체로(보통 -5°C 위에서) 존재할 수도 있다. 결정체의 형태, 크기, 농도는 온도와 형성 조건에 따라 크게 달라질 수 있다.

쌀알눈snow grains: 아주 작고 불투명한 흰색의 얼음 결정으로(일반적으로 지름이 1밀리미터 이하), 땅에 떨어졌을 때 튀어 오르지 않는다. 눈 중에서는 가랑비에 해당한다고 할 수 있다.

눈싸라기snow pellets: 하얗고 불투명한 얼음 결정으로 일반적으로 원뿔 형태나 둥근 형태를 하고 있고, 지름은 1~5밀리미터 사이다. 보통 쉽게 부서진다. 딱딱한 지면에 떨어지면 튕겨 나오고 깨지는 경우도 많다. 눈싸라기는 가는 쌀알눈 같은 얼음 결정이 구름 물방울과 충돌할 때 물방울이 그 바깥에서 방울져 단단하게 얼어붙어 생긴다.

우박hail: 아주 단단한 얼음 입자로 지름이 5~50밀리미터 사이다(미국에

• 여기 나오는 용어들은 우리말과 일대일로 대응하지 않아 기상청 홈페이지 용어집을 참고하여 적당한 우리말 이름을 붙였다.

서 기록된 가장 큰 우박의 직경은 178밀리미터). 입자는 투명할 수도, 불투명할 수도 있다. 일반적으로 심한 폭풍우가 칠 때 나타나며, 얼린 알사탕처럼 구름 속에서 얼음이 겹겹이 얼어붙어 만들어진다.

작은 우박small hail: 투명한 얼음 입자로 일반적으로 지름이 5밀리미터 이하다. 단단해서 잘 부서지지 않고, 소나기처럼 쏟아져 내린다. 땅이나 물체에 부딪히면 소리를 내며 튕겨 나온다.

얼음싸라기ice pellets: 투명한 얼음 입자로 지름이 5밀리미터 이하다. 마찬가지로 잘 부서지지 않고 땅에 떨어질 때 소리가 난다. 이것은 작은 우박보다 더 오랜 시간 꾸준하게 내리는 경향이 있다.

다이아몬드 먼지diamond dust: 아주 작은 얼음 결정들로(보통 지름이 0.1밀리미터 정도) 공중에 떠 있는 것처럼 보이는 경우가 많다. 대기가 맑고 고요하고 아주 차가울 때 형성되며, 이런 대기는 극지방에서 종종 나타난다. 이와 같은 작은 결정들은 구름에서 내리지 않는 강수의 한 형태로, 햇빛을 받으면 아름답게 반짝이기 때문에 이런 이름을 얻었다.

라이먼이 이처럼 낯선 형태의 강수에 대해서도 알았을 것 같지는 않다. 차라리 그게 다행이었나 싶기도 하다. 아니면 '왜 얼음싸라기는 위에서 내릴까?'라는 노래까지 불렀을지도 모를 일이니까.

***

구름관찰자들은 구름에 대해 무지한 사람들과 이야기하다가 우리의 솜털 친구들을 변호해야만 하는 상황에 놓일 때가 많다. "너는

난층운은 말 그대로 찬물을 끼얹는 존재이지만, 비를 내리는 다른 구름과 마찬가지로 대기에서 오염 물질을 청소하는 아주 중요한 역할을 한다.

어떻게 끔찍한 비구름 따위를 좋아할 수가 있냐?" 그 사람들은 이렇게 말하면서 비구름에 대해 성토하기 시작할 것이다. 그놈의 비 때문에 어제 테니스 경기가 연기됐고, 비 때문에 결혼식을 망쳤고, 비 때문에 방글라데시에 끔찍한 홍수가 일어났다는 등등….

사람 기분 꿀꿀하게 만든다고 비에게 손가락질이 빗발치는 상황이니, 이것 한 가지는 짚고 넘어가는 편이 좋을 듯하다. 구름이 바닷물을 담수화하는 역할을 해주지 않는다면 우리가 마실 물은 전혀 남아 있지 않을 것이다. 4세기 바실리우스 성인의 말을 들어보자.

> 많은 사람이 자기 머리 위로 떨어지는 빗방울을 저주하면서도, 비 덕분에 배고픔을 가시게 할 풍요가 찾아온다는 것은 모른다.

그리고 미국의 소설가 존 업다이크John Updike는 이렇게 말했다. "비는 은총이다. 비는 자신을 낮추어 대지로 내려온 하늘이다. 비가 없다면 생명도 없으리라."[4]

아마 사람들은 잘 눈치채지 못하겠지만, 지구를 살 만한 곳으로 만드는 데 있어서 구름과 강수가 담수 작용 못지않게 중요한 역할을 맡은 것이 또 하나 있다. 바로 대기에서 오염 물질을 씻어내는 역할이다.

구름 응결핵과 빙정핵은 구름의 입자에 붙잡혀서 강수와 함께 지표면으로 되돌아온다. 25밀리미터 정도의 강수량이면 구름 밑에 있는 대기 중 입자 99퍼센트와 아황산가스 등의 수용성 기체 대부분이 제거된다. 구름에서 내리는 강수는 대기 중에 존재하는 핵에 빗방울이나 얼음 결정을 달라붙게 해서 지표면으로 되돌려 보낸다. 구름과 강수가 없었다면 대기는 말로 표현할 수 없을 정도로 흐리고 독했을 것이고, 온대지방에서는 분명 치명적이었을 것이다.

구름에게 불평하는 사람들은 큰 그림을 보지 못하는 사람들이다. 비가 오고 난 다음의 맑고 신선한 공기처럼 우리에게 활력을 불어넣어주는 것도 드물다. 구름관찰자라면 다 아는 얘기지만, 햇살이 그렇게도 기분 좋게 느껴지는 이유는 비를 눈물로 흘려보낸 구름 사이로 그 얼굴을 드러내기 때문이다.

그렇다면 햄버거 모양의 눈물방울은 사실 슬픔의 눈물이 아니라 기쁨의 눈물이 아닐까?

권운

권적운

권층운

상층운은 고도 5000~1만 3700미터의 대류권의 저온부에서 형성된다. 극지방에서는 3천 미터의 낮은 곳에서도 형성된다. 이 높이에서는 기온이 낮아 구름이 얼음 결정으로 이루어져 있을 때가 많다. 권운, 권적운, 권층운이 여기에 속한다.

——— ***5000~1만 3700m***

the High clouds

상층운

8

the Cloudspotter's Guide

권운

卷雲, 새털구름, Cirrus

얼음 결정이 떨어지며 만들어내는 섬세한 줄무늬

흔히 볼 수 있는 구름 중에서는 권운, 즉 새털구름이 분명 제일 아름다울 것이다. 권운의 이름인 'cirrus'는 '머리카락 다발'이라는 뜻의 라틴어에서 온 것이다. 밝고 하얀 섬세한 얼음 가닥이 하늘 높이 떠 있는 구름이라 이런 이름이 붙었다. 캐나다의 히피 작곡가 조니 미첼은 1969년에 발표한 노래 〈보스 사이즈 나우Both Sides Now〉에서 권운을 흘러내리는 천사의 머리카락에 비유했다. 아마도 그 머리카락은 천사가 하늘나라 최고의 헤어 컨디셔너를 사용하고 난 후의 머리카락이 아닐까 싶다.

권운을 대리석판을 가로지르는 연한 줄무늬나 질 좋은 소고기의 마블링 무늬에 비교하고 싶은 욕심도 들기는 하지만, 솔직히 비교 대상이 너무 딱딱하다는 느낌이 있다. 권운을 좀 더 적절하게 묘사

권운(새털구름) 관찰법

권운은 열 가지 구름 유형 중에서 가장 높다. 낙하하는 얼음 결정이 하얀 줄무늬나 조각이나 띠 형태로 나타나고, 서로 분리되어 있으며, 섬유나 비단 같은 모습을 한다. 권운은 좀처럼 두껍게 나타나는 경우가 없다. 권층운이나 권적운 같은 다른 상층운과 함께 나타나는 경우가 많고, 그 상층운들과 마찬가지로 태양이나 달 주위에서는 '무리 현상'을 보이기도 한다.

고도(중위도 지역 기준): 5000~1만 3500미터

형성 지역: 전 세계적으로 발생한다.

강수: 없음

갈퀴권운

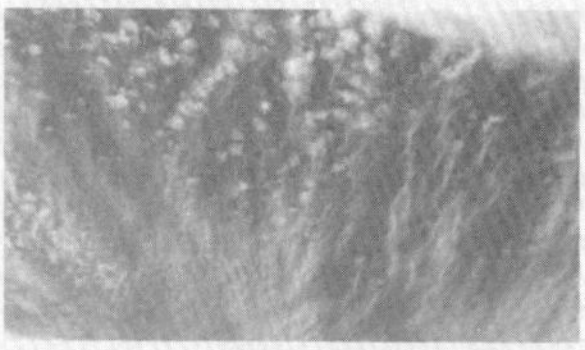

포기권운

늑골구름

권운의 종

명주실권운: 줄무늬가 직선이나 곡선의 섬유 모양을 하고 있고, 대부분 서로 구별이 가능하며, 갈고리나 덩어리 형태로 끝나지 않는 경우.

갈퀴권운: 줄무늬의 형태가 갈고리나 쉼표 모양인 경우.

농밀권운: 가장 두꺼운 권운으로 태양을 마주하고 바라보았을 때 회색 조각으로 나타나는 경우. 적란운의 모루구름에서 생기는 경향이 있다.

탑권운: 꼭대기가 총안 모양으로 생기고 별개의 작은 덩어리 형태로 나타나는 경우.

포기권운: 독립적인 작고 둥근 다발 형태로 나타나는 경우. 그 아래로 처진 꼬리를 달고 있는 경우가 많다.

혼동하기 쉬운 구름

권층운: 권층운은 매끄러운 모양이나 섬유질 모양으로 하늘에 드리운 우윳빛 얇은 면사포처럼 보인다. 반면 권운은 서로 분리된 줄무늬나 섬유, 혹은 조각의 형태를 띠고 있다.

권적운: 권적운은 상층에 층을 이루어 모인 구름 조각들로, 마치 소금 알갱이처럼 보인다. 권운은 이렇게 미세하게 얼룩진 형태의 질감이 나타나지 않는다.

권운의 변종

얽힌구름: 줄무늬가 불규칙하고 얽혀 있을 때.

방사구름: 높은 고도의 풍향에 맞추어 줄무늬가 평행한 띠 모양으로 배열되어, 원근감에 의해 지평선을 향해 모이는 것처럼 보이는 경우.

늑골구름: 줄무늬가 마치 생선의 가시처럼 보이는 경우.

이중구름: 줄무늬가 하나 이상의 고도에서 배열되어 있는 경우. 바람의 방향이 고도에 따라 다르면 확실하게 구분할 수 있다.

왼쪽: Malcolm Buck (1170번 회원), 오른쪽 위: Graham Tilston (562번 회원), 오른쪽 아래: Linda King (1619번 회원)

하려면 노르웨이의 대기의 여신 프리가를 등장시키는 것이 나을 듯하다. 프리가는 다소 변덕스러운 기분에 맞추어 밝은 하얀 옷이나 검은 옷을 입었다고 한다. 그녀의 궁전인 펜살리르에는 안개가 들어 있는 큰 방이 있었는데, 프리가는 이곳에 앉아 보석이 장식된 물레를 돌려 기다란 구름의 천을 짰다. 이것이 권운의 모습이다. 마치 하늘나라에서 제일 좋은 비단실로 지어 '메이드 인 펜살리르'라는 명품 상표를 붙여놓았을 것만 같다.

권운은 이렇게 만들어진다.

***

권운은 일반적인 구름들 중에서는 가장 높은 구름이고 완전히 얼음 결정으로만 구성되어 있다. 온대지방에서는 보통 7킬로미터 이상의 고도에서 형성된다. 루크 하워드는 '하늘에 연필로 그려놓은 것 같다'라고 권운을 묘사했는데, 땅 위에서 볼 때는 권운에서 뻗어 나오는 섬세한 덩굴손 무늬를 무시할 때가 너무 많다. 아마도 권운이 눈에 띌 만한 날씨의 변화를 만들어내지 않기 때문일 것이다. 권운은 비나 눈을 내리지도 않고(설사 비나 눈을 내려도 땅까지 내려오지는 않는다), 땅 위에서 부는 바람과도 관련이 없다. 더군다나 권운은 햇빛을 거의 차단하지 못한다. 햇빛을 크게 가릴 만큼 두꺼워지는 경우가 거의 없기 때문이다.

여러분은 그리 생각하지 않을 테지만, 사실 권운은 강수를 내리는 구름이다. 권운이 강수구름으로 분류되지 않는 이유는 권운에서 내리는 '강수'는 구름 아래의 따듯한 공기를 통과하는 동안 다 증발해 버리기 때문이다. 그럼에도 하늘 높이 권운을 바라본다는 것은 눈이 내리는 것을 보는 것이나 마찬가지다. 음, 더 정확히 말하자면 얼음 결정이라고 해야 할 것이고, 너무 높은 곳에서 내리는 눈이라 땅에 쌓이는 것을 볼 수 없을 따름이다. 너무 따듯해서 눈을 구경하기 힘든 지역에 사는 구름관찰자라 하더라도 권운이 떠 있는 날이라면 몇 킬로미터 밖에서 바라본 눈 내리는 모습이 어떤 것인지는 감상할 수 있으리라.

권운에서 뚜렷하게 나타나는 부드러운 털실 같은 형태는 일종의 꼬리구름으로, 떨어지는 얼음 결정이 대류권 상층에서 부는 바람에 휩쓸려 이동하면서 만들어내는 무늬다. 대류권 정상 부근에서 부는 바람은 종종 시속 160~240km/h에 이를 만큼 강하다. 이런 강풍 속에서 만들어지기 때문에 권운은 한 장소에 오래 머무는 경우가 드물다.

산들바람에 미끄러지듯 흘러가는 낮은 적운과 비교하면 이 권운은 거의 정지해 있는 것처럼 보일 수도 있다. 하지만 구름관찰자들은 멀리 있는 물체일수록 그 움직임을 감지하기가 어렵다는 사실을 명심해야 한다. 사실 권운은 적운보다 훨씬 빠른 속도로 움직이고 있다. 권운은 일반적인 구름들 중에서 가장 높고, 가장 빨리 움직이는 구름이다.

권운의 꼬리구름 줄무늬

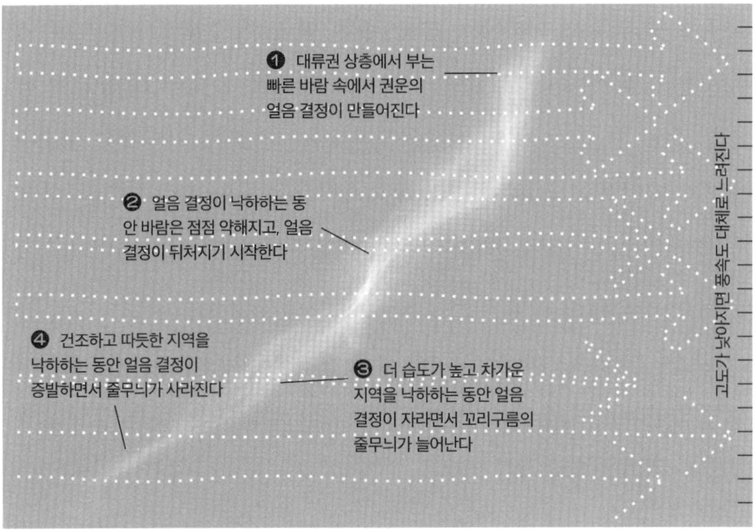

풍속, 기온, 습도가 권운의 꼬리구름 줄무늬 형태를 결정한다.

일반적으로 대류권에서 바람의 속도는 아래로 내려올수록 느려진다. 따라서 권운의 얼음 결정은 아래로 내려갈수록 더 느린 기류를 통과하게 되어 점차 구름 뒤로 처지게 된다. 얼음 결정이 내려오는 동안 접하는 기온과 습도가 다양하기 때문에 어떤 지역에서는 얼음 결정이 자라거나 늘어나고, 어떤 지역에서는 줄어든다. 따라서 얼음 결정이 낙하하는 동안 어떤 풍속과 온도, 습도를 만나는가에 따라 권운 꼬리구름의 물결무늬 형태가 결정된다.

너무도 얌전하게 떠가는 이 얼음알갱이 구름이 어떻게 포효하는 적란운 같은 구름과 경쟁해서 우리의 관심을 끌 수 있을까? 권운은 우리의 눈길을 끌기에는 정말 고요하기 그지없다. 하지만 구름관찰자라면 이 구름에 세심한 관심을 기울이는 편이 현명하다. 이 구름 때문에 땅 위에서 피부로 느낄 만한 어떤 날씨 변화가 일어나는 경우는 없지만, 권운을 관찰하면 앞으로 닥쳐올 날씨에 대해 많은 정보를 얻을 수 있기 때문이다. 권운은 어떤 변화가 기다리고 있음을 알리는 자연의 신호다. 귀를 기울일 줄 아는 사람에게 권운은 이 땅에 분명 커다란 날씨 변화를 가져올 육중한 구름이 다가오고 있음을 작은 목소리로 속삭여준다.

권운이 기상의 악화를 알리는 조짐일 수도 있다는 사실에 오히려 그 덧없는 아름다움만 더 깊어진다. 가장 아름다운 것은 영원할 수 없음을 우리는 알지 않는가?

***

권운에는 다섯 가지 서로 다른 종이 있으며 형태와 구름 줄무늬의 방향을 보고 구분할 수 있다. 때때로 권운은 직선이나 살짝 휜 곡선 형태로 길게 늘어진 섬유가 모여 있는 것처럼 보이기도 하는데, 이 각각의 섬유 모양은 일반적으로 서로 구분이 가능하고, 다발이나 뭉치 형태로 끝나지 않는다. 이런 권운을 '명주실권운Cirrus fibratus'이라고 한다. 흔히들 '말꼬리구름'이라 부르는 구름의 공식 명칭은 '갈퀴권운Cirrus uncinus'이다. 갈퀴권운은 줄무늬가 쉼표나 갈고리 모양으로 생겼다. 쉼표 모양의 꼭대기 부분은 꼬리보다 두껍기는 하지만 자세히 살펴보아도 그 윗부분에서 덩어리나 무더기 형태는 보이지 않는다.

Mike Davies (1633번 회원)

구름의 속屬을 반드시 그 아래 어느 한 종으로 분류해야 하는 것은 아니다. 이 구름은 그냥 권운이라고 하면 그만이다.

'농밀濃密권운(짙은권운)'은 구름이 두꺼워서 태양을 마주하고 바라보았을 때 회색 조각으로 나타나는 구름을 말한다. 이 종은 적란운에서 폭풍을 일으키던 나머지 구름이 사라지고 모루구름만 남았을 때 자주 형성된다. 농밀권운과는 달리 나머지 권운 종은 보통 투명하기 때문에 언제나 밝은 흰색으로 나타난다.

'탑권운Cirrus castellanus'이라는 종은 고적운, 층적운에서 보이는 탑상구름 종과 마찬가지로 개개의 권운에 작은 탑처럼 생긴 돌기가 솟아오른 형태다. 마지막으로 '포기권운Cirrus floccus'은 권운이 작고 둥근 다발의 형태로 있는 것을 말한다. 그 아래로 처진 꼬리를 달고 있는 경우가 많다.

권운의 모든 종은 어느 정도는 개별적으로 존재하는 구름이라는 점을 기억해야 한다. 만약 구름의 구성 요소들이 결합해서 편평한 막을 형성하거나 규칙적으로 생긴 작은 구름 조각의 층을 형성한다면 그것은 상층운의 하나인 권적운Cirrocumulus이나 권층운Cirrostratus이라고 해야 한다. 이 세 가지 유형 모두 서로 어울리는 것을 좋아하기 때문에 세 구름 유형이 동시에 나타나는 일도 흔하다.

권운과 물고기:
뼈에 살이 붙어 있는지
확인할 것!

권운에는 네 가지 다른 변종이 나타날 수 있다. 만약 줄무늬 형태가 꼬이거나 얽혀 있다면 이 구름은 아름다우면서도 가끔은 조금 불안정해 보이기도 하는 변종인 '얽힌구름intortus'이다. 반면 '늑골구름Vertebratus'이라는 변종은 마치 생선 가시처럼 규칙적으로 정렬되어 있는 구름이다(이것을 권적운의 비늘구름mackerel sky과 혼동하면 안 된다. 비늘구름은 작은 구름 조각들의 띠처럼 배열되어 있어 생선 비늘처럼 보인다. 반면 늑골구름은 생선을 뼈만 남기고 다 발라먹은 형태다).

방사구름과 이중구름은 다른 구름 유형에서도 나타나는 변종이다. 방사구름은 줄지어 있는 권운이 원근감 때문에 지평선을 향해 모이는 것처럼 보이는 것을 말하고, 이중구름은 권운이 서로 분명하게 구분되는 둘 이상의 고도에서 나타나는 것을 말한다. 사실 이중구름을 가려내기란 다소 어렵다. 그렇게 하늘 높이 떠 있는 구름 줄기의 고도를 판단하기가 쉽지 않고, 어쨌거나 구름 자체도 상당한 거리를 낙하하는 얼음 결정으로 구성되어 있기 때문이다. 다만 권운의 높이에 따라 바람의 방향이 다른 경우에는 이중구름을 가려내기가 쉽다. 섬유 형태의 방향이 높이에 따라 서로 달라지기 때문이다. 해돋이와 해넘이도 도움이 된다. 태양이 낮게 떠 있을 때 낮은 권운은 그늘에 들어가 회색으로 보이고, 높은 권운은 햇빛을 받아 빛나는 경우가 있기 때문이다.

***

매 장마다 차례로 다른 유형의 구름을 다루면서 나는 마치 이 구름 유형들이 구분 가능한 완전히 별개의 종류인 것처럼 다루는 모험을 했다. 사실 실상은 그와는 완전히 다르다. 구름은 언제나 요동치고 있다. 대기의 기온과 습도의 변화를 반영하며 한 유형에서 다른 유형으로 끊임없이 변화하고 있는 것이다.

중위도의 온대지방만큼 이 말이 더 잘 맞아떨어지는 곳도 없다. 북반구와 남반구 모두에서 적도와 극지의 중간 지역에 걸쳐 있는 이 지역이야말로 지구상에서 가장 변화무쌍한 날씨를 경험할 수 있는 곳이다. 따라서 이곳의 기상캐스터들에게는 일기예보가 결코 만만한 일이 아니다.

이 위도 지역의 구름은 변덕스럽기 그지없지만, 가끔씩은 꽤 예측 가능한 연속적 사건을 거치며 변화하기도 한다. 그중에는 권운이 두꺼워지기 시작하면서 함께 시작되는 패턴이 한 가지 있다. 구름관찰자들은 이 패턴에 익숙해져야 한다. 이 패턴의 과정이 모두 마무리되려면 하루나 이틀이 걸리는 경우도 많지만, 초기 단계에서 알아차리기만 한다면 예측이 힘든 온대지방의 날씨를 예상할 수도 있고, 대기의 변덕스러운 기분을 알아차리는 법을 배울 수도 있다.

Jeffroy Rathbun (1590번 회원)

이 보기 드문 권운의 형태는 켈빈-헤름홀츠파 구름Kelvin-Helmholtz wave cloud으로, 서로 다른 방향으로 엇갈려서 부는 바람 사이에 구름이 끼었을 때 생긴다.

구름관찰자에게 이보다 더 중요한 것은 없다고 해도 과언이 아니다. 처음에는 마치 라틴어 이름을 배우는 일처럼 어렵게 느껴지겠지만, 결국에는 그만한 값어치를 할 것이다.

***

이 연속적 사건은 낮게 뜬 적운 몇 개 말고는 대체로 맑은 하늘에서 권운의 희미한 얼음 결정 줄기가 나타나는 것에서 시작한다. 권운은 점차 하늘을 가로질러 퍼지며 서로 합쳐진다. 권운이 퍼지는 방식은 눈여겨볼 만하다. 대류권 정상 부근의 풍향을 알려주기 때문이다. 만약 이 풍향이 지표면의 풍향과 직각을 이룬다면 전형적인 일련의 사건이 시작되고 있음을 알려주는 단서가 된다. 특히 북반구에서는 부는 바람을 등지고 섰을 때 권운이 오른쪽으로 퍼지고 있다면 이것을 그 일련의 사건이 시작되는 증거로 여겨도 좋다. 앞으로 일어날 구름의 변화가 저기압의 통과를 암시하는 것이다.

퍼져 나가던 권운의 구름 줄기들이 머지않아 합쳐지기 시작하면서 하늘을 우윳빛 장막처럼 뒤덮는다. 이 장막이 평탄하게 퍼져 나가면서 선명하던 형태도 차츰 사라질 것이다. 머지않아 이 구름은 더 이상 권운이라 부를 수 없고, 얼음 결정의 층으로 구성된 상층운인 권층운으로 변하게 된다. 권층운은 햇빛의 상당 부분을 가려버릴 만큼 두꺼워지는 일이 없지만, 점차로 두꺼워지면 밑면이 지면을 향해 내려오면서 중층운인 고층운으로 발달한다. 이 고층운에는 일반적으로 물방울과 얼음 결정이 뒤섞여 있다.

고층운으로 변하고 난 다음에는 태양이 간유리를 통해 보는 것처럼 뿌옇게 보일 것이고, 이제 하늘은 편평한 옅은 회색 구름으로 뒤덮여 흐려 보인다. 이 고층운 층이 점차 두꺼워지면서 밑면은 훨씬 더 낮아지고, 색조도 밝은 회색에서 더 칙칙한 회색으로 바뀐다. 이쯤 되고 보면 하늘의 변덕스러운 기분에 아무리 무관심한 사람이라고 해도 비가 올 것 같다는 소리가 저절로 나올 것이고, 아니나 다를까, 작은 빗방울이나, 기온이 낮은 경우에는 눈이 약하고 꾸준하게 내리기 시작할 것이다.

머지않아 구름층의 밑면이 300미터 높이까지 바짝 내려앉을 수도 있다. 이제 검고 육중해진 구름은 비를 내리는 난층운으로 변했

포기권운은 독립적인 다발로 존재하는 상층운으로 구성되어 있고, 얼음 결정의 꼬리가 아래로 매달려 있다.

고, 강수도 더욱 세차게 내린다. 비나 눈은 장시간 꾸준하게 내릴 것이고, 시작이 느렸던 만큼 끝나는 과정도 느릴 것이다. 몇 시간이 지나고 나면 난층운은 차츰 얇아지면서 색조가 밝아지기 시작한다. 일단 머금었던 수분을 비로 쏟아내고 나면 난층운은 낮은 층운으로 바뀐다. 층운은 다시 층적운으로 부서지고, 경우에 따라서는 적운 몇 점만을 남기고 하늘이 다시 맑아진다.

여기까지가 연속적 사건의 전반부이고, 보통 하루에 걸쳐 진행된다. 이만큼 진행되고 나면 지표면 높이의 대기 온도가 올라가는 경향이 있다. 이 전반부는 층구름들이 공연하는 군무群舞라고 할 수 있고, 이런 유형의 구름이 그러하듯 과정의 진행이 전반적으로 느긋하다. 진행도 오랜 시간에 걸쳐 점진적으로 이루어지고, 강수도 천천히 오랫동안 내린다.

정리하자면, 기온의 상승을 동반하는 전형적인 연속적 사건은 다음의 순서로 진행된다.

권운이 퍼져 나감(여기저기 적운이 떠 있을 수 있다)

권층운

고층운(차츰 가벼운 비가 내리기 시작한다)

난층운(세찬 비가 오랫동안 내린다)

층운

층적운

적운(다시 하늘이 맑아진다)

이 진행 과정은 보통 하루가 걸린다.

연속적 사건 후반부 쇼의 스타는 층구름이 아니라 개개의 상승기류 구름이다. 이는 조금은 요란스러운 춤판이 펼쳐지리라는 것을 의미한다.

다시 기온이 떨어지면서 전과는 달리 갑작스러운 패턴의 구름들이 생겨난다. 이 부분은 고적운이나, 상층운에서의 고적운에 해당하는 얼음 입자 구름인 권적운의 등장과 함께 시작되는 경우가 많다. 권적운은 뱃사람들 사이에서는 '비늘구름'이라고 알려져 있다. 구름의 모양이 꼭 물고기 비늘처럼 생겼기 때문이다.

뱃사람들의 옛말에 '하늘이 비늘구름이면 오래 젖지도, 오래 마르지도 않는다'라는 말이 있는 것을 보면 앞으로 무슨 일이 일어날지 대략 감을 잡을 수 있다. 기온이 떨어지면 에너지가 넘치는 적운이나 층적운 층으로부터 봉우리적운이나 심지어는 적란운이 순식간에 자라 오르기도 한다. 습기로 가득한 이 거대한 구름은 당연히 그 수분을 오래 머금지 않고 쏟아붓기 마련이고, 이때 내리는 소나기나 눈, 우박은 거센 경우가 많지만 보통 길게 지속하지는 않는다. 갑자기 솟아오른 상승기류 구름들은 형성 과정이 빠른 만큼이나 비를 내리며 사라지는 속도도 빠르고, 이들이 일으키는 바람은 상당히 사나워지기도 한다.

폭풍우가 지나가고 난 다음에 남는 것은 고층운 조각과, 전체 패턴이 시작될 때 나타났던 것과 똑같은 높다란 권운 구름 조각이다. 이렇게 남은 권운은 어느 정도 시간을 두고 머물러 있다. 이 때문에 지금까지 땅 위의 자질구레한 문제들에 정신을 팔고 있다가 문득 생각이 미쳐 하늘을 올려 본 구름관찰자라면 혹시 층구름의 집단 군무가 막 시작된 것은 아닐까 궁금해할 수도 있다. 지금 나는 공연의 시작을 보고 있는 것인가, 아니면 마지막 순간을 보고 있는 것인가?

바람의 방향을 보면 쇼가 마무리 단계인지 분간하는 데 도움이 된다. 지금 이 상황에서 북반구에 있는 구름관찰자가 지표면에서

부는 바람을 등지고 섰다면, 처음 시작했을 때와 달리 권운은 오른쪽이 아니라 왼쪽으로 바람에 밀려가고 있을 것이다.

따라서 기온의 강하를 동반하는 후반부의 연속적 구름 사건 진행 순서는 다음과 같이 진행된다.

고적운이나 권적운(뱃사람들이 말하는 비늘구름)

봉우리적운이나 적란운(갑자기 심한 소나기가 내린다)

고층운(폭풍우가 지난 후에 군데군데 남아 있다)

권운

이 과정은 보통 몇 시간 만에 일어난다.

이 연속적 사건을 전반부와 후반부로 나누는 이유는 이것이 각기 독립적으로 일어나기도 하기 때문이다. 사건이 벌어지는 강도 또한 천차만별이다. 때로는 강수구름이 만들어지기 버거울 정도로 밋밋하게 일어나기도 한다.

지금은 라틴어 외우는 것처럼 어렵게 느껴질지 모르지만, 일단 왜 이런 식으로 진행이 되는지만 이해하고 나면, 저기압 통과에 따르는 구름의 연속적 사건 진행 과정을 훨씬 쉽게 기억할 수 있을 것이다.

***

이 내용은 제1차 세계대전 직후에 노르웨이 남서쪽 해안에 있는 베르겐에서 똑똑한 기상학자들이 모여 밝혀낸 것이다. 베르겐은 유럽 전체에서 비가 제일 많이 오는 도시 중 하나다. 연간 강수량이 2235밀리미터라고 하니, 런던의 연간 강수량 558밀리미터는 시시해 보인다. 베르겐 학파Bergen School로 알려지게 된 이 기상학자들은 당연히 비구름의 발달에 대해 고민해야 할 이유가 다른 지방의 사람들보다 많았을 것이다.

베르겐 학파는 온대지방의 구름이 어떤 발달 과정을 거치는지 이유를 찾아냈을 뿐 아니라, 훨씬 더 핵심적인 내용도 알아냈다. 전 세계의 온대지방의 날씨를 이해할 수 있는 길을 열어보였으며, 이것은 중위도 지역의 변덕스러운 날씨를 이해하는 데 기여한 가장 탁월한 성과 중 하나였다.

이들의 연구는 온대지방의 일기예보에 중요한 돌파구를 마련해주었다. 그보다 더 중요한 사실은 그 연구가 높이 뜬 권운의 얼음 결정 줄무늬가 퍼지는 것으로 시작되는 전형적인 연속적 구름 사건을 구름관찰자들이 쉽게 기억할 수 있도록 도와준다는 점이다.

베르겐 학파는 1917년에 베르겐으로 옮겨 온 빌헬름 비에르크네스Vilhelm Bjerknes라는 기상 과학자가 기반을 마련했다. 비에르크네스는 라이프치히대학교에서 5년 있다가 노르웨이로 돌아온 참이었다. 제1차 세계대전 동안 일기예보의 주요 업무는 주로 기압계에 나타난 기압의 변화를 연구하는 일이었다. 1644년에 피렌체에서 기압계를 발명한 이후로, 기압이 떨어지면 구름이 생기고 그에 따라 비가 내릴 가능성이 커진다는 사실은 알려져 있었다. 그러나 일기예보의 정확도를 높여야 할 필요성이 절박해졌음에도 불구하고, 날씨의 변화가 기압계에 나타나는 기압의 변화와 대체 어떻게 관련되어 있는지 실제로 아는 사람은 없었다.

베르겐으로 돌아온 비에르크네스는 조국이 여차하면 기근에 허덕이게 될 처지에 놓여 있음을 알게 되었다. 노르웨이는 기후가 춥고 바위 지형이 많아 농사가 여의치 않아서 전통적으로 식량을 수입 곡물에 크게 의존해왔다. 하지만 전쟁으로 식량망이 붕괴되자 농업 생산량을 증가시키기 위한 긴급 조치가 발동되었고, 비에르크네스는 애쓰는 농부들을 위해 필요한 기상 정보를 제공할 수 있도록 노르웨이의 기상 업무를 개편하는 일을 맡게 되었다.

우선 폭풍우가 오면 연약한 작물이 피해를 입을 수 있기 때문에 가급적 그전에 경고를 보낼 수 있어야 했다. 이것은 비에르크네스와 그가 모은 젊은 기상학자들로 하여금 왜 저기압 지역이 비, 폭풍우와 연관되는지 밝혀내도록 자극하는 동기가 되었다. 1918년에 그들은 중위도 지역에서 비와 폭풍우를 동반하는 기상계가 생겨나는 원인이 기압의 변화가 아니라는 사실을 깨달았다. 기압의 변화와 비 내리는 날씨는 둘 다 광범위한 영역의 따듯한 공기와 차가운 공기가 서로 충돌하면서 생기는 결과였던 것이다.

베르겐 학파는 대기가 거대한 열기관처럼 행동한다는 가설을 최초로 제안했다. 열대지방의 대기는 가열되는 동안에도 극지의 대기는 차갑게 남아 있다. 이러한 기온 차를 해소하기 위해 지구적 규모로 공기가 이동하면서 열을 재분배한다. 베르겐 학파의 노르웨이 과학자들은 이러한 이동을 구분 가능한 공기 덩어리, 즉 기단이라는 단위로 생각할 수 있음을 발견했다. 바다의 난류와 한류처럼, 이 기단들도 우리가 생각하는 것처럼 그렇게 쉽게 섞이지 않는다.

그들은 실제로 기온 불연속선이 물결 모양으로 형성되어 있음을 발견했다. 이곳은 적도에서 올라온 따듯한 공기와 극지에서 내려온 차가운 공기가 충돌하는 곳이다. 베르겐 학파 연구자들은 이 불연속선이 실제로 북반구와 남반구 모두에서 위도 50~60도 지역 주변으로 지구를 돌며 굽이치고 있음을 발견했다.

온대지방의 변덕스러운 날씨는 바로 이 구불거리며 움직이는 공기의 경계선을 따라 생겨난다. 아직 전쟁의 기억이 생생하게 남아 있는 시절이었기 때문에, 비에르크네스는 두 공기가 충돌하는 이 경계선의 이름을 전투 용어를 빌려 '한대전선polar front'이라고 지었다. 이것은 아주 적절한 이름이다. 이 전선은 서로 다른 기단들 사이에 작은 충돌이 끊임없이 터져 나오는 곳이기 때문이다. 속삭이듯 권운으로 시작해서 요란한 봉우리적운, 혹은 포효하는 적란운으로 끝이 나는 구름 발달 진행 과정으로 이어지는 기상계가 발달하는 곳도 바로 이곳이다.

열대지방에서 극지를 향해 이동하는 따듯한 공기와 그와 반대로 움직이는 차가운 공기가 경쟁하듯 서로 밀고 밀리는 동안 이 한대전선의 경계는 남북으로 끊임없이 요동치며 꿈틀꿈틀 움직이고, 그 경계도 흐려졌다가 선명해지고, 또 끊어졌다가 다시 이어지기를 반복한다. 이 경계는 끊임없이 전투가 일어나고 변화하는 전선이고,

Keith Epps (868번 회원)

중위도 지역의 하늘에서 권운이 퍼지며 합쳐지는 현상이 보이면, '저기압'이 다가오고 있다는 초기 신호일지 모른다.

이 모든 현상이 지역별로 태양의 가열 효과가 다르다는 이유만으로 생긴다.

제2차 세계대전이 되어서야 비행기 조종사들은 대류권 상층부에서 엄청나게 빠른 바람이 띠처럼 불고 있다는 사실을 알아차렸다. 그리고 이 바람이 부는 위치가 한대전선의 일반적인 위치와 일치한다는 사실이 밝혀졌다. 이 고속의 바람은 '제트기류'라고 알려졌는데, 구불거리며 진행하는 기온 불연속선 위로 대류권 높이에서 서쪽에서 동쪽으로 불어간다. 고도 9킬로미터 정도의 높이에서 제트

설사 고약한 날씨를 예고하는 것이라 한들, 이 명주실권운처럼 아름답기만 하다면야 그 누가 탓하리오.

기류를 마주한 채 비행하는 조종사들은 비행기가 사실상 거의 정지해 있는 것을 깨닫고 깜짝 놀랄 때가 있다. 반대로 제트기류를 등지고 달리면 비행 시간이 정말 놀랄 정도로 단축된다. 비행기를 타고 런던에서 뉴욕으로 갈 때가 반대로 돌아올 때보다 한 시간 더 걸리는 이유는 바로 북반구 한대전선 위로 구불거리며 부는 제트기류의 띠 때문이다.

가끔 권운의 얼음 결정들이 높은 고도에서 강물처럼 흐르는 이 강풍에 휩쓸리면 '제트기류 권운'의 줄무늬가 지평선까지 길게 뻗어 있는 것이 보이기도 한다. 한대전선을 따라 전선의 형태가 뒤틀리면서 꼬이는 부위가 생겨나기도 하는데,* 제트기류는 이런 꼬임의 이동에도 상당한 영향을 미친다.

기단의 경계 부위에 생긴 이런 꼬임 현상이 제트기류를 타고 동쪽으로 이동한다는 사실로부터 베르겐 학파 사람들은 온대지방에서 반복적으로 나타나는 구름 형성의 패턴을 이해하기 시작했다.

***

베르겐 학파의 기상 모델이 차츰 인정을 받으면서 기상학자들은 기압계에서 구름으로 눈길을 돌리기 시작했다. 온대지방에서 발달하는 구름의 형태와 다가오는 날씨 사이의 관계를 이해할 수 있는 길이 처음으로 열린 것이다. 특정한 구름 형태가 폭풍우의 전조라는 생각은 적어도 그 옛날 아리스토텔레스 시대부터 이어져 내려온 것이 사실이지만, 과학자들은 보통 그것을 그저 설화 같은 이야기로 치부해왔다. 하지만 비에르크네스 연구팀은 따듯한 기단과 차가운 기단이 충돌할 때면 놀라울 정도로 일관되게 나타나는 구름의 특정 형태가 있음을 발견했다.

중위도 지역에 사는 구름관찰자라면 한대전선에서 뚜렷하게 형성된 꼬임 부위가 제트기류의 영향으로 머리 위로 지나갈 때 기온이 확연하게 달라지는 변화를 느낄 수 있을 것이다. 먼저 사람들은 차가운 한대 기단이 열대 기단으로 바뀌는 변화를 느낄 것이고, 꼬

• 양쪽 기단의 세력이 평형을 이루어 정체 전선이 형성되어 있다가, 정체 전선에서 바람의 뒤틀림, 즉 정체 전선을 사이에 두고 양쪽에서 풍향이나 풍속의 차이가 커져서 파동이 형성되면 전선의 형태가 뒤틀려 꼬이면서 온대저기압이 생긴다.

임 부위가 지나가면서 공기가 다시 차가워지는 변화를 느낄 것이다. 그리고 서로 다른 기단이 만나는 경계 부위를 따라 구름과 강수가 발달한다.

＊＊＊

따듯한 공기는 차가운 공기보다 밀도가 낮기 때문에 두 공기가 충돌하면 따듯한 공기가 차가운 공기를 위로 타고 올라가는 경향이 있고, 따듯한 공기는 그 과정에서 상당히 많은 수증기를 머금게 된다. 그리고 이렇게 차가운 공기를 타고 오르는 과정에서 일부 수증기는 응결하여 구름이 된다.

따듯한 공기가 위로 솟으면 기압계 수치는 떨어진다. 지표면의 기압이 낮아지고 있다는 뜻이다. 따듯한 공기가 상승하면 기압이 떨어지기 때문에 '공기들의 전투'를 저기압이라고 부르는 것이다.

전형적인 연속적 구름 사건의 전반부와 후반부는 저기압이 지나가는 기온 경계선에서 발생한다. 두 기단의 온도와 습도 차이가 두드러질수록 구름의 양과 강수량도 많아진다.

따듯한 공기의 유입과 함께 일어나는 층구름의 연속적 구름 사건이 천천히 나타날수록(처음에는 대류권 상층에서), 따듯한 공기가 차가운 공기에 의해 다시 밀려나면서 생기는 상승기류 구름의 연속적 사건은 더 갑작스럽게 따라온다. 따라서 기단의 기온 불연속선에 생긴 꼬임은 두 가지 국소적인 전선으로 구성되어 있다. 이것을 '온난전선'과 '한랭전선'이라고 한다.

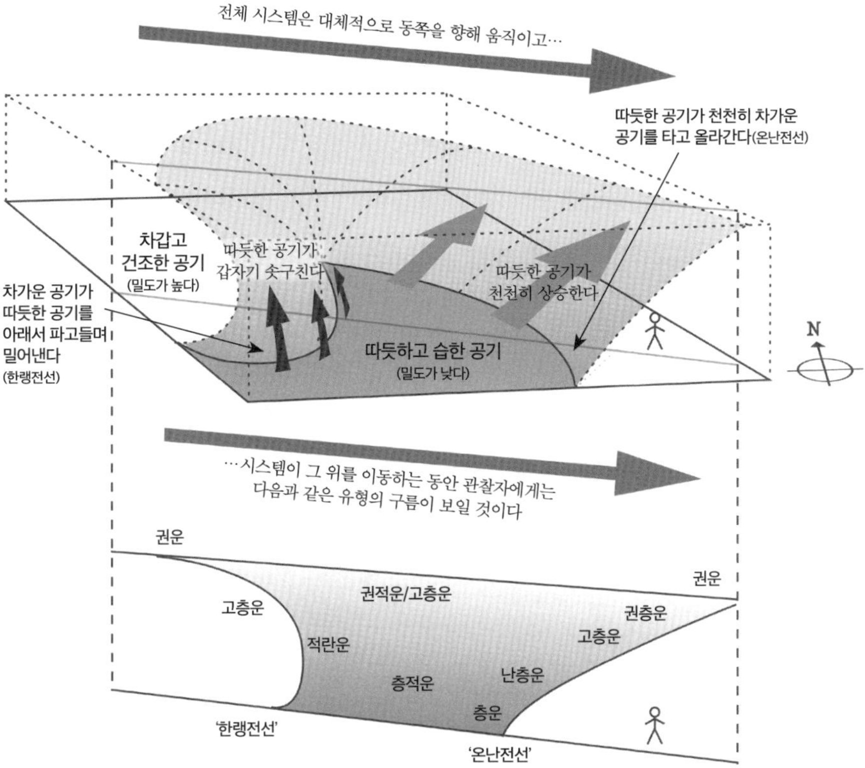

저기압이 통과할 때 구름이 형성되는 원리. 이 그림이 복잡하다고 생각하는 사람이 있겠지만, 사실은 이것도 기상계를 굉장히 단순하게 도식화해서 그린 그림이다.•

꼬임의 앞에 있는 온난전선은 경사가 가파르지 않기 때문에 광범위한 영역의 따뜻한 공기가 천천히 상승한다. 그 과정에서 높이 떠 있던 권운이 구름층을 형성하며 지속적으로 두꺼워진다. 전반부와

• 본문에서 '꼬임'이라고 표현한 부분은 위 그림에서 한랭전선과 온난전선이 예리한 각을 이루며 만나는 그 사이 부분을 말한다.

후반부 사이의 하늘은 맑을 수도 있다. 따듯한 공기가 위로 떠밀리지 않고 버티고 있기 때문이다. 하지만 다시 한번 차가운 공기가 도착하면 곧바로 후반부가 시작된다. 이번에는 차가운 공기가 따듯한 공기의 아랫부분을 파고들면서 따듯한 공기가 갑작스럽게 솟구친다. 이 과정에서 한랭전선을 따라 변덕스러운 적란운이 형성되며 거대한 구름 기둥이 극적으로 솟구쳐 오른다. 이렇게 급속하게 공기가 상승하는 과정에서 바람 또한 매우 강하게 분다.

베르겐 학파의 상호작용하는 기단 모델은 구름으로 앞으로의 일기를 읽어낼 수 있다고 주장한 사람들이 옳았음을 입증하는 증거가 되어주었다. 루크 하워드는 구름을 사람의 표정에 비유했다. 그는 이렇게 적었다. "표정이 그 사람의 마음이나 몸의 상태를 나타내주듯 구름도 날씨의 작동을 알려주는 훌륭한 시각적 지표가 되어준다."[1] 천천히 퍼져가는 권운의 가는 구름 줄기가 대기의 기분 변화를 알리는 첫 번째 신호가 될 수 있다. 이 현상을 설명하기 위해서는 베르겐 학파의 등장을 기다려야 했지만, 사실 이것은 구름을 관찰하는 사람들이 오래전부터 알고 있는 내용이었다. "하늘에서 화가의 붓이 보이면, 주변에서 곧 미친 듯이 바람이 몰아치리라."

***

서로 경쟁하는 기단의 운동을 이해하고, 위성사진과 고속 컴퓨터의 도움을 등에 업자 날씨에 대한 이해 수준이 극적으로 도약했다. 실제로 지난 50년 동안 일기예보의 정확성은 엄청나게 증가했고,

우리는 뉴스에서 흘러나오는 일기예보에 점점 더 귀를 기울이게 되었다.

정확한 일기예보 덕분에 주말에 마당에서 바비큐 파티를 열지 말지 결정하는 데 큰 도움을 얻고 있지만, 그로 인해 우리가 변화하는 대기의 기분을 직접 읽어내는 방법을 점점 잊고 있는 것도 사실이다. 여전히 우리는 구름으로 표현되는 하늘의 표정을 볼 수는 있지만, 그 의미에 대해서는 점차 무지해지고 있다. 마치 우리가 기상학적으로 자폐아가 되어가고 있는 것만 같다.

1156년에 중국의 문인 엽몽덕은 이렇게 적었다. "나는 한가한 사람이다 보니, 보통 아침 일찍 일어나서 마음을 비우고 들판, 나무, 강물, 산, 그리고 구름의 아름다움에 정신을 집중했다. 그러면 열에 일고여덟 번은 날씨를 정확하게 예측할 수 있었다. 그때 나는 고요함 속에서 우주를 관찰하면 그 내면의 기분을 느낄 수 있고, 결국 진리를 얻을 수 있음을 깨달았다."[2]

퍼져 나가는 권운으로 시작하는 진형적인 구름의 발달 과정을 처음으로 관찰하게 되었을 때 나는 무척 기뻤다. 나는 런던에서 남서쪽으로 향하는 기차에 타고 있었다. 이것은 내가 다가오는 기상계를 향해 달리고 있다는 의미였고, 따라서 나는 구름 발달의 진행 경과를 더 빠른 속도로 관찰할 수 있었다.

구름이나 강수를 싫어하는 사람은 '저기압depression'이라는 용어가 상승하며 밀려오는 따듯한 공기를 표현하기에는 딱 적합한 말이라고 생각할지도 모르겠으나, 나는 정반대로 생각한다. 그날은 4월이었다. 이때는 영국에서 일 년 중 구름이 가장 활발한 시기다. 나는 런던을 통과해 기차역으로 걸어가다가 권운의 꼬리가 푸른 하늘을 가로지르며 어떻게 퍼져 나가는지 보았다. 주변에는 낮게 뜬 적운이 조금 있었고, 그 적운의 이동 방향을 보며 지표면에서 부는 바람의 방향을 알 수 있었다. 사실 높은 빌딩 사이를 변덕스럽게 맴도는 바람으로는 바람의 진짜 방향을 판단하기가 쉽지 않다.

멈추어 바람을 등지고 서 있으니, 권운이 두꺼워지면서 내 오른쪽으로 퍼지는 것을 알 수 있었다. 이것은 저기압이 다가오고 있음을 의미했다. 넓게 탁 트인 이 아름다운 권운의 풍경이 오래 가지 않으리라는 사실에 내가 우울해졌을까? 오히려 반대로 나는 내가 책에서 읽었던 방식대로 구름이 발달하는 모습을 볼 수 있을지 궁금해졌고, 나를 위해 펼쳐질 이 소리 없는 공연을 관람하고 싶은 마음에 안달이 났다.

서쪽으로 기차 여행을 하는 동안 저기압의 선두에 있는 온난전선이 소리 없이 구름의 안무를 지휘하는 것이 보였다. 그리고 그 앞에서는 권운이 예고하듯 우윳빛 장막을 형성하면서 서로 합쳐지고, 두꺼워지고, 낮아지면서 고층운으로 변하고 있었다. 그러자 마치 큐사인이라도 내리는 듯이 첫 번째 빗방울 하나가 기차 유리창에 떨어졌다. 처음에는 작은 빗방울이었지만 차츰 굵어지다가 강물처럼 유리창을 따라 흘러내렸다.

기차가 지표면에 생긴 따듯한 공기와 차가운 공기의 경계를 통과할 즈음에는 머리 위의 고층운이 훨씬 더 두꺼워지고 낮아져 있었다. 이제는 하늘에 낮게 걸친 난층운이 되어 세찬 비를 꾸준히 쏟아부었다. 내가 런던에서 관찰하고 있었더라면 저기압의 이 부분이 통과하는 것을 지켜보는 데만 해도 24시간이 걸렸을 것이다. 하지만 기차를 타고 있으니, 따듯한 공기 영역을 몇 시간 만에 통과할 수 있었다.

목적지에 도착하고 보니 난층운이 얇아지면서 조각난 층적운으로 갈라지기 시작하고 있었다. 지금은 꼬임 영역의 중심부에 들어 있기 때문에 기단이 서로 경쟁하면서 공기를 위로 떠미는 일이 일어나지 않아 하늘이 더 맑았다. 하지만 나는 이 맑은 하늘도 머지않아 지나갈 것이고, 오후에는 적운이 일어나기 시작하면서 한두 개씩 꼭대기 부위가 결빙되면서 그 형태가 누그러지기 시작하리라고 확신했다. 이것은 적운이 적란운으로 바뀌었음을 나타내는 징표다.

초저녁 무렵, 낮게 드리운 태양의 따듯한 색조는 가려져 보이지 않았다. 머리 위의 하늘은 덩어리진 구름으로 검게 멍들어 있었고, 갑자기 구름이 한바탕 세찬 소나기를 퍼부었다. 공기는 다시 차가워졌고, 나는 저기압의 뒷부분이 지금 내가 있는 곳을 통과하고 있음을 알았다. 차가운 공기가 런던을 향해 동쪽으로 전진하면서 따듯하고 습기 많은 공기의 아래쪽을 가파르게 파고들고 있었다. 저기압이 통과하고 있었지만, 내 기분은 조금도 우울해지지 않았다. 나는 밖으로 나가 비를 맞고 서서 내 이마에 떨어지는 폭포수 같은 빗방울을 느꼈다. 공기를 깨끗이 청소하며 양껏 쏟아지는 비를. 폭우 속에 풀잎들이 온몸을 떨고 있었다.

구름을 즐긴다는 것은 구름의 진행 과정을 관찰하는 것과 다름없다. 하늘을 슬쩍 한번 보고서 비가 내릴지 알아맞힐 수 있는 구름관찰자는 없다. 그것은 마치 누군가를 마구잡이로 찍은 사진을 보면서 그 사람의 감정을 알아맞히려고 하는 것이나 마찬가지다. 눈이 반쯤 감긴 상태에서 사진이 찍혀 있다면, 그 사람이 당시 졸렸다는 뜻일까? 아주 잠깐 얼굴을 찡그리다가 굳어진 얼굴이 포착된 것은 아닐까? 어쩌면 아파하는 표정인지도 모른다. 아니다. 그저 사진을 잘못 찍어서 그럴지도 모른다.

누군가의 감정을 알아내려면 어느 한순간에서 다음 순간으로 표정이 어떻게 변화하는지를 살펴야 한다. 마찬가지로 하늘을 가로지르며 수놓인 아름다운 권운만 보아서는 대기의 기분에 대해 알 수 있는 것의 거의 없다. 대기의 기분을 알아내려면 참을성 있게 하늘의 표정이 어떻게 변화하는지 지켜보아야 한다.

***

구름이 앞으로의 날씨를 알려주는 조짐이라는 데는 이견이 있을 수 없다. 하지만 구름으로 지진을 예측할 수 있다고 주장한다면 어떨까? 지금은 뉴욕에 살고 있는 한 은퇴한 중국인 화학자가 바로 그런 주장을 한다. 종하오 쇼우Zhonghao Shou는 특정 형태의 구름이 등장하는 것을 단기 지진 예측에 아주 값진 도구로 쓸 수 있는데 그 가치가 저평가되어 있다고 주장한다.

많은 지진학자들이 그의 이론을 말도 안 되는 소리라며 무시하고 있지만, 쇼우는 특정한 형태의 '비기상학적인' 구름 형성과 중요한 지진 발생 사이에 연관성이 있다고 굳게 믿고 있다. 그래서 은퇴 이후로도 지진 예측을 위해 구름의 위성사진을 꼼꼼히 살펴보는 일에 시간을 투자하고 있다. 그의 주장에 따르면 어떤 지역에 '지진운'이 등장하면 지진의 위치와 크기를 평균 30일 정도 앞서서 예측하고 경고할 수 있다.

쇼우는 서로 구분 가능한 다섯 가지 유형의 지진운을 확인했다. 가장 극적이고 특이하게 생긴 것은 '선 모양' 혹은 '깃털 모양'의 지진운이다. 이 구름은 상층운이 좁거나 넓게 개별적인 줄무늬 형태로 나타나며, 짧고 곧은 권운처럼 생겼다. 마치 로켓이 뿜어내는 비행운처럼 몇 초 만에 나타날 수 있다. 한편 '랜턴 모양'의 지진운은 기존에 있던 상층운 층에 벌어진 틈 사이로 선의 형태로 나타난다. 쇼우의 주장에 따르면 이 구름의 꼬리는 임박한 지진의 진앙을 향하고 있으며, 앞서 목격한 구름의 길이와 뒤이어 발생한 지진의 크기를 비교해보면 구름의 길이를 통해 이번 지진의 크기도 가늠할 수 있다고 한다. 쇼우의 기록을 보면 이들 구름이 나타난 후 지진이 일어나기까지의 시간은 103일 이하이고, 평균은 30일 정도였다.

구름으로
지진 예언하기

쇼우 자신도 지진이 구름에 영향을 미치는 원리를 확실히 이해한다고는 얘기하지 않지만, 화산이 분출하기 전에 연기를 피우는 것과 비슷한 방식으로 설명할 수 있을 거라는 의견을 내놓았다. 그는 이런 가설을 제시한다. "대단히 높은 고온, 고압 상태에 있던 땅속의 수증기가 한두 곳 틈을 통해서 표면을 뚫고 뿜어져 나오고, 이것이 위로 상승하다가 위쪽 대기의 찬 공기와 만나면 구름을 형성하는 것이죠." 그는 지진이 크게 일어나기 전에 먼저 지하의 암반이 지진 스트레스의 결과로 작은 균열이 생길 수도 있다고 추측한다. 그럼 지하수가 이 틈으로 스며들고, 엄청난 마찰로 인해 가열된다. 엄청난 압력 아래서 팽창하던 물은 결국 지표면으로 뚫고 뿜어져 나오고, 그 위로 구름을 만들어낸다. 이것이 지진의 표지가 될 수 있다. 구름의 위치와 방향을 통해 임박한 지진의 대체적인 위치를 알 수 있고, 구름의 크기를 통해 지진력의 크기와 그에 따르는 지진의 강도를 알 수 있다는 것이다.

쇼우는 아무런 지질학 교육을 받지 않았음에도, 지진운 뒤에 숨어 있는 원리를 연구할 필요가 있음을 최초로 지적한 사람이 되었다. 물론 그의 주장에서 가장 중요한 부분은 그의 예측이 얼마나 정확한가 하는 것이다.

쇼우는 대중적으로 공개된 위성사진만 이용해서 예측했음에도 불구하고, 1994년부터 자신의 예측을 일지로 정리한 이래 지금까지 70퍼센트 정도가 맞아떨어졌다고 주장한다. 그는 일반에게 공개되지 않는 고해상도 연속 촬영 위성사진을 볼 수 있다면 예측 성공률이 더 높아질 것이라고 주장한다.

쇼우를 엉터리라고 생각하던 지진학자들도 2003년 12월 25일 이후로는 그를 주목하기 시작했다. 쇼우는 자신의 웹사이트에서 지진을 예언했다. 며칠 전에 인도양 상공에 위치한 정지궤도 기상위성인 Meteosat-5에서 촬영한 영상을 보다가 쇼우는 이란 남동부의 유명한 지질학적 단층 지역을 따라 전형적인 지진운이 형성된 것을 발견했다. 그 영상에는 단층선을 따라 중간쯤 내려온 부위에서 시작된 것으로 보이는 구름 꼬리가 거대하게 뻗어 있었고, 쇼우는 리히

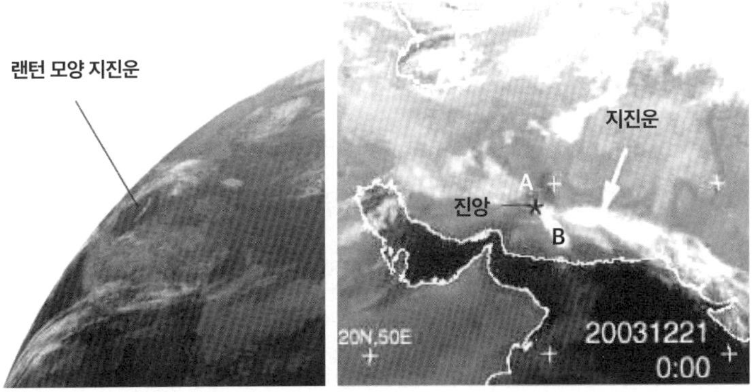

왼쪽: 종하오 쇼우가 '랜턴 모양' 지진운이라고 부르는 구름. 오른쪽: 2003년 12월 25일에 쇼우는 이 구름을 보고 리히터 규모 5.5 이상의 지진이 일어날 것으로 예측했다. 구름이 시작된 장소(*)는 그다음 날 이란의 도시 밤을 강타한 리히터 규모 6.6 지진의 진앙을 정확히 가리키고 있다.

터 규모 5.5 이상의 지진이 엿새 안에 이 지역에서 일어날 것이라고 예언했다.

12월 26일 오전 5시 26분. 그 단층선을 따라 규모 6.6의 지진이 이란의 옛 도시 밤Bam을 진앙으로 해서 일어났다. 이 도시의 위치는 쇼우가 확인했던 구름의 머리 위치와 거의 정확하게 일치한다. 이 지진은 참혹한 파괴를 가져와 사망자 수만 2만 6000명이 넘었고, 부상자도 수만 명에 이르렀다. 1,500년의 역사를 자랑하는 실크로드의 무역 도시의 건물 중 70퍼센트가 넘어지고 말았다.

밤 지진을 놀라울 정도로 정확하게 예언하고 난 다음에 쇼우는 2004년 5월에 테헤란에 있는 이란우주청Iranian Space Agency 연수회와 UN에서 초청 강연을 했다. 이란우주청에서는 우주 기술을 환경 안전보장과 재난 복구에 사용하는 문제를 두고 토론을 벌이고 있었다. 우주청 원격 탐사 및 재난관리 전문가인 안사리 아몰리Ansari Amoli에 따르면 쇼우의 발표에 그 자리에 있던 지질학자, 지진학자, 기상학자들도 고개를 끄덕였다고 한다. 아몰리는 이렇게 얘기한다. "그의 지진운 가설은 전통적인 방법과 결합해 사용한다면 단기 지진 예측의 정확성을 향상시킬 수 있는 유망한 방법이 될 것으로 보입니다. 하지만 그 작용 기전을 더 잘 이해할 필요가 있겠지요. 저는 지진 전문가들이 진지하게 연구해볼 가치가 있는 분야라고 믿습니다."

그의 지진 예측 방법이 과학계 전반의 인정을 받게 될지는 두고 볼 일이다. 어떤 이들은 이 방법론이 설득력이 떨어진다고 본다. "지표면 10킬로미터 아래에서 일어나는 지진과 구름 사이에 어떤 관련이 있다고 생각하는 사람은 쇼우 씨밖에 없어요." 미국지질조사국의 패서디나 현장 사무소 담당 과학자인 루시 존스Lucy Jones 박사의 말이다. 하지만 쇼우의 이론이 존스 박사의 생각처럼 그렇게 터무니없는 것만은 아니다. 여기에는 오랜 역사적 내력이 있다.

로마의 역사가 플리니우스는 서기 77년에 아리스토텔레스가 관찰했던 내용을 바탕으로 지진에 앞서 구름이 나타난다는 암시를 남겼다.

> 바람이 불지도 않았는데 갑자기 파도가 솟아 움직이는 것을 보면 배에 올라탄 사람들은 당연히 지진을 느낄 수 있을 것이다. 하늘에도 마찬가지로 신호가 찾아온다. 지진이 가까워졌을 때는 낮 시간이나 해가 지고 얼마 지나지 않았을 때 맑은 하늘에 길고 가는

선처럼 구름이 뻗어가기 때문이다.[3]

이와 비슷한 내용은 철학자이며 수학자이자 천문학자였던 바라하미히라가 6세기에 산스크리트어로 적은 책《브리하트 삼히타》 32장에도 기술되어 있다. 고대 인도의 천문학과 점성학의 시초로 여겨지는 이 책에는 특정 유형의 지진이 일어나기 일주일 전에 특이한 형태의 구름이 나타난다고 쓰여 있다.

> 일주일 전에 나타나는 지진의 징조는 다음과 같다. 모양은 파란 백합을 닮고, 색깔은 벌과 세안제를 닮고, 경쾌하게 우르릉 소리를 내고, 번개의 섬광으로 빛나는 거대한 구름이 뾰족한 구름처럼 가느다란 빗줄기를 내릴 것이다. 차례로 이런 징조가 나타나는 지진은 바다와 강에 기대어 살아가는 이들을 죽게 할 것이고, 넘치는 큰비로 이어질 것이다.[4]

구름의 형태를 보고 지진을 예측했다는 기록은 1623년에 편찬된《중국 룽더 지역 편년사》에 처음 나타난다.

> 날은 화창하고 따듯했고, 하늘은 파랗고 맑았다. 그런데 갑자기 검은 구름 줄기들이 기다린 뱀처럼 하늘을 가로지르기 시작했다. 구름은 오래도록 머물렀고, 그래서 지진이 있을 것을 알았다.[5]

쇼우는 중국 닝샤후이족자치구의 구위안에서 1622년 10월 25일에 지진이 발생했던 기록을 찾았다고 주장했다. 이 지진은 1561년에서 1709년까지 148년 사이에 발생한 지진 가운데, 앞서 중국 서부의 《편년사》에서 묘사된 규모의 지진으로는 유일했다.[6]

***

구름관찰자가 지진을 예고하는 구름은 볼 수 없을지 몰라도, 그 지역의 날씨 변화를 예고하는 구름만큼은 틀림없이 볼 수 있다. 그러려면 권운 같은 상층운의 동태를 잘 살펴야 한다. 권운이 파란 하늘을 가로질러 퍼지면서 두꺼워지면, 흘러내리는 천사의 머리카락

John Miles (1177번 회원)

다른 권운이야 천사의 머리카락을 닮았든 현명한 노인의 턱수염을 닮았든 간에, 이 권운만큼은 영락없는 빗 모양이다.

이 아니라 지나간 세월만큼 현명해진 노인의 턱수염 다발처럼 보일 것이다. 그는 앞으로 다가올 날씨를 알려주는 친절한 노인이다. 하지만 그는 늘 나지막하게 속삭인다. 오직 그에게 귀를 기울이는 자만이 그의 목소리를 들을 수 있으리라.

9

the Cloudspotter's Guide

권적운

卷積雲, 털쌘구름, Cirrocumulus

잔물결 모양으로 잠깐 찾아왔다 사라지는 구름 조각 층이며, 별명은 '비늘구름'

언뜻 보아서는 권적운도 그보다 낮게 생기는 친척뻘인 층적운이나 고적운처럼 개개의 구름 조각으로 구성되었다는 사실을 놓치기 쉽다. 중위도 지역에서는 보통 5000~1만 3500미터 정도로 높은 고도에 떠 있기 때문에 이 구름의 조각들은 마치 작은 소금 알갱이처럼 보인다. 사실 이 구름이 서로 분리된 구성 요소로 구성되어 있다는 것을 알아차리려면 상당히 자세하게 살펴보아야 한다. 권적운 조각(권적운은 하늘 전체를 뒤덮기보다는 조각으로 나타나는 경향이 있다)은 그냥 높이 뜬 매끄러운 구름층에 잔물결이 인 것처럼 보일 때가 많다.

하지만 구름관찰자가 어디 하늘을 그냥 대충 살펴보고 말 사람들이던가? 더 자세히 살펴보면 그들 눈에 잔물결 형태를 이루는 구름의 작은 구성 요소들이 보일 것이다. 지평선에서 30도 위로 손을 뻗

권적운(털쌘구름) 관찰법

권적운은 상층에 나타나는 구름 조각이나 구름층으로, 작은 구름 조각들이 하얀 알갱이처럼 나타난다. 구름 조각은 햇빛을 등지고 있는 부분이라 하더라도 그늘이 나타나지 않는다. 이 구름 조각들은 일반적으로 균일한 간격으로 배열되어 있으며, 잔물결 무늬로 배열된 경우가 많은데, 이는 파상구름의 변종이다.

고도(중위도 지역 기준):
5000~1만 3500미터
형성 지역: 전 세계적으로 발생한다.
강수: 없음

권적운 종

층상권적운: 조각으로 나타나지 않고 하늘을 광범위하게 뒤덮는 경우. 다른 속屬에 비하면 권적운에서는 층상구름의 발생 빈도가 낮다.
렌즈권적운: 독립적이고 경계가 명확한, 아몬드나 렌즈 모양의 구름 덩어리가 하나나 그 이상 나타나는 경우. 표면이 매끄럽고, 구름 덩어리가 다른 종에서 나타나는 알갱이 형태의 구름 조각보다 훨씬 크다.
탑상권적운: 자세히 살펴보면 구름 조각들의 꼭대기가 작은 탑처럼 생겼다.
포기권적운: 자세히 살펴보면 구름 조각의 밑면이 들쑥날쑥하고 적운처럼 생겼다.

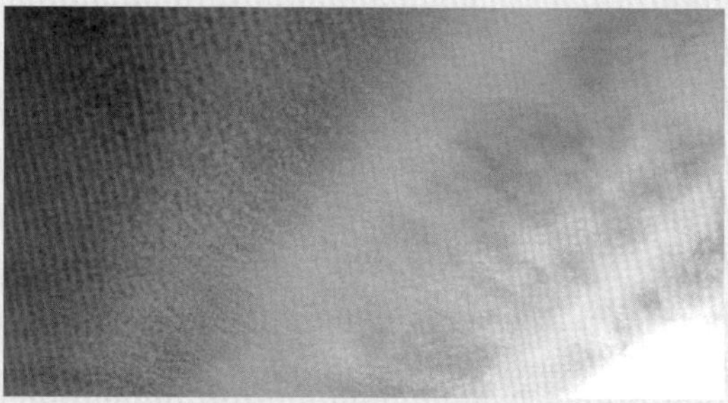

층상권적운

파상 벌집권적운

권적운 변종

파상구름: 구름 조각들이 잔물결이나 넓은 파도 형태로 배열된 경우(두 가지가 동시에 나타나기도 한다).
벌집구름: 구름층에 구멍이 뚫려 있고, 구름이 그물이나 벌집 모양으로 그 주위를 망사처럼 둘러싸고 있는 경우.

혼동하기 쉬운 구름

권운과 권층운: 권운이나 권층운은 상층에 생기는 매끄럽거나 섬유질 모양의 구름층으로 줄무늬가 있다. 반면 권적운은 알갱이 같은 수많은 구름 조각으로 나뉘어 있다.
고적운: 고적운은 중층의 구름층으로 구름 조각이 더 크게 보인다. 지평선에서 30도 위로 손을 쭉 뻗어 손가락과 겹쳐 보면 권적운의 구름 조각은 손가락 하나의 굵기보다 작다.

위: Steve Ackerley (395번 회원)

어 구름에 겹쳐서 보면, 이 조각들의 너비는 손가락 굵기보다 작게 나타난다. 그 조각들 자체는 편평운과 크기가 비슷할지도 모르지만, 워낙에 높이 떠 있기 때문에 작게 보인다.

구성 요소의 겉보기 크기를 관찰하는 것은 권적운을 그보다 낮은 고적운(고적운의 구름 조각은 손가락 하나 굵기보다 크고 세 개 굵기보다 작다)과 구분하는 방법이기도 하다. 또 다른 방법은 그늘을, 더 정확히 말하면 그늘이 없는 것을 확인하는 것이다. 상층운인 권적운은 중층운인 고적운보다 더 밝은 흰색으로 나타나고, 그 구성 요소는 밝기가 균일하기 때문이다. 반면 고적운의 구름 조각은 그늘진 부분이 더 어둡게 나타난다.

권적운은 열 가지 구름 속屬 중에서 가장 찾아보기 힘들다. 나타났다가도 그 알갱이 형태가 곧바로 흩어져버리기 때문에, 섬유 가닥 같은 권운과 매끄러운 우윳빛 층구름인 권층운 사이에 잠깐 나타나는 과도기적 단계로 존재할 뿐이다. 기상학자들은 구름의 종류를 확인할 때 그 구름에 뒤이어 나타나는 구름의 형태를 보고 판단하기도 한다. 그리고 권운에 나타나는 줄무늬는 쉽게 확인할 수 있기 때문에 상쾌한 얼룩무늬를 한 권적운과 구분하는 데 도움이 된다.

구름층의 구성 요소가 분리되어 있다는 것은 구름 높이에 있는 공기가 파도처럼 일렁이고 불안정하다는 뜻이다. 구름이 조각 지어 한두 군데 정도 있다면 앞으로의 날씨에 대해 특별한 의미를 지니지 못한다. 하지만 때로는 구름의 형태가 하늘을 넓게 뒤덮는 잔물결 형태로 나타날 때가 있다. 바로 '파상 층상권적운Cirrocumulus stratiformis undulatus(종은 층상구름, 변종은 파상구름)'이다. 파상 층상권적운이라는 딱딱한 이름보다는 '비늘구름'이라고 외우는 편이 더 쉬울 것이다. 비늘구름은 영어로 'mackerel sky'인데 '고등어 하늘'이라는 뜻이다.• 이 용어는 틀림없이 뱃사람들이 지었을 것이다. 오랫동안 이 구름은 폭풍우가 다가오고 있다는 경고로 해석되어왔기 때문이다. 이 구름이 갈고리 모양의 구름인 갈퀴권운과 연관되었다면 특히나 그렇다.

***

고등어 비늘구름이라는 용어는 높게 뜬 고적운을 표현할 때도 가끔씩 사용되기는 하지만, 사실 이 고적운은 권적운에 비하면 고등어 비늘과 별로 닮지 않았다. 권적운에서는 구름 전체의 줄무늬가 고등어 등에 나 있는 뚜렷한 줄무늬와 닮았고, 개개의 구름 조각들은 고등어 비늘처럼 보인다.

하늘을 넓게 뒤덮은 잔물결 무늬의 권적운이 어째서 날씨의 악화를 알린다는 것일까? 첫째, 상층운이 넓게 덮는다는 것은 대류권 상부에 상당히 많은 습기가 존재함을 의미한다. 온대지방에서 이것은 저기압이 비를 몰고 다가오고 있다는 초기 신호일 수 있다. 둘째, 구름의 형태에서 나타나는 파도 무늬는 그 상층 부위의 바람이 강하다는 뜻이다. 즉, 다가오는 날씨가 상당히 격렬하다는 것을 암시한다.

• 이 장에서는 'mackerel sky'에 들어 있는 '고등어'라는 의미를 살리기 위해 '고등어 비늘구름'이라는 용어를 사용하도록 하겠다.

고등어 비늘구름에 생기는 파동은 해수면에 생기는 파도와 비슷하다. 파도는 바람이 해수면 위를 스치고 불어갈 때 수면에 생기는 요동을 붙잡아 증폭시키며 발달한다. 바람은 파도의 물결을 위로 솟구치게 하고, 중력은 다시 올라간 물결을 아래로 끌어당긴다. 파도의 형태는 이 두 가지 반대되는 힘의 결과로 생기는 것이다.

물론 권적운이 떠 있는 저 높은 곳은 바다처럼 액체 덩어리와 공기 덩어리로 명확하게 구분되어 있지 않다. 하지만 구름이 '풍속 비틀림wind shear' 지역에서 형성되는 경우에는 비슷한 현상이 나타날 수 있다. 풍속 비틀림이란 구름층 위와 아래에서 풍속이나 방향이 서로 다른 바람이 부는 것을 말한다. 만약 구름이 형성될 때 두 바람 사이에 끼면 엇갈리는 바람 때문에 응력이 발생해서 해수면처럼 파도 모양이 생기고, 바람이 센 경우에는 파도 모양이 잔물결같이 거친 형태가 된다.

***

대기 그 자체는 물의 바다가 아니라 공기의 바다이다. 대기의 바다와 실제 바다 사이의 관계는 매우 밀접하고, 일반적으로 구름의 형성과도 크게 관련되어 있다.

대기가 우리가 땅에 딛고 있는 발에서 시작한다는 사실을 잊어버리기 쉽다. 사실 우리는 비유하자면, 공기의 바다 바닥에서 기어 다니는 갑각류다. 구름관찰자들이 위를 쳐다보고 있으면, 공기의 물살을 뚫고 미끄러지듯 헤엄치는 새들도 보이지만, 대기의 잠수함이라 할 수 있는 비행기를 타고 공기 속을 헤엄쳐나가는 다른 갑각류도 보인다. 강수가 낙하 도중 증발하면서 생기는 꼬리구름을 촉수처럼 매달고 다니는 구름들은 당연히 해파리에 해당한다.

바다가 구름의 형성과 관계가 깊은 이유는 공기의 흐름, 온도, 습도가 그 아래 있는 바다의 영향을 받기 때문이다. 사실 지구 표면의 70퍼센트를 덮고 있는 바다는 구름의 등장과 행동을 결정하는 데 있어서 태양 다음으로 가장 중요한 요소다.

우선, 대기 중 수분의 90퍼센트가 바다에서 증발해 나온 것이다. 나머지 10퍼센트는 강, 호수 등 다른 물의 이동 경로에서 나오기도 하고, 식물이 자신의 몸을 식히는 '증발산 작용'에 의해 나오는 것도 있다. 증발산 작용은 식물이 흘리는 일종의 땀이라고 생각하면 된다. 아, 그러고 보니 대기 속으로 들어가는 수분 중에는 사람이 땀이나 재채기를 통해 보태는 것도 있고, 빨랫줄에 널어놓은 옷에서 증발해 나온 것도 있고, 운동하고 한잔 마신 맥주컵에서 증발해 나오는 것도 있고, 예쁜 강아지 혓바닥에서 증발해 나오는 것도 있다.

바다는 단지 바닷물이 지구의 표면을 많이 덮고 있다고 해서 중요한 것이 아니다. 물은 열을 저장하는 효율도 탁월하고, 대순환 해류를 통해 범지구적으로 먼 거리까지 열을 운송하는 능력도 탁월하다. 따라서 바다는 대기에 풍부한 수분을 공급할 뿐만 아니라 그 위를 지나는 공기를 덥히고 식히는 역할도 한다. 두 가지 모두 구름의 형성에서 핵심적인 요인이다.

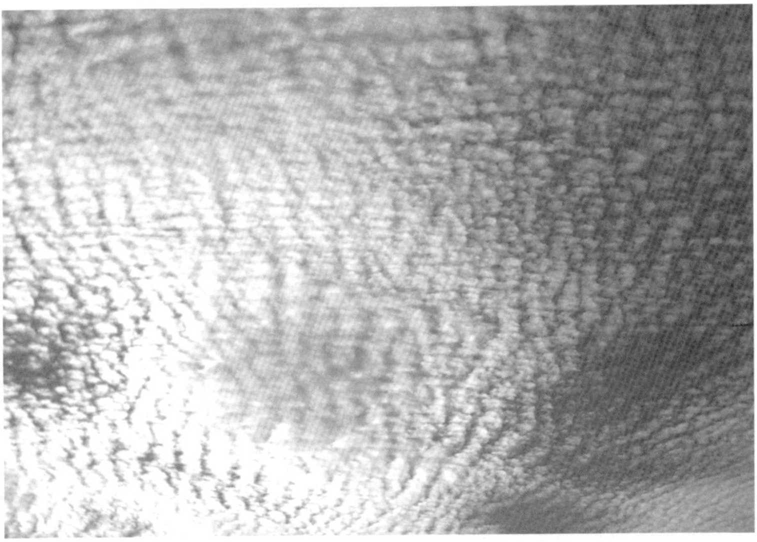

Chris Dolley (1620번 회원)

파상 층상권적운에 생긴 잔물결 무늬, 그냥 '비늘구름'이라고도 한다.

태풍, 허리케인 등의 열대성저기압은 대기의 요동이 바다 위를 지나면서 난류로부터 열과 수분을 흡수할 때 발달한다. 이런 폭풍계가 시작되려면 특정 대기 조건이 맞아떨어져야 하지만, 일단 시작되기만 하면 바다로부터 공급되는 풍부한 열과 수분 덕분에 폭풍우는 어마어마한 에너지를 얻게 된다.

거대하게 휘감아 도는 열대성저기압은 그 누구도 막을 수 없는 거대한 힘으로 자라난다. 이 열대성저기압은 육지에 상륙해서 따듯한 해수면으로부터 공급되는 에너지가 차단되고 나서야 비로소 흩어지기 시작한다. 하지만 그 과정에서 루이지애나, 카리브해, 인도 등 열대성저기압이 통과하는 지역에는 막대한 파괴와 피해가 뒤따른다. 차가운 해류 위를 지날 때는 훨씬 차분한 형태의 구름이 만들

이 권적운의 종은 포기권적운이다. 군데군데 파상구름 변종임을 나타내는 구름 형태가 나타나고 있다.

어진다. 이 구름은 대륙 연안 지표면 아래서 솟아올라 낮은 층운이나 안개로 광범위하게 펼쳐진다. 유명한 샌프란시스코의 여름 안개가 그 좋은 예다.

샌프란시스코 내륙으로 불어오는 바람은 태평양의 따듯한 해류 위를 지나는 동안 열과 수증기를 흡수한다. 그리고 연안 근처의 차가운 바다 위를 지나는 동안 기온이 떨어지며 그 안에 들어 있던 수증기 중 일부가 그 과정에서 구름 물방울을 형성한다. 공기가 위로 상승하며 냉각되는 것이 아니기 때문에 그 물방울들은 그대로 지표면 높이에서 이류안개*를 형성한다. 이런 이유로 샌프란시스코는 전 세계적으로 가장 안개가 자주 끼는 도시가 되었다. 비록 안개 발생 지역이 대체로 해안가 근처의 도시 일부분에 국한되기는 하지만 말이다.

하지만 이 타이틀을 두고 경쟁 관계에 있는 곳이 있다. 바로 일본의 북동 해안 지역들이다. 그곳에서도 유사한 해수면 온도 차이가 존재한다. 태평양의 따듯한 쿠로시오 해류 위를 지나 내륙으로 불어오는 따듯하고 습한 공기는 연안 근처를 흐르는 차가운 오야시오 해류를 만나 냉각된다. 결국 여기에서도 온도 저하로 인해 발생한 광범위한 안개가 내륙을 뒤덮는다.

이 구름은 일본의 일부 전통화 화풍에서 영감을 불러일으키는 소재로 쓰였다. 일본말로 '옅은 안개'를 지칭하는 단어인 '카스미かすみ'라는 화법이 있는데, 전통적으로 풍경에 심도와 원근감을 주는 방법으로 사용되었다. 안개는 보통 수평의 띠 같은 형태를 취하는데, 서기 1000년 전후의 헤이안 시대 초기에는 푸른 색조로 투명하고 은은하게 그리는 경향이 강했다. 그러다가 13세기 들어서는 안개를 경계가 선명하게 한 가지 색 물감으로 그려놓는 경우가 더 많아졌다.

풍경에 심도를 부여하는 효과 말고도 이 아름다운 '카스미' 안개 기법은 그림 안에서 이야기의 흐름을 중간중간 끊어주는 역할도 했다. 한 그림 속의 서로 다른 풍경 사이에 시간이 경과했음을 나타내는 용도로 사용된 것이다. 미술사에서 '시간의 안개the mists of time'가 이보다 더 직설적으로 표현되었던 적은 한 번도 없었다.

● 따듯한 공기가 차가운 지면이나 수면 위를 지나면서 냉각되어 응결이 일어나는 안개. 본서 115~117쪽 참조.

***

권적운의 형태에 고등어 비늘구름이라는 명성을 얻은 파상 층상구름만 있는 것은 아니다. 구름층이 하늘을 넓게 뒤덮는 층상구름 말고도 구름 조각의 형태에 따라 세 가지 다른 종이 있다.

탑상구름은 구름 구성 요소의 꼭대기가 편평한 밑면에서 솟아오른 작은 탑 모양으로 생겼다. 하지만 개개의 구성 요소들이 워낙에 높이 떠 있다 보니, 고적운이나 층적운 같은 낮은 구름 속屬에서 나타나는 탑상구름 종보다 그 탑 모양을 확인하기가 어렵다. 구름 덩어리의 꼭대기뿐만 아니라 밑면도 편평하지 않은 포기구름의 경우도 마찬가지다. 두 가지 모두 개개의 구름 조각들이 맹렬하게 성장하고 있음을 나타낸다. 이런 현상은 구름 높이에서 공기가 '불안정'할 때 일어난다.

반면 렌즈구름 종은 공기가 '안정'되었을 때 나타나고, 모양이 나머지 종과는 확연히 다르다. 이것은 상대적으로 광범위한 영역의 구름이 렌즈 모양으로 형성된 것이다. 그보다 낮은 높이에서 나타나는 UFO 렌즈구름의 더 높은 고도의 버전인 셈이다. 이 구름에서는 권적운의 구름 덩어리가 손가락 하나의 굵기보다 작아 보인다는 법칙이 통하지 않는다. 렌즈구름의 구성 요소는 이것보다 훨씬 커질 수 있다. 잠시 머물면서 렌즈권적운에 대해 더 알아보고 가는 것도 나쁘지 않겠다. 대기의 안정성이라는 중요한 개념을 설명하는 데 도움이 되기 때문이다.

낮은 고도에 나타나는 렌즈구름처럼 렌즈권적운도 공기가 산악

지대 위로 떠밀려 올라가서 봉우리 뒤편으로 파동 같은 움직임을 만들어내고, 그 파동의 마루에서 렌즈나 아몬드 형태의 구름이 형성되면서 나타난다. 하지만 아무리 산처럼 높은 장애물이 가로막았다고 해도, 지표면 높이에서 장애물 위로 흘러가는 공기가 만들어내는 파동이 어떻게 8킬로미터나 그 이상의 고도에서 구름을 만들어낸다는 것인지 잘 납득하기 힘들다. 사실 이것은 지표면과 구름 사이에 있는 모든 공기층이 안정되었을 때만 일어날 수 있는 현상이라 그리 자주 일어나는 일이 아니다.

한 영역의 공기를 안정되었다고 할지, 불안정하다고 할지는 고도에 따라 기온이 어떻게 변하느냐에 달려 있다. 둘 사이를 구분하는 일은 꽤나 복잡하다(한 영역의 대기 안정성 여부는 특정 기온과 습도에서의 공기 '거품'과 관련 있다). 아주 간단하게 말하자면, 공기가 고도에 따라 갑자기 차가워지면 불안정할 가능성이 크고, 반대로 서서히 차가워지면 안정된 것이라 할 수 있다.

이런 기온 분포는 구름의 형성에서 대단히 중요한 역할을 한다. 예를 들어 렌즈권적운의 경우에는 산악지대 위쪽 공기의 안정성이 그 공기의 '탄력성'을 결정한다. 이것은 산악지대 뒤편에서 발달한 파동이 그보다 훨씬 높은 곳까지 도달할 수 있을지 여부를 결정하는 아주 핵심적인 요인이다.

기류가 산을 만나 위로 떠밀려 올라가면, 상승하는 공기가 다 그렇듯 부피가 팽창하면서 온도가 내려간다. 하지만 기류 바로 위의 대기가 매우 차가우면 상승하는 공기는 냉각이 되었음에도 주변 공기보다 여전히 더 따듯할 수가 있다. 그럼 상승하는 공기는 떠오르

안데르센의 동화 〈공주와 콩〉을 보면 어째서 렌즈권적운의 형성에 '안정된' 대기가 필요한지 알 수 있다.

려는 성질을 띠고, 주변 공기가 가라앉으며 그 주변을 둘러싼다. 상부의 대기는 기류에 비하면 불안정해서 파동의 마루를 흡수해버리기 때문에, 상부의 공기가 위로 밀려나지 않는다.

반면, 위쪽의 대기가 고도에 따라 천천히 차가워지면, 기류가 산을 만나 위로 떠밀려 올라가며 상승하는 동안 냉각되다가 결국은 주변 공기와 같은 온도에 도달할 수 있다. 위쪽의 대기는 기류에 비하면 안정적이기 때문에, 기류는 대기를 뚫고 떠오르는 것이 아니라 공기를 함께 위로 밀면서 올라간다.

나는 이것이 안데르센의 동화 〈공주와 콩〉과 비슷하다고 생각한다. 이 동화는 이렇게 진행된다. 거센 폭풍우가 몰아치던 어느 날, 한 공주가 물에 빠진 생쥐 꼴을 하고 성문 앞에 도착한다. 이 성에는 나이든 왕과 왕비가 살고 있었는데, 이 부부에겐 하루빨리 장가를 보내고 싶은 왕자가 하나 있었다. 공주는 며느릿감으로서의 자질이 충분해 보이는 여인이었지만, 왕과 왕비는 이 여자가 진짜 공주인지 분명히 확인하고 싶었다. 그래서 공주에게 하룻밤 성에서 묵어갈 것을 권하고, 늙은 왕비는 장차 시어머니가 될 사람으로서 꾀를 내어 공주를 시험해보기로 한다. 왕비는 침대 밑에 콩을 하나 숨겨놓고 그 위로 매트리스 스무 장과 깃털 침대 스무 개를 쌓아올린 다음 공주가 그 위에서 잠을 자게 한다. 그다음 날 공주는 등이 배겨서 잠을 제대로 자지 못했다고 불평했고, 왕과 왕비는 이렇게 예민한 것을 보면 진짜 공주임이 틀림없다고 결론내린다. 그리하여 왕자는 공주와 결혼을 했고, 그들은 영원히 행복하게 살았다나 뭐라나….

상부의 불안정한 공기층은 아주 부드러운 매트리스처럼 작용해서, 산 위로 넘어온 기류에서 떠오르는 파동 마루를 흡수해버린다. 그러면 파동의 마루가 아무리 뚜렷한 형태로 발생한다 해도, 이것은 훨씬 더 높은 대기층에 있는 공기를 밀어 올리지 못할 것이다. 하지만 안정적인 대기층들은 파동을 타고 각각의 층이 모두 떠밀려 올라갈 것이고, 몇 킬로미터 떨어져 있는 높은 대기도 콩처럼 튀어 오른 파동 마루의 형태를 '감지하고' 그와 함께 위로 살짝 떠밀려 올라가게 된다. 만약 그 위쪽 공기의 습기가 충분하다면 그 솟은 부위에서 렌즈권적운이 형성된다.

이 정도면 분명 렌즈권적운은 진짜 공주라고 할 만하다. 구름의 왕인 적란운도 분명 렌즈권적운 공주가 자기의 아들인 적운 왕자와 결혼하는 것을 허락할 것이라 믿는다. 대체 어느 유형의 구름이 그 늙은 왕비인지는 나도 모르겠지만, 분명 그들 모두 그 후로 오래도록 행복하게 살 것이다.

***

권적운의 서로 다른 종들은 이 속屬에서 나타나는 두 가지 변종 중 한 가지를 나타낼 수도, 아니면 아예 나타내지 않을 수도 있다. 바로 벌집구름과 파상구름이다. 각각의 외형은 그보다 낮은 층에서 생기는 해당 구름의 외형과 일치한다.

벌집권적운은 권적운의 뚜렷한 구멍 주위로 구름이 격자 형태로 얽혀 있는 구름을 말한다. 아주 높은 곳에 떠 있기 때문에 이 느슨한 벌집 모양은 고적운이나 층적운에서 생기는 벌집구름 변종에 비해 더 촘촘해 보인다.

파상권적운은 구름 조각들이 파도 형태로 모여들어 띠 모양을 이루는 것이다. 때로는 두 가지 파동 형태가 서로 중첩되기도 한다. 구름 조각들이 커다란 파도 형태로 배열됨과 동시에 그보다 작은 잔물결 형태가 거기에 중첩되어 보이는 것이다. 이런 모양은 바다의 거대한 파도 표면 위에 잔물결 형태가 이는 것과 비슷하다. 두 경우 모두 중첩된 파도 형태의 진행 방향이 반드시 같을 필요는 없다.

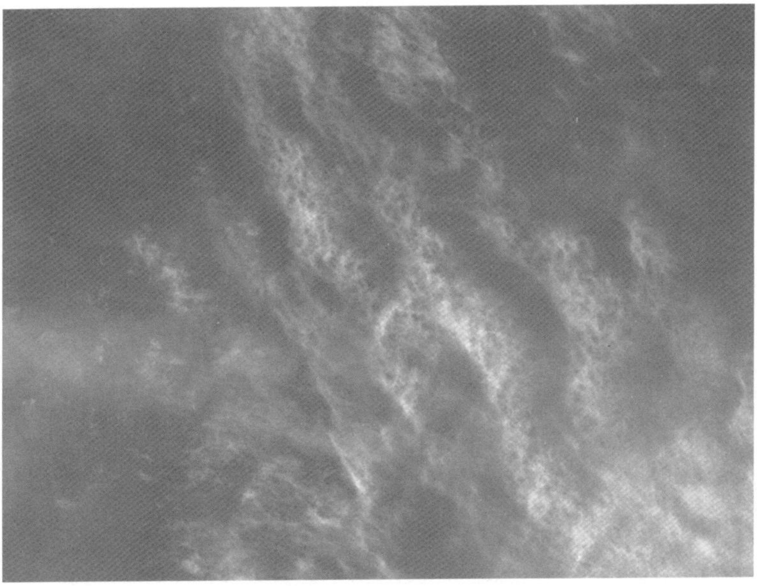

벌집권적운에서 나타나는 촘촘한 벌집 모양.

하지만 파상구름 변종에서는 한 가지 파형만 두드러져 보이는 경우가 더 많다. 고등어 비늘구름의 파상 층상권적운은 보통 이런 경우에 해당한다.

지금까지 권적운의 종과 변종에 대해 얘기를 진행했지만, 예리한 구름관찰자라면 오히려 질문거리만 더 늘었을 것이다. 물론 그중에서도 제일 짜증나는 질문은 이것이다. 고등어 비늘을 닮아 고등어 비늘구름이라고 부른다는데 대체 어떤 종류의 고등어•를 닮았단 말인가? 킹 매커럴king mackerel(삼치의 일종)인가, 아니면 스패니시

• mackerel. 용어의 혼동을 피하기 위해 여기서는 '매커럴'이라고 부르겠다.

매커럴Spanish mackerel(삼치)인가? 아니면 그저 흔한 애틀랜틱 매커럴 Atlantic mackerel(대서양 고등어)인가? 이런 중요한 질문에 대답하지 않고 지나가는 것은 안 될 일이라 생각해서 나는 그 해답을 찾아 나서기로 했다.

***

8월의 맑은 어느 날, 나는 오전 5시에 일어나 도시를 가로지르는 첫 지하철을 타고 런던의 이스트엔드, 아일오브독스에 있는 빌링스게이트 수산시장에 찾아갔다. 이 수산시장은 영국에서 가장 다양한 생선을 파는 것으로 유명한 곳이었기 때문에 매커럴의 무늬와 권적운의 형태를 비교해보기에는 더없이 좋은 장소라고 생각했다. 물론 그날 아침 내가 원하는 그 특정 구름이 하늘에 떠줄지가 의문이었고, 상인들이 친절해서 매커럴을 하늘에 대보면서 무늬를 비교해보게 생선을 빌려줄지도 알 수 없는 노릇이었다.

커네리 워프의 높은 고층 빌딩 사이로 지하철 역사에서 나와 지상으로 올라왔는데, 인상적인 권운의 줄무늬들 사이로 권적운 조각 몇 개가 하늘에 떠 있는 것을 보고 나는 무척 기뻤다. 하지만 빌링스게이트는 커다란 시장 건물 안에 들어가 있어서 저 권적운이 실제 파상 층상권적운으로 발달한다고 해도 볼 수 없으니, 그 형태는 어쩔 수 없이 기억에 의존할 수밖에 없는 처지였다. 구름의 형태를 머릿속에 새기며 나는 시장 건물 안으로 성큼성큼 들어가 상인, 짐꾼, 식당 주인들의 왁자지껄한 소리를 뚫고 이리저리 돌아다녔다. 나에겐 사명이 있었다. 매커럴 사명 말이다.

제일 쉽게 찾아낸 것은 애틀랜틱 매커럴이었다. 이것은 영국 해안에 나타나는 매커럴 중 가장 흔한 종류다. 나는 스티로폼 얼음 상자에 담긴 매커럴에 이끌려 그 생선의 등을 따라 번들거리는 은색과 어두운 회색의 줄무늬를 유심히 살펴보았다.

"뭐 찾는 거라도 있어요?" 생선 내장으로 온통 얼룩진 하얀 앞치마를 두른 상인이 물었다.

"그냥 구경만 하려고요." 이렇게 대답했지만, 사실 한마디 덧붙이고 싶은 것을 간신히 참았다. "그런데 여기 매커럴은 파상 층상권적운하고는 전혀 닮지 않아서 실망이네요."

애틀랜틱 매커럴의 줄무늬는 경계가 지나치게 선명했다. 권적운은 다른 모든 상층운과 마찬가지로 아래쪽에서 나타나는 구름들보다 가장자리가 불분명하다. 상층운의 구성 성분이 전부는 아니더라도 적어도 부분적으로는 얼음 결정이기 때문에 나타나는 결과다. 이 매커럴은 밝은 줄무늬와 어두운 줄무늬 사이의 경계가 아주 뚜렷했다.

하지만 문제는 그것만이 아니었다. 밝은 줄무늬에 있는 은색 비늘은 분명 그럴듯했지만, 그 사이에 난 어두운 줄무늬는 하늘색을 표현하기에는 지나치게 어두웠다. 거의 검은색으로 보였기 때문이다.

나는 달빛에 비친 파상 층상권적운을 상상해보았다. 밝은 구름 조각의 띠 사이로 보이는 어두운 밤하늘이 이것과 비슷해 보일까 싶어서였다. 하지만 그것도 어림없었다. 달밤에 권적운 구름 조각의 파도는 검푸른 하늘을 배경으로 창백하고 부드러운 색조를 띤다.

애틀랜틱 매커럴의 무늬. 이 고기에게는 안된 이야기지만, 경계가 너무 선명해서 '고등어 비늘구름'이라는 말이 여기서 나오진 않았을 것 같다.

아무래도 수산시장 탐사가 여기 애틀랜틱 매커럴에서 끝날 것 같지는 않았다.

***

"스패니시 매커럴은 없어요?" 내가 확인할 생선 목록의 그다음 주인공에 대해 묻자, 가판대 주인이 말했다. "요즘 잘 안 나와요. 나도 구경한 지 오래됐어요." 아쉬운 듯 그가 덧붙이며 말했다.

젠장. 영국에서 생선 종류가 제일 다양한 수산시장이라더니 스패니시 매커럴 한 마리 없다는 게 말이 되나? 나는 꼭두새벽부터 부지런을 떨며 나온 것이 모두 수포로 돌아가는 게 아닌가 싶어 걱정됐다. 하지만 그때 그 상인이 믿을 만한 정보를 하나 알려주었다. 어린 킹 매커럴을 파는 사람을 찾아보라는 것이었다. 그가 은밀히 속삭여 말하기를, 어린 킹 매커럴을 옆에서 보면 다 큰 스패니시 매커럴과 아주 비슷해 보인다는 것이다.

사실은 은밀히 속삭이지 않고, 그냥 평상시 목소리로 얘기했다.

어쨌거나 킹 매커럴도 내가 찾고 있던 고기였으니, 다 큰 놈과 어린 놈을 찾을 수만 있다면 스패니시 매커럴을 대신해서 무늬를 비교해볼 수 있을 것이다.

나는 대구, 농어, 도미, 넙치 등을 지나 천천히 걸음을 옮겼다. 그리고 다시 돔발상어, 아귀, 붕장어, 랍스터 옆을 지나갔다. 심해에서 올라온 생물들은 최면을 걸듯 내 눈길을 사로잡았다. 볼돔, 숭어, 민어… 그러다 드디어 내가 찾던 것이 눈에 들어왔다. 한쪽 구석 가판대 위에 올라 있는 어린 킹 매커럴 몇 마리를 찾아낸 것이다.

킹 매커럴은 어린 놈인데도 다 큰 애틀랜틱 매커럴보다 두 배는 컸고, 무늬는 완전히 달랐다. 매끄러운 은색의 배는 옆구리 쪽으로 올라가며 창백한 푸른색과 섞여 들어갔다. 그리고 옆구리 푸른색을 가로지르며 둥근 노란색 점들이 연속적으로 박혀 있었다.

잠깐만, 이건 구름하고는 더 안 닮았잖아! 이 무늬에서 '고등어 비늘무늬'라고 할 만한 형태는 아무것도 없었다. 점들은 권적운을 나타낸다고 하기에는 서로 너무 멀리 떨어져 있었고, 제일 중요한 잔물결 무늬라고 할 만한 것도 없었다. 만약 스패니시 매커럴이 이 물고기하고 정말 같은 색이라면, 이 물고기를 확인 목록에 올려놓기는커녕, 찾아보지도 않고 아예 콧방귀를 뀌며 무시해버렸을 것이다.

하지만 가판대를 몇 군데 더 돌아보니 다 자란 킹 매커럴의 인상적인 모습이 눈에 들어왔다. 이 녀석은 구름과 훨씬 많이 닮았다. 크기도 거의 1미터 정도로 훨씬 컸고, 노란색 점도 사라지고 없었다. 번들거리는 은빛의 파란색 옆구리 사이로 은빛의 창백한 잔물결 무늬가 가로지르고 있었다. 옳거니!

여기, 이 아름다운 물고기의 등 위에서 권적운 비늘구름의 파상 무늬를 드디어 찾아낸 것이다. 창백한 파란 하늘색 사이사이로 아름답게 곡선을 그리며 계곡처럼 이어지는 은빛 비늘무늬를 말이다. 킬로그램당 8파운드를 주고, 나는 드디어 '고등어 비늘구름'이라는 이름을 탄생시킨 주인공을 찾아냈다.

골치 아픈 문제를 말끔히 해결하고 나니 어찌나 기쁘던지! 나는 마치 '구름-생선 비교생물학'이라는 전문 분야의 세계적 권위자라도 된 듯 우쭐거리며 시장 건물을 유유히 걸어 나왔다. 물론 속으로 이렇게 생각했다. 스패니시 매커럴이 고등어 비늘구름하고는 닮지 않았을지 모르지만, 노란 점이 찍혀 있는 것을 보니까 황금색 노을빛을 받으며 군데군데 넓게 퍼져 있는 고적운하고 비슷해 보이기는 하던데….

임무 수행 완료!

그 순간 나는 걸음을 멈추었다. 나는 훈제 연어와 함께 가판대에 올라 있는 넓적하고 커다란 잉어 한 마리를 쳐다보았다. 그놈도 눈 한 번 깜박거리지 않고 나를 빤히 쳐다보고 있었다. 당연하지. 죽은 잉어가 눈을 깜박거릴 일도 없고.

가만있자, 설마 그럴 리가… 저 물고기 비늘을 좀 봐. 몸 크기에 비해서는 비늘이 넓은 편이고, 배 쪽에서는 진흙 빛깔 노란색이었다가 등 쪽으로 타고 올라오면서 깊은 구릿빛으로 바뀌잖아. 무언가 구름을 닮은 구석이 있는데… 각각의 비늘을 보면 가운데 부분은 황색이고 가장자리로 오면서 어두운 갈색으로 변하는군. 이런 하늘을 본 적이 있는데. 그러니까… 아, 뭐더라? 뭐더라? 넌 세계적 권위자 아니냐? 제발 생각 좀 해봐라, 응? 저 잉어 비늘 무늬가 대체 어떤 하늘이었지?

맞다! 틈새 층상고적운이다! 그게 왜 생각이 안 났지? 나한테는 오랜 친구 같은 구름 아닌가? 하긴 그 친구를 이런 곳에서 만날 줄이야 꿈에도 몰랐으니 잠시 생각이 안 난 것뿐이지.

권적운보다 낮은 구름인 고적운의 구름 조각은 더 크게 보인다. 그래서 잉어의 커다란 비늘과 닮았다. 그리고 낮게 드리운 햇살을 받으면 그 구름 조각들은 그늘진 쪽이 더 어둡게 보인다. 잉어 비늘도 마찬가지로 몸 뒤쪽 방향 가장자리에서 색이 더 어둡다. 이 비늘은 절대로 권적운이 될 수는 없다. 권적운의 구름 조각은 우리 모두 알다시피 그늘이 생기지 않기 때문이다. 이 비늘은 영락없는 틈새(구름 조각들 사이로 작은 틈이 벌어진) 층상고적운(하늘을 넓게 뒤덮는 구름층)이다. 나는 이 구름이 '잉어 비늘구름carp sky'으로 불리는 것은 그저 시간문제라는 생각이 들었다.

탁한 호수의 진흙 바닥에서 사는 민물고기 잉어는 대양의 거대한 낚시 대상 어종인 킹 매커럴하고는 달라도 너무 다르다. 그러고 보면 '잉어 비늘구름'이 예고하는 날씨는 기껏해야 약한 비 정도에 불과하다는 것도 얼마나 잘 맞아떨어지는지 모른다. 이 구름은 백발의 늙은 뱃사람에게 폭풍우가 다가오고 있으니 어서 빨리 돛을 내리고 단단히 대비해야 한다고 경고하는 구름이 아니다.

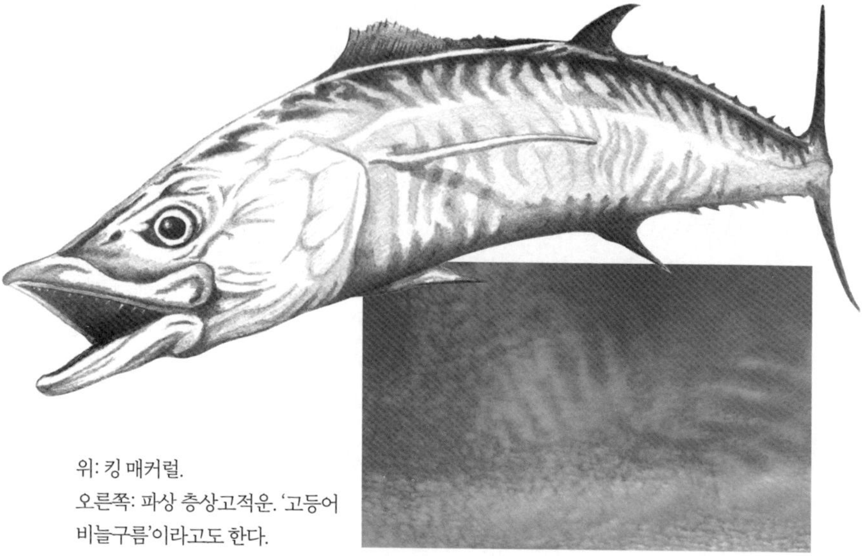

위: 킹 매커럴.
오른쪽: 파상 층상고적운. '고등어 비늘구름'이라고도 한다.

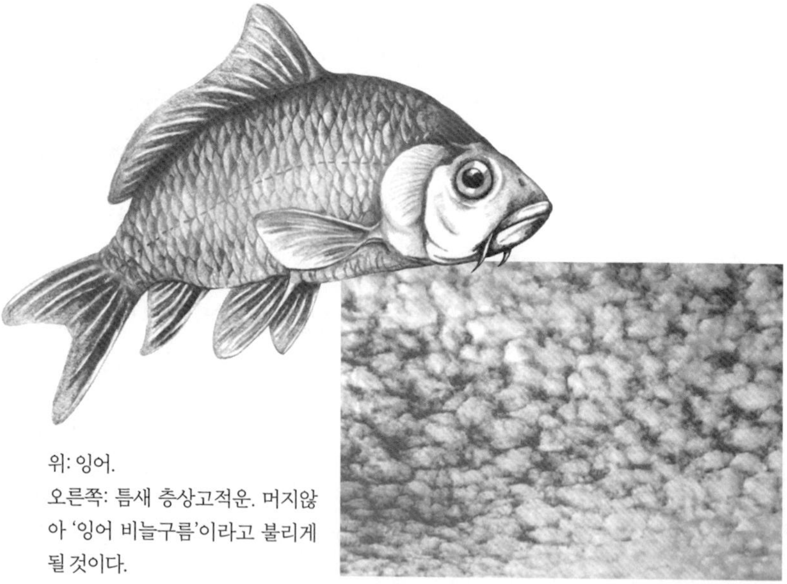

위: 잉어.
오른쪽: 틈새 층상고적운. 머지않아 '잉어 비늘구름'이라고 불리게 될 것이다.

Terry Falco (1592번 회원)

아무렴. 잉어 비늘구름은 낚싯대를 드리우고 졸고 있던 낚시꾼에게 혹시 가랑비가 올지 모르니 우비나 미리미리 가방에서 꺼내 놓으라고 일러줄 뿐이다.

10

the Cloudspotter's Guide

권층운

卷層雲, 털층구름, Cirrostratus

사람들이 대부분 못 보고 지나치는
우윳빛 면사포 같은 높은 구름

1,700년 전, 권층운은 인류의 역사를 바꿔놓았다. 권층운에서 비롯된 일련의 사건들로 인해 기독교가 로마 제국의 주요 종교로 자리잡게 된 것이다.

적어도 구름관찰자의 입장에서 볼 때는 그렇다.[1]

서기 312년 10월 28일, 콘스탄티누스 대제라고도 알려진 콘스탄티누스 1세는 자신의 경쟁 상대이자 매부였던 막센티우스 황제를 로마 바로 북쪽의 밀비아 다리 전투에서 무찔렀다. 두 황제는 로마 제국 서쪽 지역의 패권을 장악하기 위해 다투고 있었다. 5만 명의 병사만을 거느리고 막센티우스의 7만 5000명의 병사와 대적한 콘스탄티누스는 승자가 되었고, 결국 그는 후기 로마시대의 가장 중요한 황제가 되었다. 그는 비잔티움(나중에 콘스탄티노폴리스로 이름이

권층운(털층구름) 관찰법

권층운은 대체로 투명한 유백색의 장막 같은 상층운이다. 매끈해 보일 때도 있고, 섬유가 뻗어 나온 형태로 보이기도 한다. 수천 제곱킬로미터에 이르는 하늘을 광범위하게 뒤덮는 경우가 많지만, 잘 보이지 않아 못 보고 지나치는 경우가 많다. 하지만 권층운은 태양이나 달 주위로 희거나 색을 띤 테, 점, 원호 무늬를 만들기도 하며, 이런 것을 통틀어 '무리 현상'이라고 부른다.

고도(중위도 지역 기준):
5000~9000미터
형성 지역: 전 세계적으로 발생한다.
강수: 없음

무리 현상

권층운이 달 주위로 '22도 무리'를 만들어내고 있다

명주실권층운이 태양과 같은 높이에서 '무리해'를 만들어내고 있다

파상 권층운

권층운 종

명주실권층운: 구름의 장막이 섬세한 섬유 형태나 줄무늬를 띠고 있을 때.
안개모양권층운: 구름이 색조의 변화를 보이지 않을 때.

권층운 변종

파상구름: 구름 장막이 파도 모양을 할 때.
이중구름: 고도가 다른 두 개 이상의 층으로 이루어졌을 때. 태양이 낮게 떠서 위층만을 비추고, 아래층은 그늘에 가려지거나, 구름층별로 바람의 방향이 달라서 줄무늬의 방향이 어긋날 때만 가려낼 수 있다.

혼동하기 쉬운 구름

고층운: 고층운은 중층운으로 일반적으로 더 두꺼운 구름층을 이룬다. 권층운의 얼음 결정 층은 더 얇을 뿐만 아니라 태양이나 달 주위로 무리 현상을 일으키기도 한다. 고층운에서는 이런 현상이 무척 드물고, 보통 광환 현상만 나타난다.
권운이나 권적운: 권운은 줄무늬 상층운, 권적운은 알갱이/잔물결 무늬 상층운이다. 권층운은 이 구름들과 함께 나타나기도 하는데, 좀 더 연속적이고 번진 구름층으로 나타난다.

오른쪽 위: Peg Zenko (1527번 회원)

바뀌었다가 지금은 이스탄불로 불린다)에 '신로마New Rome'를 세움으로써 로마의 영향력을 중동 지역까지 넓혀놓았을 뿐만 아니라, 로마제국에서 금지되었던 기독교를 합법화하고 지지했다.

밀비아 다리에서 콘스탄티누스가 승리를 거둔 것은 세계사에서 무척 결정적인 순간이었음이 틀림없다. 그리고 그 시대의 일부 역사가들의 말을 믿는다면, 그 승리는 전투 전날 밤 콘스탄티누스에게 계시로 내려온, 하늘에 나타난 기적의 기호 덕분에 얻은 결과였다.

25년 정도 후에, 신학자 에우세비오스는 자신의 책《콘스탄티누스의 삶Life of Constantine》(약 337~339년)에서 이 종교적 환영을 둘러싼 전설에 대해 적었다. 그는 주장하기를, 전투 전날 로마를 향해 진군하다가 콘스탄티누스와 그의 군대는 하늘에서 빛의 십자가를 보았고, 그 위에는 'hoc signo victor eris', 즉 '너희는 이 기호로 승리하리라'라고 적혀 있었다고 한다.

에우세비오스에 따르면, 그날 밤 예수가 콘스탄티누스의 꿈에 나타나 그에게 하늘에서 보았던 기호와 비슷한 것을 만들어 적과의 싸움에서 스스로를 지키는 데 사용하라고 명했다고 한다. 그리하여 콘스탄티누스는 그 기호를 넣은 깃발을 만들게 했고, 예상대로 그의 군대는 이 상징을 앞세워 승리를 거두었다. 이후 이 기호는 '라바룸'이라는 이름으로 알려지게 되었다.

그 후 이 기호는 그 중요한 전투와 기독교의 부흥과 연관되어 수많은 로마의 화폐에 등장했고, 나중에는 신앙의 상징으로 여겨지게 되었다. 이 기호는 보통 'X' 자 모양이 되도록 대각선으로 기울인 십자가의 중앙에서 수직으로 선이 뻗어 올라와 그 꼭대기에서 사발

모양을 옆에서 덧대어 'P' 모양이 되도록 한 것이다.

에우세비오스가 설명하는 콘스탄티누스의 환영은 그 시대 다른 역사가들의 이야기와 완전히 맞아떨어지지는 않는다. 하지만 에우세비오스가 책에 적기를 이 이야기는 콘스탄티누스가 말년에 자신을 가까이 두었을 때 직접 얘기해준 것이며, 사실임을 맹세하였다고 하니, 반박하기는 쉽지 않겠다. 그렇지 않은가?

햇빛이 권층운의 얼음 결정을 통과하다 굴절되면 하늘에 원호나 선, 점 등 다양한 형태가 나타날 수 있다. 이런 광학 효과를 통틀어 '무리 현상halo phenomenon'이라고 부르는데, 콘스탄티누스의 승리를 기념하는 로마 화폐에 쓰인 라바룸 상징의 구성 요소들을 이것으로 설명할 수 있을지도 모른다.

권층운과
기독교의 부흥

하지만 이것 한 가지는 지적해야겠다. 지금 이 글을 쓰고 있는 이 순간까지 구름에서 'hoc signo victor eris'라는 글자 형상의 무리 현상이 나타났다는 기록은 단 한 번도 없었다는 사실 말이다.

***

권층운은 섬세하게 보이는 얼음 결정의 층이고, 6~13킬로미터 사이의 고도에서 형성된다. 보통 하늘이 우윳빛으로 창백하게 밝아진 것처럼 보이고, 권운이 퍼지고 합쳐져서 형성되는 경우가 많다. 그래서 권층운이 권운과 함께 있는 모습을 자주 목격할 수 있다. 가끔은 구름층이 너무 얇아서 알아보기 쉽지 않을 때가 있다. 그저 파란

Anne Burgess (1481번 회원)

이중 명주실권층운. 구름층이 하나가 아님을 알 수 있다(이중구름). 바람의 방향이 달라 두 층의 줄무늬가 서로 다른 방향을 향하고 있기 때문이다.

하늘에 옅은 유백색으로 밝아진 부분이 있는 것처럼 보이는 것이다. 또 어떨 때는 우유 빛깔 흰색으로 좀 더 또렷하게 보이기도 하지만, 태양을 완전히 가릴 정도로 두꺼워지는 경우는 절대로 없다.

권층운의 종은 딱 두 가지가 있다. 명주실권층운과 안개모양권층운이다. 명주실권층운은 명주실권운과 마찬가지로 명주실 같은 줄무늬 질감을 나타내며, 아무래도 매끈하고 특색이 별로 없는 안개모양권층운보다는 알아보기가 쉽다.

권층운의 변종도 이중구름과 파상구름 둘밖에 없다. 다른 구름 속屬에서와 마찬가지로 이중구름은 구름이 고도가 서로 다른 두 개 이상의 층으로 이루어진 것이다. 햇살이 밝은 한낮에는 이중구름을 가려내기가 거의 불가능하다. 구름층 위에 또 다른 구름층이 있다

해도, 조금 더 두껍게 한 층으로 깔린 권층운과 겉보기에 전혀 다르지 않기 때문이다. 다만 햇살이 낮게 드리운 시간에는 햇살의 각도 때문에 두 층을 확실히 구분할 수도 있다. 특히 해돋이와 해넘이 시간에는 이중권층운에서 더 높이 떠 있는 구름층만 햇살이 비추고, 아래의 구름층은 지구의 그늘에 가려지는 경우가 있다.

파상권층운은 구름층 밑면에 잔물결 무늬가 있는 경우다. 태양이 낮게 뜬 경우라 해도, 파상고층운의 경우와 달리 구름의 밀도가 일반적으로 그리 높지 않아서 파상 무늬에 의한 그림자가 뚜렷하게 생기지는 않는다. 하지만 비스듬히 비친 햇살에서 나오는 색조 차이만으로도 그 무늬를 식별할 수 있다. 파동 무늬 사이의 틈새가 거의 투명한 경우에는 파상권층운을 확인하기가 더 쉽다.

권층운을 관찰할 때 가장 흔한 실수는 권층운을 그보다 낮은 중층의 고층운으로 잘못 알아보는 경우다. 일반적으로 보면 권층운은 고층운보다 태양을 가리는 정도가 훨씬 덜하다. 따라서 권층운을 뚫고 내려온 햇살은 거의 항상 땅바닥에 그림자를 드리우지만, 고층운을 통과하고 온 빛은 산란이 심해서 그림자를 드리우지 못한다.

***

희미한 권층운 구름층을 확인하는 가장 확실한 방법은 무리 현상을 관찰하는 것이다. 물론 이 구름에서 언제나 이렇게 빛으로 된 원호, 원, 혹은 점 무늬가 나타나는 것은 아니지만, 일단 이것이 존재한다면 그 구름층을 권층운이라 판단할 수 있는 충분한 증거가 된다. 구름관찰자라면 이 아름다운 현상에 대해 잘 알아두었다가, 하늘이 유백색으로 창백해진다 싶을 때는 어디든 나타날지 모르니 하늘을 구석구석 잘 살펴보는 것이 좋다.

내가 무리 현상을 처음 보았을 때는 그 모양을 보고 마치 구름이 나를 향해 입꼬리를 올리며 미소를 짓는 줄 알았다. 권층운의 얇은 얼음 결정 층에 살짝 가린 눈부신 태양 위로 색깔을 띤 원호가 보였다. 그것은 내 머리 바로 위에 있는 하늘을 중심으로 그려놓은 원의 일부 같았고, 마치 꼬마 무지개를 거꾸로 뒤집어놓은 것 같았다. 그 색은 무지개의 색깔보다 더 밝았고, 미소를 띤 입술 모양의 윗부분은 파란색이었다가 초록색, 노란색을 거쳐 제일 밑에서는 붉은색이 되었다. 그것을 일반적인 무지개나 정원에 물 뿌릴 때 나타나는 무지개로 착각할 사람은 없었을 것이다. 보통 해를 등지고 서야만 보이는 무지개와는 완전히 다른 엉뚱한 위치에서 나타났기 때문이다. 이 둥근 원호 무늬는 태양 위쪽의 하늘 높은 곳에 있었다. 나는 바로 그 자리에서 이 수증기의 모나리자를 '구름의 미소cloud smile'라 부르겠다고 마음먹었다.

하지만 오래지 않아 나는 이 아름다운 빛의 원호 무늬에 이미 이름이 있다는 사실을 알고 실망하고 말았다. 그것을 '천정호天頂弧, circumzenithal arc'라고 부른다는 것을 알았을 때 내가 얼마나 속이 상했겠는가? '구름의 미소'라는 이름은 무슨 '사랑과 평화'식의 지나치게 감상적인 이름이라는 것은 인정하지만, 그래도 '천정호'라는 이름보다는 형태가 더 잘 연상되는 이름이 아닌가?

천정호라고도 알려진(?) '구름의 미소'는 햇빛이 십 분의 몇 밀리미터 정도 되는 작은 직경의 육각형 판 모양으로 생긴 투명한 얼음 결정으로 이루어진 권층운을 통과할 때 나타난다. 구름 속의 얼음 결정은 꽤 다양한 모양과 크기를 띨 수 있는데, 어떤 형태로 나타날지는 결정이 자라나는 환경의 온도와 습도가 결정한다. 수많은 형태 중에서도 이런 특정 형태의 얼음 결정이 있어야 나타난다는 사실에 비추어보면, 권층운이 얼굴을 내밀 때마다 매일 그렇게 우릴 미소로 반기지 않은 것이 별로 이상하게 여겨지지 않는다. 더군다나 천정호가 나타나기 위해서는 이 작은 육각형 얼음 결정이 특정 방향으로 존재해야 한다는 것을 알고 나면 오히려 이 미소 구경하는 것 자체가 얼마나 운 좋은 일인가 싶을 것이다. 천정호가 나타나려면 얼음 결정의 넓은 면이 모두 수평에 가깝게 방향을 잡고 있어야 한다. 분명 아주 까탈스러운 구름임이 틀림없다. 자기 얼음 결정이 그렇게 배열되었을 때만 행복의 미소를 지으니 말이다. 하나 다행스러운 점은 판 형태로 넓게 생긴 얼음 결정은 그렇게 수평으로 방향을 잡는 경향이 있다는 것이다. 구름 높이에서 너무 심한 난류만 불지 않으면 이 결정들은 마치 어느 가을날의 낙엽처럼 허공을 가르며 우아하게 떨어질 수 있다.

천정호의 광학

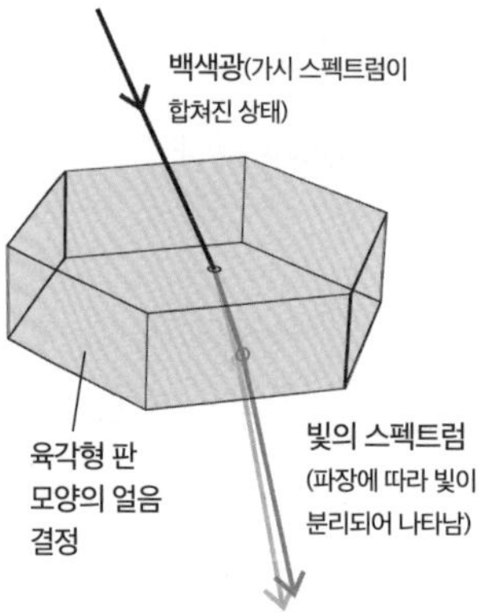

천정호는 햇빛이 육각형 판 모양의 얼음 결정을 윗면으로 들어가 옆면에서 빠져나오는 것으로 설명할 수 있다.

얼음 결정들이 딱 알맞은 조건을 갖추면, 하늘의 특정 부분에 있는 얼음 결정들이 작은 프리즘으로 작용해서 햇빛을 구름관찰자의 눈으로 향하게 한다. 햇빛이 넓적한 결정 윗면으로 들어가서 옆면 중 어느 한 곳(들어가는 면과 나오는 면 사이의 각도는 90도다)으로 통과해 나오면 진행 방향이 틀어진다. 이때 햇빛에 들어 있는 빛은 파장에 따라 조금씩 틀어지는 각도가 다른데, 이것이 천정호의 빛이 스펙트럼으로 퍼져서 무지개색을 띠는 이유다.

내가 구름의 미소를 처음 본 것은 런던의 길거리에서였다. 길을 걷는 사람 중에 눈곱만큼이라도 하늘에 신경을 쓰는 사람은 없어 보였다. 당연히 나는 구름의 미소를 보고 그 자리에 얼어붙어버렸지만, 지나는 사람들은 모두 머리 한가득 다른 생각들로 복잡한 것 같았다. 마치 그 많은 행인 중에 이 특별한 미소를 바라보는 사람은 나밖에 없는 것 같았다. 사실 지금 와서 돌이켜보니, 그 미소를 바라본 사람은 나밖에 없었다고 분명하게 힘주어 말할 수 있다. 설사 누군가 하늘을 올려보고 있었다고 해도, 그 사람이 보는 천정호는 내 눈에 비친 것과는 다른 천정호였을 것이다.

구름 속에 든 무수히 많은 얼음 결정을 통과하는 동안 햇빛은 모든 방향으로 산란되고 있었다. 하지만 그중에서 나에게 광학 효과를 만들어낸 결정은 직접 내 눈을 향해 빛을 반짝거린 결정들뿐이다. 그중 일부는 나에게 조금 붉은 기운의 빛을 보냈고, 일부는 조금 푸른 기운의 빛을 보냈다.

런던 거리를 부산히 걸어가던 사람들 중 일부가 실은 정체를 숨기고 있던 구름관찰자였다고 가정해보자. 그들이 쇼핑하던 것도 멈추고 내 옆에 함께 서서 그 무지갯빛 원호 무늬를 바라보았다고 해도, 그들의 눈으로 직접 빛을 반짝거리는 얼음 결정들은 내 눈을 향해 반짝거리는 얼음 결정과는 달랐을 것이다. 그들은 나와는 다른 천정호를 바라보았을 것이다. 우리는 모두 각자 자신만을 향하던 구름의 미소를 바라보았던 셈이다.

***

'독일 무리 현상 연구그룹German Halo Research Group'에 따르면 유럽 지역에 사는 구름관찰자에게는 일 년에 대략 13일 정도 천정호가 나타난다고 한다.[2] 이 수치는 유럽 대륙에 거주하는 자기네 회원들의 관찰 횟수를 평균해서 구한 값이다. 이 자료를 바탕으로 보면 천

사진 가운에 있는 밝은 부분은 무리해, 혹은 환일이라는 것이다. 햇빛이 권층운 얼음 결정에 의해 회절되어 생긴다.

정호는 모든 무리 현상 중에서 다섯 번째로 흔한 현상에 불과하다.

천정호보다는 '환일幻日, parhelia' 또는 '가상 태양mock sun'이라고도 불리는 '무리해sundog'가 훨씬 자주 보인다. 이것은 원호 무늬가 아니라 태양의 양쪽에서 나타나는 점 형태의 빛이다. 무리해는 태양과 같은 높이, 그리고 태양으로부터 양쪽으로 22도 떨어진 곳에서 형성된다. 이것은 팔을 뻗어 손가락을 폈을 때의 한 뼘 거리 정도에 해당한다. 이 빛의 점은 보통 태양을 향한 쪽이 붉은색이고, 태양과 먼 쪽에서는 노란색과 흰색이다. 무리해가 언제나 태양의 양쪽에서 나타나는 것은 아니다. 햇빛이 통과하는 구름이 그렇게 넓지 않은 경우에는 하나만 보이기도 한다.

무리해는 '구름의 미소'와 동시에 나타날 수도 있다. 이것도 마찬가지로 수평으로 떨어지는 육각형 판 모양 얼음 결정에서 생기기 때문이다. 하지만 무리해의 경우에는 햇빛이 옆면 중 하나로 들어가서 60도 각도의 또 다른 옆면으로 빠져나올 때 생긴다.

독일 무리 현상 연구그룹에 따르면 무리해는 놀라울 정도로 흔해서, 여름보다 겨울에 더 자주 보인다. 일 년을 통틀어 보면 유럽에서는 70일 정도 발생한다고 한다. 이렇게 흔한 현상인데 그것을 본 사람이 이리도 적다는 사실이 오히려 신기하다.

무리해의 광학

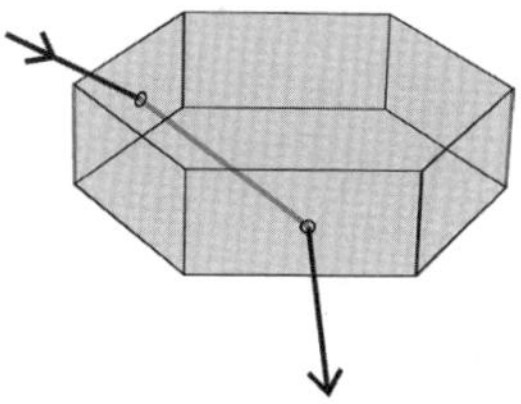

무리해는 육각형 판 모양 얼음 결정의 측면에서 들어와 측면으로(서로 간의 각도는 60도) 빠져나오는 햇빛으로 설명할 수 있다.

잭 보든Jack Borden은 하늘에 미친 전직 텔레비전 뉴스 리포터다. 그는 미국에서 '공활한 하늘을 위하여For Spacious Skies'라는 조직을 운영하고 있다.[3] 이 조직의 목표는 사람들이 하늘에 대해 관심을 갖게 하고 하늘의 아름다움을 제대로 느끼게 하자는 것이다. 조직을 운영해온 20년이 넘는 세월 동안 잭은 사람만 만나면 꼭 잊지 않고 무리해를 본 적이 있는지 물어보았다. 그는 이렇게 말한다. "저는 그 질문을 하늘에 관심이 있는지 실험해보는 일종의 리트머스 시험지처럼 쓸 생각을 했죠. 어떤 사람들을 만나서 얘기하든 저는 간단하게 그중에 무리해를 본 사람이 있느냐고 물어봤습니다. 대부분은 제가 무슨 말을 하는 건지 아예 이해하지 못하더군요. 그럼 저는 그런 현상을 촬영한 사진을 보여주었습니다." 잭의 추산에 따르면 백 명 중 겨우 다섯 명만 무리해를 본 적이 있으며, 그중에서 두세 사람은 겨우 한 번밖에 보지 못했다고 한다. 일주일에 한 번 이상 일어나는 현상치고는 봤다는 사람이 그리 많아 보이지 않는다. 아무래도 잭이 제대로 짚어낸 것 같다.

***

권층운에서만 무리 현상이 나타나는 것은 아니다. 조각으로 떠 있는 권운에서 나타날 수도 있고, 얼음 결정으로 이루어진 적란운의 모루구름에서 나타날 수도 있고, 권적운 같은 상층운에서 떨어지는 얼음 결정으로 이루어진 꼬리구름에서 나타날 수도 있다. 하지만 권층운은 다른 구름들과는 달리 하늘에 넓고 고르게 퍼져 있는 경우가 많다는 점에서 차이가 있다. 이것은 광학 효과가 더 순도 높고

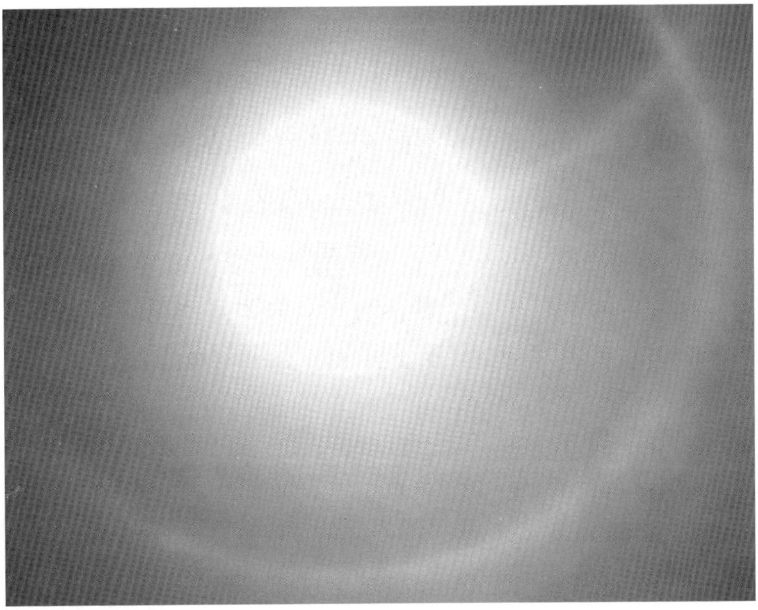

Orly Doron (1622번 회원)

권층운에 생긴 22도 무리.

완벽한 형태로 일어날 수 있음을 뜻한다.

권층운에서 일어나는 모든 무리 현상 중에서 가장 흔한 것은 '22도 무리22° halo' 현상이다(이것도 마찬가지로 기억하기 쉬운 이름을 지어주기를 기다리고 있다). 이것은 무리해보다도 더 흔하게 일어난다. 유럽 어느 곳이든 일 년에 100번 이상 나타난다. 이보다 훨씬 드물게 나타나는 '46도 무리46° halo'(일 년에 겨우 네 번)와 마찬가지로 이것은 구름의 얼음 결정이 판 형태가 아니라 육각기둥일 때 생긴다. 얼음 결정이 작은 프리즘처럼 작용해서 생기는 모든 광학 효과를 무리 현상이라고 부르기는 하지만, 태양 주위로 생기는 이 원 무늬는 말 그대로 '후광'이 비친다고 할 수 있다. 밤에 달이 밝으면 그 주위로

22도 무리와
46도 무리의 광학

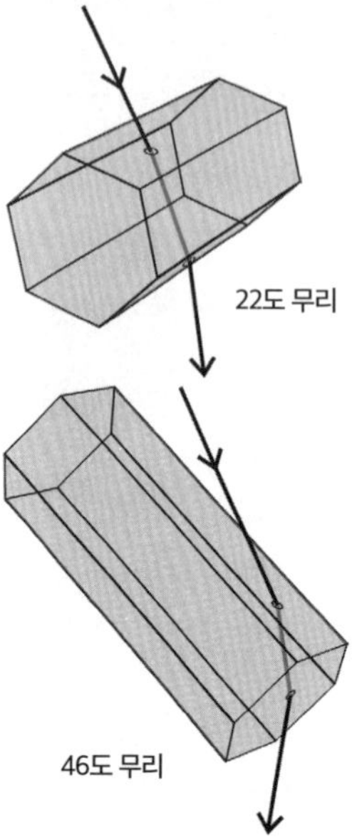

22도 무리와 46도 무리는 육각기둥 형태의 얼음 결정을 통과하는 빛으로 설명할 수 있다.

도 22도 무리가 흔하게 보인다.

낮에는 22도 무리가 태양 주위로 완전히 이어지거나 끊어진 원 모양으로 나타난다. 태양과 원 무늬 사이의 거리는 팔을 뻗어 손가락을 폈을 때의 한 뼘 거리보다 살짝 더 넓다. 그 원 무늬 안쪽의 하늘은 바깥쪽과 비교했을 때 더 어둡다. 원 무늬의 안쪽 가장자리는 경계가 명확하고 바깥쪽 가장자리는 밖으로 가면서 천천히 어두워진다. 보통은 그냥 흰색으로 나타나는 경우가 많지만 아주 뚜렷하게 나타났을 때는 색깔을 띠기도 해서 안쪽 가장자리는 빨강이었다가 바깥쪽으로 가면서 노랑, 초록, 흰색을 거쳐 파랑으로 진행한다.

이보다 훨씬 드물고 크기가 상당한 46도 무리는 그보다 작은 22도 무리보다 밝기가 훨씬 약하다. 이것이 나타나면 태양과 원 무늬 안쪽 가장자리 사이의 거리가 두 뼘을 넘는다.

두 가지 무리를 만들어내는 얼음 결정은 깎지 않은 짧은 연필처럼 생긴 육각기둥 형태다. 이 무리가 생기는 이유는 이 연필 모양 얼음 결정들이 떨어질 때 방향이 제각각이라는 사실로 설명할 수 있다. 즉, 천정호나 무리해를 만들어내는 결정처럼 가지런하게 배열되어 있지 않다. 이런 식으로 설명할 수는 있어도 왜 얼음 결정들이 떨어질 때 공기 저항을 받아 한 방향으로 배열되지 않는 것인지는 확실하지 않다. 사실 22도 무리는 가장 흔하게 나타나는 무리 현상이기는 하지만, 46도 무리처럼 가장 이해가 부족한 현상이기도 하다. 다른 모든 무리 현상과 마찬가지로 얼음 결정은 '광학적으로 순수'해야 한다. 즉 깨끗한 얼음으로 만들어진 연필이라야 한다는 것이다.

두 가지 무리 현상 모두 같은 형태의 얼음 결정에서 나오지만, 결정을 통과하는 방식에서 차이가 난다. 22도 무리는 햇빛이 한 옆면으로 들어가서 60도 각도를 이루는 다른 옆면으로 통과할 때 생긴다. 반면 46도 무리는 햇빛이 한 옆면으로 들어가서 육각기둥 끝면을 통과해 나올 때 생긴다.

작은 연필 모양 얼음 결정은 끝면이 깔끔하게 평면으로 형성되지 않는 경우가 많다. 특히 끝면에서 작은 원뿔 모양을 도려낸 것처럼 생긴 경우가 흔하다. 46도 무리가 잘 나타나지 않는 이유가 이것이다. 연필 끝에 작은 지우개가 달려 있어서 그런 것이 아니니 주의하기 바란다.

***

천정호, 무리해, 22도 무리, 46도 무리는 권층운에서 나타나는 서로 다른 수많은 무리 현상 중 일부에 지나지 않는다. 사실 권층운이 얼음 결정 속에 숨겨놓은 무리 현상은 훨씬 더 많다. 그 이름들을 보면 마치 무슨 외계어 같다. 상단접호上段接弧, upper tangent arc, 환일환幻日環, parhelic circle, 맞무리해anthelion, 120도 환일120° parhelion, 수평

무지개circumhorizon arc, 트리커호Tricker arc, 패리호Parry arc, 헤이스팅스호Hastings arc, 베게너호Wegener arc 등등….

이 각각의 현상이 일어나려면 얼음 결정이 각각의 현상에 따르는 특정한 크기나 방향, 그리고 광학적 순도를 균일하게 가지고 있어야 한다. 그리고 이 현상이 자주 일어날지, 드물게 일어날지는 이런 균일한 얼음 결정이 얼마나 흔하게 발생하는가에 달려 있다. 일부는 태양의 고도에 크게 영향을 받기도 한다. 어떤 무리 현상은 극단적으로 드물어서 극지방에서만 나타나기도 한다. 극지방에서는 얼음 결정이 천천히 크게 자라나서 광학적 순도가 높고, 형태도 좀 더 규칙적인 얼음 결정이 만들어지기 때문이다. 일부 현상은 너무나 드물어서 컴퓨터 모델링을 통해 가상의 얼음 결정을 통과하는 빛의 경로를 시뮬레이션해서 그 존재를 추측해낸 수준에 머무는 것도 있다. '컨 무리Kern halo'의 경우도 아직 사진 촬영조차 이루어지지 않은 무리 현상이다.

극지방에서는 이런 현상이 구름 때문이 아니라, '다이아몬드 가루'라는, 낮은 높이에서 떨어지는 얼음 결정 때문에 생기는 경우가 흔하다. 이 얼음 결정들은 부드럽게 내리는 눈처럼 실제로 낙하하지만, 겉보기에는 얼어붙은 안개와 비슷하다. 이 얼음 결정은 구름에서 떨어지는 것이 아니라 기온이 영하 20도보다 낮을 때 지표면 높이에서 결정이 자라나 떨어지는 것이다. 극지방에서 아름답게 반짝이는 '다이아몬드 가루'는 세상 그 어느 곳에서도 볼 수 없는 가장 극적이고 광범위한 무리 현상을 만들어낼 수 있다. 1999년에 이루어진 한 남극 탐사에 참가한 과학자들은 아주 특별한 장관을 대접

받았다. 동시에 적어도 24가지가 넘는 서로 다른 무리 현상이 나타나는 것을 확인한 것이다.

다행히도 '해기둥sun pillar'은 흔해서 관찰이 어렵지 않기 때문에 굳이 극지방 주변을 서성거릴 필요가 없다. 해기둥은 태양이 지평선 위로 낮게 떴을 때 그 위로(때로는 아래로) 빛이 넓은 선을 그리며 뻗어 있는 것처럼 보인다. 이것도 무리 현상 중 하나로 분류되기는 하지만 조금 다른 부분이 있다. 이것은 빛이 얼음 결정을 '통과'하면서 생기는 현상이 아니라, 그냥 결정들이 수평 방향 근처에서 진동할 때 그 면에서 '반사'되어 생기는 현상이기 때문이다. 편평하기만 하면 어떤 결정이든 빛을 반사할 수 있기 때문에, 꼭 광학적으로 순수한 프리즘 역할을 하는 결정이나 깔끔하고 예리한 각을 가진 결정이 아니라도 상관없다. 하지만 강하고 키가 큰 해기둥이 나타나려면 결정들이 낙하하면서 흔들려야 한다.

***

태양은 엷은 권층운이 가리고 있어도 아주 밝게 빛나기 때문에, 사람들이 무리 현상이 발생한 사실을 알아채지 못하고 넘어가는 일이 많다. 충분히 이해할 수 있는 부분이다. 눈부신 햇빛을 직접 쳐다보는 것이 현명한 일은 아니니까 말이다.

하늘에서 나타나는 광학 효과에 대해 다룬 책들을 보면 어김없이 태양을 직접 바라보지 말라는 경고가 실려 있었다. 하지만 '무리관찰자' 중에 분노에 휩싸여 시각장애인용 하얀 지팡이를 짚고 다니

면책 조항!

는 사람은 한 번도 본 적이 없다. 우리는 본능적으로 그런 곤경을 피하도록 진화되었다고 봐야 할 것이다. 그렇다고는 해도 돈이 드는 소송에 빠져드는 것을 피하기 위해 노파심에 다시 한번 잔소리를 좀 늘어놓겠다. 무리 현상을 찾을 때는 반드시 손으로 태양을 가리거나 태양이 나무로 가려지는 곳에 들어가서 찾아야 한다. 그렇지 않으면 아무것도 관찰할 수 없을 것이다. 구름은 말할 것도 없다.

달빛도 권층운에서 무리 현상을 나타낼 수 있는데, 물론 달빛에는 이런 위험이 따르지 않는다. 하지만 달빛은 햇빛에 비하면 훨씬 약하기 때문에 보통 보름달일 때가 아니고는 무리 현상을 알아채기가 힘들다. 그리고 그런 경우라도 빛이 너무 약해서 사람의 눈으로는 색을 가려내기가 힘들다.

***

권층운의 미소에서 보이는 둥근 빛의 스펙트럼 원호는 하늘 꼭대기를 중심으로 펼쳐지는 대규모 방송이지만, 오직 구름관찰자만이 이해할 수 있는 메시지를 실어 나르고 있다. 구름의 조성을 알려주는 은밀한 속삭임인 것이다. 이 무리 현상을 보면 구름관찰자는 8킬로미터 상공에서 얼음처럼 차가운 공기 사이로 부드럽게 흩어져 내리는 구름 속 작은 얼음 결정들이 어떤 모양과 어떤 방향을 하고 있는지 알 수 있다.

하지만 권층운 같은 상층운의 얼음 결정이 언제나 육각형 판 모양이나 육각기둥 형태여서 광학 현상을 만들어내는 것은 아니다. 권층운이 하늘을 우윳빛 면사포처럼 뒤덮을 뿐 화려한 광학 현상은 보이지 않을 때가 많은데, 이런 경우에는 구름의 얼음 결정이 가지각색의 다른 형태로 구성되어 있을 수도 있다. 이 결정들이 완벽한 미니 프리즘 역할을 하기에는 적당한 형태나 크기, 투명도를 갖추지 못했을지 모르지만, 얼음구름이 자기 나름의 개성을 표현하는 방식임에는 틀림없다. 얼음 결정들은 현미경처럼 작은 세상에서 대류권 상층부의 트렌드를 쫓아 표현하는 독특한 패션 아이템이라 할 수 있고, 계절마다 화려한 스타일의 컬렉션을 뽐낸다. 이 스타일들은 결정이 자라나는 공기의 특정 온도와 습도에 따라 좌우된다.

얼음 결정 패션의 고전을 들라면 당연히 '가지 뻗은 별모양stellar dendrites' 결정을 꼽아야 할 것이다. 이것은 똑같이 생긴 여섯 개의 팔이 한 평면 위에 대칭으로 배열된 형태로, 각각의 팔에는 프랙털 기하학의 원리로 형성된 섬세한 하부 가지들이 빽빽하게 들어차 있다. 눈에 대해서 다루는 사진 책을 보면 이 결정 사진이 빠지지 않고 광택지 위에 대문짝만하게 등장한다. 어떤 구름은 남다른 패션을 뽐내기를 좋아해서, 마치 고전을 살짝 비틀어서 만들어낸 패션 작품이라도 되는 듯 팔이 20개가 달린 별 모양 결정을 만들어내기도 한다. 어떤 조건에서 이런 형태가 나타나는지는 아직도 수수께끼다. 직경이 5밀리미터나 되는 거대한 별 모양 결정을 만들어낸 대담한 구름도 있었다고 한다.

화려한 장식은 덜하지만, 마찬가지로 상쾌한 대칭 형태를 보여주는 '분할된 판 모양sectored plate'이라는 형태도 있다. 이것은 은접시처럼 생긴 얼음 결정으로 나뭇가지 모양의 수지상樹枝狀 결정과 마찬가지로 여섯 개의 팔이 달려 있지만, 더 땅딸막하고 각진 스타일이다. 이것은 마치 각각 고유의 모양을 가진 천공기로 얇디얇은 얼음 판을 찍어서 만들어낸 것처럼 보인다.

기둥 형태의 결정이 만들어질 때는 깨끗한 무리 현상을 만들어내는 소형 프리즘처럼 꼭 완벽하고 똑바르게만 만들어지는 것이 아니다. '빈 기둥hollow column' 결정은 옆면이 육각형으로 배열된 기둥 형태이기는 하지만, 기둥 양쪽 끝에서 작은 원뿔 모양으로 속을 파낸 것처럼 보인다. 마치 하늘나라 최고의 작업실에서 가장 정밀한 드릴을 이용해서 작업한 것 같다.

때로는 기둥이 아주 길고 가늘게 자라서 '얼음바늘ice needles' 형태가 만들어지기도 한다. 아주 높은 하늘에서 떨어지는 것을 보면 이 결정들은 하늘나라 재봉사의 작업대에서 떨어진 것이 아닌가 싶기도 하다. 어떤 경우에는 결정이 처음에는 한 방향으로 자라다가, 온도와 습도가 다른 지역으로 떨어지면 다른 방향으로 자라기도 한다. 이런 과정을 거치면 결정은 중심부에 가는 축이 있고, 끝에 넓은 육각형 판이 달리는 '모자 쓴 기둥capped column'이라는 형태로 발달하기도 한다. 중심축 양쪽으로 판이 달리는 경우도 드물지 않아서, 마치 재봉사가 덜렁대다가 바늘과 함께 실패까지 함께 떨어뜨린 것처럼 보인다.

구름 속 얼음 결정의 성장 속도는 주변 공기의 온도와 습도에 달려 있고, 이 성장 속도가 결정의 형태를 결정하는 핵심 요소인 것으

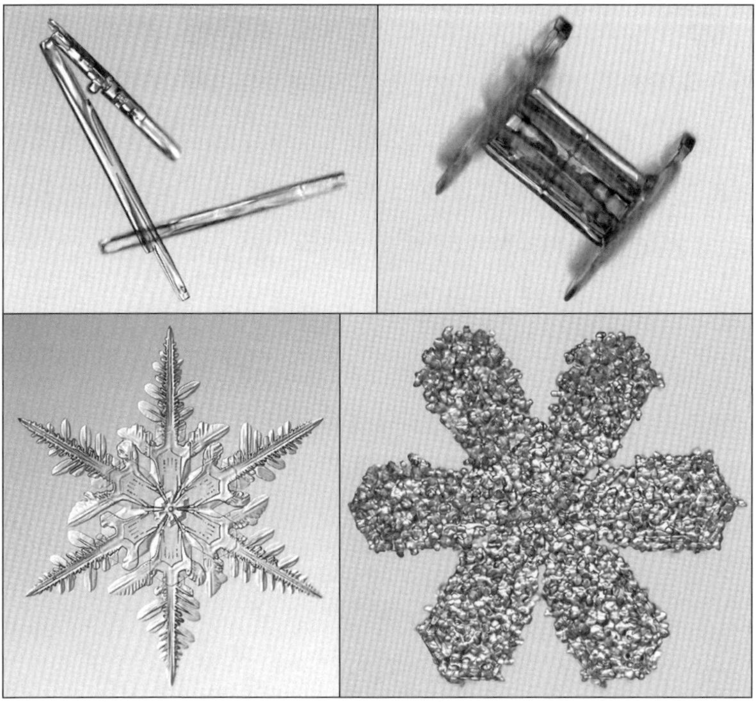

Kenneth G. Libbrecht 박사 (1528번 회원)

얼음구름의 패션을 빛나게 하는 비밀. 가늘디가는 '얼음바늘' 모양에서, 실패처럼 생긴 '모자 쓴 기둥' 모양, 얼음 결정 패션의 고전이라 할 수 있는 '가지 뻗은 별 모양', 거리 패션 감각이 돋보이는 '서리' 모양까지.

로 보인다. 성장 속도가 빠를수록 결정의 형태는 더욱 복잡하고 섬세해진다.

패션계에 몸담고 있는 사람이라면 다들 아는 내용이겠지만, 패션 스타일의 비밀은 바로 조합에 있다. 얼음 결정도 아주 다른 공기층을 통과하는 동안 판 모양, 기둥 모양, 별 모양 등의 형태를 조합해서 나타날 수 있다. 때로는 기존 팔에 이상한 각도로 다시 가지 치듯 팔이 자라나기도 한다.

얼음이 땅으로 내려와 눈으로 내릴 때는 거기까지 오면서 다양한 기온과 습도를 거쳐 왔을 것이고, 그 과정에서 몇몇 구름이 형성되는 동안 나름의 역할을 했을 가능성이 크다. 그렇다면 눈이 개개의 얼음 결정들이 얽힌 형태로 오는 경우가 많다 해도 이상할 것이 없다. 보통 이런 형태를 '눈송이'라고 부른다.

얼음 결정의 형태가 액체 물방울이 들어 있는 구름을 통과하면 규칙적이던 형태가 약화된다. 물방울들이 '서리'로 결정 위에서 얼어붙으면 면이 거칠어지거나 전기 주전자의 전열판처럼 보인다. 유행을 타지 않는 고상하고 순수한 결정 형태에 비하면 이것은 거리에서 반짝 유행하는 패션처럼 보인다.

결정의 형태는 입이 딱 벌어질 정도로 다양하지만, 아무리 계절이 거듭 바뀌어도 계속해서 나타나는 주제가 한 가지 있다. 바로 6이라는 숫자다. 가지 뻗은 별 모양, 분할된 판 모양, 육각형 판의 가장자리, 육각기둥의 옆면… 얼음 결정에서는 3이 아니라 6이 마법의 숫자다. 이것은 물 분자가 결정을 만들 때 분자의 형태 때문에 육각형 격자 형태로 결합하기 때문이다. 분자로 만든 벌집이라 할 수 있다.

***

햇빛과 공중의 물 입자 사이의 상호작용으로 생기는 광학 효과가 얼음 입자 구름의 무리 현상만 있는 것은 아니다. 권층운 같은 상층운이 아닌 다른 구름과 관련해서 나타나는 광학 현상도 각양각색으로 많다. 이런 현상을 크게 세 가지로 분류할 수 있다.

1) '부챗살빛crespuscular ray' 같은 종류. 햇빛에 물든 빛줄기가 구름의 그림자에 의해 서로 분리되어 부챗살처럼 퍼져 보이는 것으로, 빛이 공중에 떠 있는 입자에 의해 산란되어 눈으로 들어온다.

2) 무지개 종류. '구름무지개cloudbow', '안개무지개fogbow', '그림자 광륜glory' 등 조금 생소한 것들도 있다. 물방울에서 반사되어 산란된 햇빛이 되돌아오는 현상으로, 보통 비나 구름, 안개 속에 들어 있는 물방울에서 이런 현상이 일어난다.

3) 광환이나 '채운 현상irisation' 같은 종류. 햇빛이 태양이나 달과 관찰자 사이에 있는 아주 미세한 물방울이나 얼음 입자 주변을 통과할 때 생긴다.

이름이 유치한 빛

첫 번째 분류인 부챗살빛은 태양을 가리고 있는 짙은 뭉게구름 뒤에서 빛줄기들이 멋들어지게 쏟아져 내리는 것처럼 보이는 현상이다. 때로는 층적운 같은 두꺼운 구름에 생긴 구멍을 뚫고 내려와 비치는 경우도 있다. 이럴 때는 마치 눈에 보이지 않는 어떤 신의 시선이 수증기 덕분에 눈에 보이게 된 것 같다.

이것은 공기 중 작은 물방울(그리고 다른 입자들도)의 산란 효과 때문에 드러난 빛줄기에 불과하다. 구름으로 나타날 정도로 풍부한 양은 아니지만, 그늘 속에서 빛줄기가 두드러져 보일 정도로 빛을 산란시켜주기에는 충분한 물방울 덕분이다. 향 연기가 가득한 성당 건물 안으로 쏟아지듯 들어오는 햇빛의 줄기나 담배 연기 자욱한 카페 안에서 보이는 빛줄기도 모두 비슷한 방식으로 생기는 것이다. 사실 대기를 통과하는 빛줄기들은 서로 평행하게 들어오지만, 빛줄기가 우리 쪽을 향해서 올 때는 원근감 때문에 마치 퍼지는 것처럼 보인다.

부챗살빛의 형성 원리를 잘 알고 있다고 해도, 막상 눈으로 직접 보면 성스러운 무언가가 스며 있는 것만 같은 생각을 떨치기가 힘들다. 그리스 헬레니즘과 로마의 미술 작품들을 보면 황제를 '빛의 왕관radiate'과 함께 그려놓은 경우가 많다. 이것은 황제가 태양의 신인 헬리오스Helios(그리스 신화)와 솔Sol(로마 신화)과 연관되어 있음을 나타내는 것이고, 사후死後의 신성함을 나타내는 표시로도 사용되었다. 기독교의 부흥과 함께 이 상징은 '후광nimbus'이라는 둥근 무늬로 대체되었다. '빛의 왕관'에 들어 있는 빛줄기는 이교도를 떠올리게 했기 때문이다.

르네상스 초기 시절까지 기독교 미술에서는 대상의 영성을 표현할 때 원형의 후광을 이용했다. 하지만 르네상스 시대로 접어들면서 전반적으로 자연스러움을 추구하는 쪽으로 나아가게 되었고, 사람의 머리 위에 원반 형태를 그리는 것은 이런 추세와 어긋났다.

16세기 후반의 이탈리아 미술을 보면, 그중에서도 특히 틴토레토Tintoretto의 그림에서, 폭발하듯 터져 나오는 빛줄기들이 다시 등장하기 시작한다. 자연에서는 부챗살빛이 자주 보이는 현상이기 때문에 빛을 방사하는 후광이 등장인물의 성스러움을 표현하는 좀 더 자연스러운 방식으로 다시 채택된 것이다. 바로크 시대와 그 이후로도 이것은 표준의 상징으로 자리잡았다. 분명 부챗살빛이 가지고 있는 영적인 함축성을 사용하지 않고 포기하기는 아까웠을 것이다.

이탈리아 아말피의 그리스도 고난 성당 Basilica of the Crucifix에 있는 바로크 양식의 프레스코화. 비둘기의 형상을 성령의 상징으로 표현하기 위해 부챗살빛을 이용하고 있다.

부챗살빛은 마치 하늘 위의 보이지 않는 한 점에서 기원한 듯 구름 뒤에서 뿜어져 나온다. 분명 그 점이 신이 머무는 자리이리라.

나는 네 살 때 처음으로 부챗살빛을 보았다. 우리 어머니의 차 뒷좌석에 앉아서 학교로 가고 있을 때였다. 두둥실 떠오른 뭉게구름 뒤에서 쏟아져 나오는 황금색 빛줄기들을 보며 나는 넋을 잃었다. 내가 실제로 구름을 바라보면서 의식적으로 저것이 대체 무엇일까 궁금해했던 것은 그때가 처음이었다. 부챗살빛 덕분에 나는 구름에 대해 생각하게 되었다(얼마 전에 우리 어머니한테 들었는데, 그 광경을 보며 내가 '조용한 천둥'이라고 표현했다고 한다).

'거꾸로부챗살빛 anti-crepuscular ray'이라는 것도 있다. 이것은 빛이 태양이 아니라 그 반대편 하늘, 즉 대일점對日點, antisolar point에서 뿜어 나오는 것처럼 보인다. 따라서 이것을 보려면 구름관찰자는 태양을 등지고 서야 한다. 부챗살빛과 마찬가지로 이것도 구름 주변 공기에서 빛과 그림자 사이에 대비가 이루어져 보이는 것이다. 햇

부챗살빛은 햇빛이 대기 중의 입자나 물방울에 부딪혀 산란될 때 구름의 그늘 사이로 나타난다.

살이 가려서 공기 중의 수분으로 산란되지 않는 곳은 나머지 부분보다 더 어두워 보인다. '거꾸로부챗살빛'도 사실은 서로 평행하지만 원근감 때문에 한곳으로 모이는 것처럼 보인다.

햇살을 눈에 보이게 할 만큼 충분한 습기가 공기 중에 없을 때라도, 구름이 다른 구름에 그늘을 드리우는 현상은 일어날 수 있다. 이런 현상이 나타나면 태양에서 멀리 떨어진 구름층에 어두운 반점 무늬가 나타나기도 한다. 태양이 낮게 떠 있고, 그 그늘을 드리운 구름도 지평선 밑으로 가라앉아 보이지 않을 때 이런 현상이 생기면 아주 신기해 보인다.

***

무지개 종류가 나타나는 광학 효과의 원리는 햇빛이 직경 1밀리미터 정도 되는 물방울과 상호작용해서 태양을 등지고 선 구름관찰자를 향해 거꾸로 반사되어 나오는 것이다.

무지개는 봉우리적운이나 적란운 같은 상승기류 구름과 함께 나타나는 경우가 제일 흔하다. 이런 구름은 광범위하게 층으로 퍼진 구름이 아니라 개별적으로 존재하는 강수구름이기 때문이다. 구름 사이사이에 틈이 있기 때문에 내리는 비를 햇빛이 직접 비출 가능성도 그만큼 높아진다.

햇빛은 물방울 속으로 진입한 다음 반대쪽 표면에서 반사된 후에 다시 태양을 향해 되돌아 나온다. 햇빛을 구성하는 빛은 각기 파장이 다르기 때문에 물방울 속으로 들어갔다가 나오는 과정에서 서로 다른 각도로 꺾여 나온다. 이렇게 해서 파장이 다른 빛끼리 분리되는 효과가 나타나고, 결국 우리 눈에는 서로 다른 그 파장이 다른 색으로 보인다.

구름관찰자가 어느 한 장소에서 바라보는 무지개는 다른 장소에서 다른 사람이 바라보는 무지개와 절대로 같은 무지개가 아니다. 800미터에서 2.5킬로미터 정도 떨어져 있는 무지개의 둥근 원호 속에 놓여 있는 물방울들은 각자 약간의 햇빛을 구름관찰자의 눈을 향해 반짝거린다. 하늘에서 떨어지는 어떤 물방울들은 구름관찰자에게 무지개의 스펙트럼 중에서 노란색 부분을 반짝거리고 있다. 하지만 다른 위치에서 바라보는 사람에게는 그 물방울이 보라색을 반

당신의 무지개는
내 무지개와 다르다

짝거리고 있을지도 모른다. 무슨 뜻이냐면, 관찰자가 위치를 바꾸면 그 관찰자에게 빛을 반짝거리는 물방울도 달라진다는 것이다. 그러니 구름관찰자들께서는 부디 무지개의 끝을 찾아 나서겠다는 헛되고, 솔직히 어디 가서 망신당하기 딱 좋은 야망은 접기 바란다. 그것은 해수면 위에 드리워진 햇살의 일렁임을 피해보겠다고 이리저리 배를 몰며 도망 다니는 짓이나 마찬가지다.

하늘에 나타나는 즐거운 광학 현상 중에는 무지개가 제일 친숙할 것이다. 하지만 우리 중에 무지개에서 나타나는 세세한 부분까지 다 알아차린 사람이 얼마나 될까? 무지개 안쪽 하늘이 바깥쪽 하늘보다 더 밝다는 것을 알아차린 사람은 얼마나 될까? 이따금 1차 무지개 바깥쪽으로 1차 무지개보다 어둑하고, 색깔 배열은 반대로 되어 있는 2차 무지개가 생긴다는 것을 알아차린 사람은 얼마나 될까? '알렉산더의 검은 띠Alexander's Dark Band'를 본 사람은 또 얼마나 될까? 이것은 세상의 종말이나 죽음을 노래하는 미들즈브러 출신의 록밴드 그룹 이름이 아니라, 1차 무지개와 2차 무지개 사이에 있는 검은 영역을 말하는 것이다. 이것에 대해 서기 200년경에 처음으로 기술한 사람이 바로 아프로디시아스의 알렉산더였다. 또 밝은 1차 무지개 바로 안쪽에 나타나기도 하는 희미한 파랑/보라의 원호를 본 사람은 얼마나 될까? 이것을 '과잉무지개supernumerary bows'라고 한다. 빛의 파동들이 빗방울의 서로 다른 부분에서 나오면서 서로 위상이 살짝 어긋나 있을 때 중첩되어 '간섭'을 일으켜서 생기는 현상이다. 빛의 파동 간섭 원리는 뒤에서 다시 다루겠다.

무지개의 끝을 찾아갈 수는 없다. 해수면 위에 드리워진 햇살의 일렁임을 피할 수 없는 것처럼.

드물긴 하지만 햇빛이 구름층의 더 작은 물방울과 만나서 구름무지개가 생기기도 한다. 이때도 무지개와 마찬가지로 태양은 구름관찰자의 뒤에 있어야 한다. 구름무지개의 원호는 일반 무지개와 색깔은 같지만 더 은은하게 퍼져 보인다. 그리고 전체적인 원호의 폭도 더 넓다.

안개무지개fogbow는 햇빛이 구름관찰자 뒤에서 안개 사이 틈으로 들어와 비출 때 나타난다. 폭이 대단히 넓은 이 원호는 색채를 띠기보다는 유령처럼 퍼진 흰 빛의 고리 모양으로 나타난다. 안개의 물방울 크기는 특히나 작고(직경이 0.02밀리미터에 불과할 때도 있다), 크기가 균일하기 때문에 빛이 물방울에서 구름관찰자를 향해 반사되어 나오는 동안 서로 간섭을 일으킨다.

아직 그 원리는 완전히 이해하지 못하고 있지만, 안개무지개와 밀접하게 관련된 것으로 '그림자광륜'이라는, 색상이 더 화려한 광학

파상 권층운의 부드러운 물결무늬 풍경을 CCTV 때문에 망쳐버렸다.

현상이 있다. 이것은 구름관찰자가 태양을 뒤에 두고 아래로 구름이나 안개를 내려다보고 있을 때, 구름관찰자가 드리운 그림자 주위로 나타난다. 당연히 계곡에 있는 구름관찰자보다는 산에 오른 구름관찰자에게 더 자주 나타난다.

구름 위에 드리워져 형태가 원근감으로 상당히 왜곡된 구름관찰자의 그림자 머리 주변으로 후광 비슷한 빛의 스펙트럼이 생긴다. 이 섬뜩한 유령 같은 형태를 '브로켄의 요괴Brocken spectre'라고도 한다. 이 이름은 독일 하르츠 산지의 최고봉인 브로켄산의 이름에서 따온 것이다. 이 산은 일 년 중 최고 300일 정도는 안개가 드리워져 있기 때문에 그림자광륜 현상이 매우 자주 일어난다.

친구들과 함께 있을 때 이 광학 효과를 관찰하게 된 구름관찰자들은 다른 친구들의 그림자 주위로는 이런 그림자광륜이 생기지 않는다는 것을 눈치챌 것이다. 사실 함께 있는 모든 사람들은 자기 그림자 주변으로만 그림자광륜이 보인다. 참으로 자기중심적인 광학 현상이 아닐 수 없다.

그림자광륜을 보겠다고 굳이 브로켄이나 다른 산에 오르는 수고까지 하고 싶지 않은 사람들도 있을 텐데, 그렇다고 그림자광륜을 볼 기회가 전혀 없는 것은 아니다. 비행기를 타고 가다가도 유리창 너머로 똑같은 광학 현상을 가끔 볼 수 있다. 비행기 아래로 적당한 종류의 구름층이 존재한다면(작고 균일한 크기의 물방울로 이루어진 구름), 비행기의 그림자가 여러 가지 색상을 띤 그림자광륜에 둘러싸여 있는 광경을 볼 수 있다.

***

마지막으로 다룰 광학 효과는 아주 작은(100분의 1이나 2밀리미터 정도) 물입자(물방울이든 얼음 결정이든 상관없다)의 얇은 층을 뚫고 나온 햇빛을 관찰할 때 나타나는 현상이다.

이런 유형의 광학 효과의 예로 '어린' 구름 사이로 해나 달을 보았을 때 그 주위로 나타나는 '광환' 현상을 들 수 있다. 어린 구름이라고 하면 갓 생겨나서 물 입자의 크기가 균일한 구름을 말한다.

광환은 새로 형성된 얇은 중층의 고층운 구름층에서 제일 자주 보이지만, 가끔은 고적운이나 권적운, 권운에서 나타나기도 한다. 달 주위로 생기는 광환이 더 자주 보이는데, 이것은 물론 달은 태양처럼 눈이 부시지 않아 직접 쳐다볼 수 있기 때문이다. 잘 형성된 광환은 앞에서 설명한 무리halo처럼 하나의 링으로 구성되는 것이 아니라, 중앙에 달의 몇 배 크기밖에 되지 않는 '오레올aureole'이라고 하는 흰 원반이 자리잡고, 그 주위를 색을 띤 테 무늬가 두르고 있다. 색의 순서를 보면 달을 중심으로 하얗고 노란 원반이 있고, 바깥 가장자리로 갈색 기운이 도는 빨강, 희미한 파랑, 초록, 그다음으로 빨간색의 스펙트럼이 뒤따른다. 이따금씩 이 바깥쪽으로 색을 띤 테 무늬가 더 나타나기도 한다.

광환은 햇빛이(직접 내리쬐는 햇빛이든, 달에 반사된 달빛의 형태이든) 구름 속 물방울이나 얼음 입자 같은 작은 장애물들 주변을 지나는 동안 휘어지면서 생긴다. 빛은 이런 장애물을 직접 관통할 필요가 없기 때문에 무리 현상이나 무지개보다 훨씬 밝다(빛이 약한 경우가 있다면, 빛이 입자를 관통해서 오기 때문이다). 어둑한 달빛 아래서도 구름관찰자가 오레올 주변의 색을 바라볼 수 있을 정도로 밝은 경우가 많은 것은 바로 이 때문이다.

광환의 직경은 구름 속 물방울의 크기에 따라 다양하게 나타난다(물방울이 클수록 광환은 작아진다). 따라서 보름달 앞으로 물방울 크기가 다른 얇은 구름층이 지나가면 광환이 커졌다가 작아졌다 하는 것을 볼 수도 있다.

이 광학 효과는 물방울이나 얼음 결정이 빛의 경로를 가로막는 작은 장애물로 작용하기 때문이다. 관찰되는 색에 눈에 띌 만한 변화가 생기려면, 빛을 가로막는 구름 입자가 아주 작아야만 한다. 바다에서 파도가 부두 끝부분 같은 장애물을 만나면 휘어져 들어가는 것처럼, 빛의 파동도 구름의 입자를 만나면 휘어진다. 햇빛을 구성하는 빛은 파장에 따라 입자를 지나칠 때 서로 다른 각도로 휘어져 들어가고, 물방울 양쪽에서 나온 빛의 파동이 서로 간섭하기 때문에 광환 중앙의 밝은 원반 주변으로 색을 띤 테 무늬가 만들어지는 것이다.

광환이 깨끗한 색깔로 선명하게 보이려면 구름층이 얇아야 한다. 구름층이 두꺼워지면 빛이 구름관찰자에게 오는 길에 많은 입자를 돌아 나와야 해서 번져 보인다.

광환은 햇빛이 구름 속 물방울이나 얼음 입자처럼 투명한 것을 지날 때도 생기지만, 바람을 타고 대기 중으로 올라간 꽃가루처럼 불투명한 입자로 만들어진 구름을 통과할 때도 생길 수 있다. 광환은 햇빛이 장애물을 관통하지 않고, 돌아 나오면서 생기는 것이기 때문에 눈치 빠른 구름관찰자라면 이 사실에 놀라지 않을 것이다. 화산 분출이 있고 난 후에 대기 높이 올라간 재나 수화황산염hydrated sulphate 방울은 '비숍고리Bishop's ring'라는 광환을 만들어내기도 한다. 이 이름은 1883년에 크라카토아 화산이 분출한 후에 호놀룰루에서 최초로 이것을 확인한 세레노 주교Sereno Bishop를 기념해서 붙였다.

이제 구름에서 나타나는 광학 효과의 마지막 예를 살펴보자. 이것은 가장 아름다운 광학 현상 중 하나로 광환 현상과 밀접하게 관련이 있고, '무지개빛iridescence' 혹은 '채운 현상'이라고 부른다. 채운 현상을 의미하는 영어 'irisation'은 그리스 신화에 나오는 무지개의 여신 '이리스Iris'에서 나온 단어다. 이리스는 제우스와 헤라가 전하는 메시지나 명령을 지상의 인간들에게 전하는 역할을 했다. 이리스는 무지개의 여신이었음에도 공교롭게 그녀의 이름은 무지개를 지칭하는 데 사용되지 않고, 그 대신 중층운이나 상층운의 가장자리에 나타나는 진주색의 아름다운 술 장식을 나타내는 단어에 사용되었다.

이 색을 띤 띠무늬들은 사실상 광환의 일부다. 채운 현상은 보통 파도 모양의 띠로 나타나는데, 물방울이나 얼음 결정이 구름 가장자리로 갈수록 주변 공기에 수분을 뺏겨 크기가 작아지기 때문이다.

채운 현상은 UFO 모양의 렌즈고적운 같은 파동구름 주변에 종종 나타난다. 이런 구름에서는 기류를 타고 흐르는 수증기가 구름 앞쪽에서 물방울을 형성했다가 구름 뒤쪽에서는 다시 수증기로 증발해버린다. 물방울의 수명이 짧다 보니 서로 결합해 더 큰 물방울로 자라날 시간이 없어서 결국 이 구름 속의 물방울들은 아주 작은 상태로 남게 된다. 그리고 태양 자체도 구름에 의해 가려져 눈부심이 줄어드는데, 다른 광학 효과보다도 채운 현상이 더 흔히 관찰되는 이유다.

무지개의 여신임에도 불구하고 이리스의 이름은 무지개와는 상당히 다른 현상을 지칭하는 데 사용되고 말았다. 하지만 특히나 강렬하고 깨끗한 채운 현상의 색깔 덕분에 훨씬 매력적이고 아름다운 광학 효과를 지칭하는 이름이 되었으니 오히려 다행인지도 모르겠다.

***

구름은 모두 햇살 아래서 신나게 노는 순간들이 있다. 구름들은 저마다 햇빛을 가지고 놀 줄 안다. 어떤 구름은 중국 꼭두각시 인형처럼 이웃 구름에 그림자를 드리우기도 하고, 어떤 구름은 손전등 불빛에 손가락 그림자놀이를 하듯 햇살을 막아 자신의 형체를 드리우기도 한다. 어떤 구름은 빛을 반사하는 물방울을 이용해서 스펙트럼을 분리하고 합쳐서 자기를 바라보는 사람들에게 보여주기도 하고, 어떤 구름은 빗방울을 드리우는 것을 좋아해서, 그 빗방울들이 빛을 굴절하고 반사해서 스펙트럼으로 만들어놓은 무지개를 흡족하게 바라보기도 한다. 각각의 구름은 빛을 비틀어서 파동을 정렬하고 다시 조합하는 자기만의 방법을 가지고 있다. 하지만 그 모든 광학 효과 중에서도 어쩐지 권층운의 무리 현상에서 나타나는 미묘하기 그지없는 광채에 더 마음이 끌리는 것은 나로서도 어쩔 수가 없다.

어쩌면 권층운의 얼음 결정층이 우윳빛으로 보일 듯 말 듯 깔려 있다 보니 사람들이 제일 무관심하게 이 구름을 지나쳐서 그런지도 모르겠다. 장막처럼 과묵하게 드리워진 이 구름은 자기를 알아봐주는 사람이 없다고 해도 별로 신경 쓰는 것 같지 않다. 권층운은 자기의 업적을 굳이 떠들고 다닐 필요가 없다. 그 안에 얼음 프리즘을 품고 있는 이 구름은 자기가 무지개보다 더 밝은색을 펼쳐 보이고 있다는 사실에 만족하는 듯하다. 하기야 무리해라는 가짜 태양을 만들어 세상에 하나밖에 없는 태양을 골려주기도 했고, 심지어 자기가 인류 역사의 흐름까지도 바꾸어놓았다는 것을 알고 있으니 어찌 뿌듯한 마음이 없겠는가?

아, 맞다. 하마터면 까먹을 뻔했다.

하늘에 나타난 'hoc signo victor eris(너희는 이 기호로 승리하리라)'라는 글씨는 분명 신의 손으로 쓰인 것이었겠지만, 그것과 함께 나타난 기호는(승리를 기념하는 로마 화폐에 새겨진 라바룸 상징이 이 기호를 나타내는 것이라면 말이다) 의심할 여지 없이 분명 권층운의 부드러운 얼음 손으로 쓰인 것이 틀림없다.

서기 327년에 콘스탄티노플에서 만들어진 진귀한 동전인 'Spes publica(국가의 희망)'를 보면 콘스탄티누스와 그의 군대가 15년 전에 하늘에 새겨진 환영을 본 이후로 이 기호가 로마 군대의 표준 문양으로 자리잡았음을 짐작할 수 있다. 그 동전에는 세 개의 원이 그려진 군기 위로 라바룸 상징이 그려져 있다.

어쩌다가 태양이 지평선에서 22도 각도로 떠 있게 되면, 천정호의 미소는 46도 무리와 맞닿는 것처럼 보일 수 있다. 구름이 드문드문 깔려 있어서 무리의 일부만이 천정호 아래 나타났다면 이 광학 효과가 콘스탄티누스의 라바룸 상징에 나타난 십자가 무늬와 닮지 말라는 법도 없다. 그럼 라바룸 상징의 'P'에 들어 있는 수직선은? 물론 그것은 태양 아래로 나타난 해기둥이다. 그럼 상징 밑쪽 양피지 위에 그려진 동전 세 개는? 당연히 해와 함께 양옆에 등장한 무리해를 나타내고 있을 것이다.

밀비아 다리 전투 전날에 콘스탄티누스와 그의 군대 위로 하늘에 떠 있던 권층운의 얼음 결정들이 딱 적당한 크기와 방향으로 배열되어 있고, 태양도 딱 적당한 고도에 올라 있어서 네 가지 무리 현상이 동시에 나타났을지도 모를 일이다. 뭐, 사실 가능성이 희박한 얘기이지만 불가능한 일도 아니지 않은가?

만약 그랬다면, 그 모양이 로마 동전에 그려진 군대 표준 문양의 서로 다른 요소들처럼 보이지 않았을까?[4] 콘스탄티누스가 천정호와 교차하면서 만나는 조각난 46도 무리와 함께 태양에서 내려온 해기둥을 동시에 본 것이 아닐까? 그가 세 개의 불덩어리를 보았다면, 그것은 태양과 그 양쪽에 나타난 무리해가 아니었을까? 밀비아 다리 전투 전날에 역사를 통틀어 가장 중요한 구름관찰의 순간이 찾아왔던 것이 아닐까?

분명 사람들 중에는 권층운 하나 때문에 서방 세계에 기독교가 전파되었다는 것은 솔직히 웃기는 얘기라 생각할 사람도 있을 것이다. 지금 생각해보니 그 생각이 옳을지도 모르겠다. 권층운이 아니라 평범한 권운이었을지도 모를 일이기 때문이다. 권운에서도 가끔씩 무리 현상이 나타나니까.

'Spes publica'로 알려진 구리 동전. 콘스탄티누스가 하늘에서 본 기적의 환영에 영감을 받아 만든 로마 군대의 표준 문양이 새겨져 있다.

부속구름

부가적 특성

성층권구름

중간권구름

비행운

모닝글로리

구름의 대분류에는 포함되지 못했지만, 열 가지 구름에 딸려 나타나거나 부가적 특성으로 구별되는 구름들이 있다. 또한 보통의 구름보다 훨씬 높은 성층권과 중간권에 나타나는 구름도 있고, 비행기가 만들어낸 비행운과 활공기 조종사들의 버킷리스트로 꼽히는 모닝글로리라는 독특한 구름도 있다.

Not Forgetting...

잊지 말아야 할 구름들…

11

그 외의 구름들

부속구름, 부가적 특성, 그리고 성층권구름과 중간권구름

구름 분류에 이름을 올리는 영광은 열 가지 구름의 유형이 모두 차지해버렸지만, 그렇다고 구름관찰자가 그보다 덜 알려진 구름의 특성들을 잊어버려서는 안 된다.

일부 구름은 '부속구름'이라 불린다. 이들은 들러리나 대장 호위기 같은 구름이라서 열 가지 구름 속屬 중 한 가지가 주변에 있을 때만 나타난다. 구름 활동의 중심부에서 멀어지는 법이 없다 보니 가끔은 기상 현상에 휩쓸려 자기가 따라다니던 구름의 본체 속으로 흡수되어버리기도 한다.

어떤 것들은 그 자체로는 구름으로 보지 않고, 그저 열 가지 구름 유형에서 나타나는 '부가적 특성'으로만 인정해준다. 하지만 구름을 분류한다는 것이 사실 뜬구름 잡듯 모호한 일이라 어떤 것을 실제

구름이라 하고, 어떤 것을 아니라 할지는 그저 전 세계 기상학자들 사이에 통용되는 관습에 불과한 경우가 많다. 나로서는 이들이 가진 구름으로서의 자긍심을 부정해버리는 것은 다소 불공평한 처사이며, 그저 구름에 나타나는 '특성'으로 치부할 것이 아니라 실제 구름으로 인정해주어야 마땅하다고 생각한다.

마지막으로 성층권구름stratospheric cloud과 중간권구름mesospheric cloud이 있다. 이들은 그 자체로 분명 구름이다. 이들은 대기권 아주 높은 곳에서 형성되는 구름으로, 때로는 대류권 위로 까마득히 높은 곳에 떠 있을 때도 있다. 이 높이는 나머지 다른 구름들 입장에서 봐도 무지무지하게 높다. 이 신비로운 구름계의 괴짜들은 저 높고 전망 좋은 곳에서 자기 형제들을 무심한 듯 거만한 태도로 내려다볼 것이다.

부속구름

삿갓구름

삿갓구름pileus은 마치 구름의 헤어스타일처럼 보인다. 이것은 과냉각된 물방울로 만든 부팡• 스타일로, 유행에 민감한 적운들만 즐기는 스타일이다. 하늘을 열심히 바라보다 보면 가끔씩 적란운이나 그 어린 동생인 봉우리적운이 이런 멋들어진 헤어스타일을 뽐내는

• 헤어스타일에 볼륨을 주기 위하여 머릿결을 반대 방향으로 세우거나 바깥쪽으로 말아 둥근 모양이 되게 한 것.

Justin Moore, Shannon Moore (1477번 회원)

삿갓구름은 구름의 헤어스타일처럼 보인다.

모습을 볼 수 있을 것이다.

삿갓구름은 거대하게 솟아오르는 이 구름 기둥의 수직 상승기류가 그 위를 수평으로 불어가는 기류를 가로막는 장애물로 작용할 때 생긴다. 습기 많은 기류가 그 아래로 자라 오르는 구름에 막히면 위로 떠밀려 올라간다. 이때 조건만 적절하면 공기가 구름 위를 지나며 생기는 파동 같은 꼭대기 부근에서 그 수증기 중 일부가 냉각되며 물방울로 응축한다.

이 삿갓구름 형성 과정은 기류가 자기를 가로막은 산을 타고 넘어갈 때 생기는 파동에서 만들어지는 렌즈운과 대단히 유사하다. 렌즈운과 마찬가지로 삿갓구름의 물방울들도 기류를 타고 구름을 통과하는 과정에서 한쪽 끝에서 나타나 반대쪽 끝에서 사라진다.

이렇게 하면 뭉게뭉게 피어오른 상승기류 구름의 정수리 부분에 드라이어로 멋을 낸 듯한 모양이 나온다.

하지만 구름의 패션이라는 것이 대부분 덧없는 것이라, 상승기류 구름이 계속해서 자라면 머지않아 그 머리가 삿갓구름 꼭대기를 뚫고 올라와버린다. 몇 분 만에 구름의 헤어스타일은 어깨높이로 처져 내려오고, 가엾은 상승기류 구름은 비뚤어진 가발을 얹고 있어야 하는 수모를 겪는다.

편난운

편난운pannus은 응결된 물방울이 만들어낸 어둡고 가는 토막구름으로, 비가 내려 수분이 포화된 공기 속에서 유령처럼 만들어진다. 바람이 약할 때는 볼록한 비구름 아래 검은 헝겊 조각처럼 달려 있다. 하지만 바람이 셀 때는 좀 더 누더기 같은 모양이 되고, 마치 지금쯤 어딘가에서 귀신으로 출몰했어야 했는데 늦는 바람에 허겁지겁 빗속을 뚫고 달려가는 혼령처럼 보인다.

구름관찰자들은 편난운을 보통 적란운, 난층운, 봉우리적운, 두꺼운 고층운 아래서 찾아낼 수 있을 것이다. 하지만 중요한 약속까지 취소해가면서 편난운을 찾아 나설 필요는 없다. 편난운이 구름 세계에서 열렬한 갈채를 이끌어내는 인기 스타는 아니니까. 편난운이 주는 감흥은 가느다란 층운 조각 정도라고 보면 된다(사실 이 둘은 본질적으로 똑같은 구름이다). 사람들 대부분은 유령을 보지 못한다. 편난운을 알아보는 사람은 그보다도 적을 것이다.

하지만 구름관찰자가 정말 편난운을 보게 되었는데, 머리 위 구름

열렬한 구름관찰자만이 편난운을 알아차릴 수 있을 것이다.

이 아직 비를 내리고 있지 않다면, 비가 임박했다고 확신해도 좋다. 권운이 퍼지고 두꺼워지는 것은 하루쯤 지난 후에 비가 내릴 것이라는 전조이지만, 편난운은 적어도 3분 안으로 비가 내릴 것을 경고하는 전조이니까 말이다. 첫 번째 내린 비로 공기 중의 수분이 포화된 상태에서는 공기가 아주 살짝만 상승해도 그 수분 중 일부가 물방울로 응결해서 유령 같은 편난운 조각을 만들어낼 수 있다.

면사포구름

면사포구름의 이름은 'velum'으로 라틴어로 '면사포'라는 뜻이다. 면사포구름은 삿갓구름에 비해 훨씬 넓은 영역을 덮기는 하지만 둘은 아주 비슷한 구름이다. 면사포구름은 보통 여러 개의 적운이나 적란운이 단체로 그 위의 안정되고 습한 공기층을 밀어 올릴 때 생긴다. 면사포구름은 삿갓구름처럼 꼭 기류가 있어야 형성되는 것이 아니라, 그냥 발레리나의 치마처럼 그 위에 펼쳐져 걸려 있다.

면사포구름은 종종 상승기류 구름 바깥쪽으로도 어느 정도 퍼져 나오기 때문에 상승기류 구름이 면사포구름을 뚫고 솟아오른 다음에도 그 치마 모양을 그대로 볼 수 있다. 사실 면사포구름 층은 대단히 안정적이어서 상승기류 구름 자체는 이미 활시위를 떠나 사라진 지 한참 후에도 허공에 그대로 남아 있는 경우가 많다.

부가적 특성

깔때기구름

깔때기구름tuba은 대지를 향해 손가락을 뻗는 구름이다. 어린아이들도 손을 뻗어 두둥실 피어나는 뭉게구름을 만지고 싶어 할 때가 많은데, 하물며 구름이 땅의 감촉이 궁금해 손을 뻗겠다는데 그 누가 탓할 수 있으랴? 하지만 그 에너지를 모으려면 구름은 엄청난 소동을 부리며 격렬하게 회전해야 한다.

거대한 적란운이나 봉우리적운과 함께 나타나는 격렬한 하강기류 내부나 그 주변으로는, 욕조 배수구에서 물이 빠져나갈 때 생기는 것과 비슷한 공기의 소용돌이가 발달하기도 한다. 회전의 결과 공기가 소용돌이의 중심부에서 바깥쪽으로 내팽개쳐지는데, 이것은 기압이 떨어지는 것과 같은 결과를 낳게 된다. 공기는 압력이 떨어지면 냉각하고, 그 결과 그 안에 들어 있던 수증기의 일부가 결합

Clay Craig (1636번 회원)

깔때기구름. 구름이 지표면의 촉감이 궁금해진 날.

해서 물방울로 응결할 수 있다.

따라서 이러한 소용돌이의 가운데에서 아래쪽으로 뻗어 내려오는 기둥이나 고깔 모양의 깔때기구름이 만들어진다. 이것은 용오름이나 육지 용오름이 발달한다는 첫 번째 신호다. 특히 이 구름이 대단히 격렬한 '다세포 폭풍'이거나 '슈퍼세포 폭풍'에서 나온 것일 때는 토네이도의 예고편일지도 모른다.

하지만 깔때기구름이 언제나 지표면까지 내려오는 것은 아니다. 종종 깔때기구름은 땅바닥에 닿기도 전에 흥미를 잃어버리고 만다. 아마 깔때기구름은 굳이 오늘 꼭 땅을 만져보겠다고 애쓰지 않아도, 나중에 상승기류 구름이 아니라 안개로 다시 나타나면 아주 지겨워 죽겠다 싶을 때까지 땅을 끌어안을 수 있음을 알고 있는 것인지도 모른다.

모루구름

적란운 꼭대기에서 옆으로 덮개처럼 퍼져 나가는 얼음 입자를 모루구름이라고 한다. 적란운이 모두 이렇게 옆으로 퍼져 나가는 것은 아니다. 대류권계면처럼 강력한 기온역전층(온도 차이가 상승기류를 위에서 덮는 뚜껑처럼 작용하는 대류권 꼭대기 영역)에 닿을 정도로 크게 자라는 것만 해당된다.

하지만 모루구름이 옆으로 퍼져 나가면 적란운은 모루 모양으로 바뀐다. 모루구름의 이름인 'incus' 자체도 라틴어로 '모루'를 뜻한다. 모루구름은 적란운의 전체적인 구조 속에 완전히 녹아들어 있기 때문에, 적란운이 자신을 비로 다 쏟아내고 높은 곳에 얼음 결정

Ashley Gibbs (563번 회원)

모루구름. 적란운 위로 퍼져 나가는 모루 모양의 얼음 결정.

덩어리만 남겨놓지 않는 한 독립된 구름으로 보이지 않는다.

이 모루는 아마 노르웨이의 천둥의 신 토르가 일진 사나운 날에 자기의 천둥망치를 휘둘러대는 곳이 아닐까 싶다. 다들 아시겠지만, 여기서 커다란 천둥소리가 만들어지는 것이다.

유방구름

유방구름을 뜻하는 'mamma cloud' 혹은 'mammatus'는 '유방'을 뜻하는 라틴어에서 온 것이다. 이 구름은 권운, 권적운, 고적운, 고층운, 층적운, 적란운 등 서로 다른 몇몇 구름 유형의 밑면에서 나타날 수 있고, 아주 극적인 형태로 나타나는 경우에는 소나 염소 같은 동물의 둥글고 매끄러운 젖통 여러 개가 넓게 펼쳐진 것처럼 보인다.

이들은 웅장한 적란운과 결합했을 때 가장 인상적인 모습을 연출한다. 적란운의 모루구름 밑면에 형성되는 유방구름은 모루구름의 꼭대기 부분이 위쪽 대기로 열을 복사하면서 냉각돼서 그 일부가 아래쪽 공기로 가라앉을 때 나타난다. 이 공기가 상대적으로 따듯하고 습도가 높으면, 차가운 공기와 섞이는 과정에서 그 수증기 중 일부가 응결해서 구름 물방울을 만든다. 이 과정은 상승기류가 적운을 형성하는 과정을 거꾸로 뒤집어놓은 것 같다. 여기서는 지표면에서 가열된 공기가 상승하면서 구름을 형성하는 것이 아니라, 대류권 꼭대기에서 구름이 냉각되어 가라앉으면서 구름을 형성한다.

다른 유형의 구름에서 생기는 유방구름은 극적인 맛이 훨씬 덜하다. 대체로 통통하고 풍만한 형태가 대량으로 펼쳐지는 경우는 근

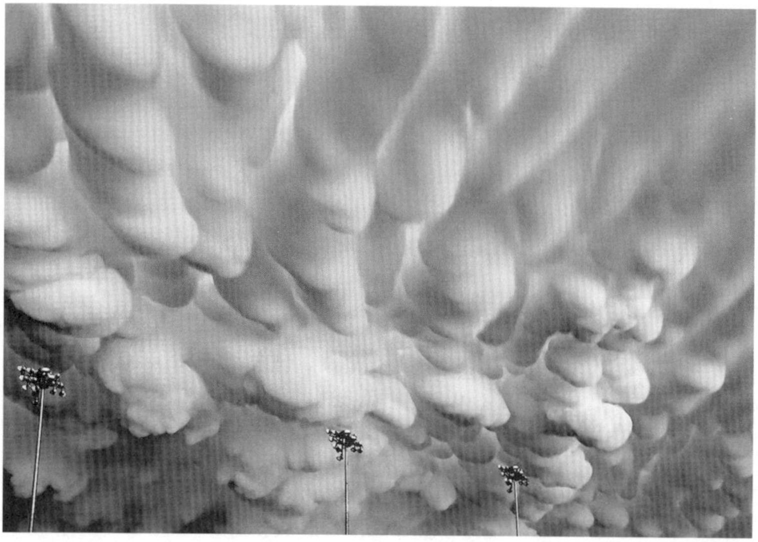

Jorn Olsen (1688번 회원)

유방구름. 암소의 젖통처럼 생긴 돌출부들이 적란운 모루구름 아래 매달려 있다.

처에 거대한 적란운이 있을 때밖에 없다. 강력한 적란운일수록, 거기서 생기는 유방구름도 더 풍만하다.

아치구름

부속구름과 부가적 특성들 중 상당수가 다소 자기중심적인 적란운 내부나 그 주변에서 생기는데, 아치구름arcus도 예외가 아니다. 이 구름은 폭풍우의 선두 가장자리에서 수평으로 낮게 떠서 휩쓸고 지나는 구름으로, 불길한 느낌을 주는 두꺼운 선반 모양의 구름이다.

아치구름은 일반적으로 적란운들이 결합해서 다세포 폭풍우나 슈퍼세포 폭풍우를 형성한 경우에 생긴다. 찬 공기가 만들어내는 강력한 하강기류가 아치구름이 생기는 이유다. 찬 공기가 지표면에

선반 모양으로 생긴 아치구름은 적란운 밑면에서 나타날 수 있다.

닿으면 옆으로 퍼져 나오면서 폭풍우의 앞쪽에서 밀고 나간다. 그 과정에서 따듯한 공기를 안쪽으로 파고들어 위로 띄우기 때문에 구름이 형성된다.

아치구름은 폭풍우 밑면에서 악천후와 뒤범벅되어 뻗어 나온 선반 같다.

꼬리구름과 강수구름

구름이 비, 눈, 진눈깨비, 우박, 눈싸라기, 얼음싸라기 등의 강수를 내리든 혹은 개나 고양이를 내리든 간에 그 강수가 실제로 땅바닥에 닿는 경우에만 강수구름praecipitatio이라고 부른다.

하지만 강수가 내려오는 도중에 따듯하거나 건조한 공기를 만나

고적운 밑에 꼬리구름이 달려 있으니 하늘에 떠 있는 해파리 무리처럼 보인다.

면 지표면에 닿기 전에 증발해버리는 경우도 있다. 여러분의 예상대로 이런 현상은 높이 뜬 구름에서 더 잦다. 거기서 떨어지는 강수는 더 많은 공기층을 뚫고 내려와야 하기 때문이다.

고층운의 얼음 결정은 어느 정도 거리를 낙하한 다음에 증발하는 경우가 많다. 낙하하다가 사라지는 얼음 결정을 꼬리구름virga이라고 한다. 꼬리구름은 구름의 본체 아래로 촉수가 성기게 매달린 것처럼 보이고, 그래서 때로는 해파리 모양으로 보일 때도 있다. 꼬리구름이 낮은 구름 아래에서 나타날 때는 얼음 결정이 아니라 빗방울이 증발하면서 만들어지는 경우가 더 흔하다. 어느 쪽이든 간에 강수가 낙하하는 과정에서 다양한 바람을 만나기 때문에 꼬리구름은 물결치는 모양이나 비스듬하게 기울어진 형태다.

권운은 그 자체로 꼬리구름과 많이 비슷하다. 사실 권운은 줄무

David Foster (1157번 회원)

권적운 구름층에서 잘려 나온 '구멍구름'.

늬를 그리며 떨어지는 얼음 결정에 불과하기 때문이다. 따라서 권운에서 꼬리구름이 나타난다고 얘기하는 것은 같은 말을 두 번 반복하는 셈이다. 꼬리구름은 특히 적란운, 적운, 층적운, 난층운, 고적운, 고층운, 권적운 등의 구름 밑에서 흔하게 발견된다.

고층운과 권적운에서는 꼬리구름이 가끔씩 '구멍구름fallstreak hole'으로 나타나기도 한다. 과냉각된 액체 물방울 구름층에서 일부 영역이 얼음 결정으로 얼어붙기 시작할 때가 있다. 이 얼음 결정들이 크게 자라면 꼬리구름을 만들며 떨어지기 시작하고, 결국 원래의 구름층에는 둥그렇게 뚫린 구멍이 남게 되는 것이다. 사실 이 현상은 여러분이 생각하는 것보다 더 자주 일어난다.

성층권구름과 중간권구름

자개구름

일반적인 열 가지 구름 유형 중에서 권운이 가장 아름다운 구름이라면, 진귀한 자개구름nacreous clouds은 모든 구름 중에서도 가장 아름다운 구름이라고 해야 할 것이다. '진주모운mother-of-pearl cloud', 즉 '진주 엄마 구름'이라고도 부르는 자개구름은 분홍, 파랑, 노랑의 파스텔 색조로 하늘을 수놓으며 화려하기 그지없는 색상을 자랑한다는 점과 대단히 높은 고도에서 형성된다는 점에서 나머지 구름과는 확연하게 차이가 난다. 이들은 16~32킬로미터 높이에서 형성되기 때문에 나머지 일반적인 구름들과는 대기권에서 차지하는 영역 자체가 다르다. 자개구름이 관찰되는 지역에서 형성되는 일반적인 구름의 높이는 대개 8~10킬로미터를 넘기지 못한다.

자개구름은 대부분 북반구와 남반구의 위도 50도 이상인 지역에서 나타난다(무슨 까닭인지 남반구에서 좀 더 흔하고, 북반구에서는 색상이 더 화려하다). 대단히 작은 얼음 결정으로 구성되어 있고(직경 0.002밀리미터 정도), 영하 85도 정도의 기온에서 형성되며 해돋이와 해넘이 무렵의 여명이나 황혼에서 보인다. 하늘도 온통 어두워지고, 낮은 구름들이 모두 그늘에 드리워 있는 동안에 이 구름들은 지평선 위에 간신히 걸친 태양의 빛을 받아 희뿌옇게 환상적인 무지갯빛 물결무늬를 만들어낸다.

태양이 자개구름보다 낮은 구름의 가장자리를 뚫고 빛날 때 '채운현상'이 생기는 것처럼, 자개구름도 똑같은 원리로 나타난다. 자개구름의 얼음 결정은 그 주변을 지나는 햇빛에 간섭 패턴을 일으킨다. 채운 현상이 나타나려면 구름 입자들의 크기가 아주 작고, 대체로 균일하며, 구름층이 얇아야 하는데, 이는 자개구름이 만들어지는 조건과 동일하다. 그래서 이런 조건이 갖춰지면 구름에 극적인 색상이 연출되는 것이다.

자개구름은 파동구름이다. 산악지대 주변에서 나타나는 렌즈구름이 고도가 엄청나게 높은 버전으로 등장한 것처럼 보인다. 이 구름은 대류권 위쪽 대기층인 성층권에서 형성된다. 이곳은 구름이 만들어지기에는 의외의 장소다. 대류권계면의 기온역전층은 보통 따듯하고 습한 공기가 상승하는 것을 막아 그 아래의 대류권에서만 떠다니게 만들기 때문이다.

자개구름을 구성하는 습기가 이 덮개를 뚫고 그 높이까지 어찌어찌 올라갈 수 있었던 것은 아래서 렌즈구름이 생길 때처럼, 산 뒤쪽에서 발달한 파동에 의해 공기가 위로 밀려 솟구쳤기 때문이다. 대부분 이런 파동은 렌즈고적운이나 렌즈권적운 같은 대류권 구름만 만들어내지만, 대기가 특히나 안정되어 있는 경우에는 그 진동이 대류권 전체를 통과해서 위쪽까지 전달될 수 있고, 때로는 이 진동이 무척 강해서 대류권계면을 뚫고 습기를 그 위의 성층권으로 밀어낼 수도 있다.

불행한 얘기지만, 하늘에서 가장 아름다운 구름이 우리 환경에는 가장 파괴적으로 작용한다. 자개구름은 오존층의 파괴를 가속하는 효과가 있는 것으로 여겨지고 있다. 사실 그것이 자개구름 탓은 아니다. 우리가 에어로졸 캔이나 냉장고 등을 사용하면서 대기로 흘려

보낸 CFC 가스가 소중한 오존층과 반응해서 그것을 파괴하는 진짜 주범이다. 하지만 이 높은 구름의 얼음 결정은 그런 화학 반응의 촉매제로 작용한다. 북위도 지역에서는 자개구름이 점점 더 흔해지고 있는데, 왜 이런 현상이 일어나는지는 아직 수수께끼로 남아 있다.

야광구름

자개구름이 높다 하지만, 야광구름noctilucent clouds에 비할까? 자개구름은 저 높은 성층권에서 생기지만 야광구름은 그 정도 높이도 우습다. 야광구름은 성층권 위에 있는 중간권 꼭대기에서 형성된다. 중간권의 고도는 자그마치 50~80킬로미터에 이르고, 지구의 대기 중 제일 추운 영역이다. 기온이 영하 125도까지 내려가고, 우주 공간과 거의 닿아 있다. 그렇게 높은 곳에서 형성되고, 얼음 결정의 직경도 0.001밀리미터 정도이다 보니 야광구름은 다른 구름에서는 구경할 수 없는 독특한 특성을 보여준다. 한밤중에 햇빛을 받아 반짝이는 것이다.

야광구름은 자개구름처럼 다양한 색상을 보여주는 대신, 대부분 희뿌연 파란색으로 보인다. 그리고 구름층이 워낙 얇기 때문에, 해는 졌지만 그 빛이 아직 대기권 상층부를 비치고 있는 캄캄한 밤하늘을 배경으로 해야 겨우 알아볼 수 있다. 이런 조건이 제일 길게 유지되는 지역과 시기는 위도 50도 이상, 한여름 한 달 정도다.

야광구름은 우리와 너무 멀리 떨어져 있어서 이 구름이 어떻게 형성되는지는 수수께끼로 남아 있다. 이것은 사실 아주 큰 수수께끼다. 아직 우리는 그렇게 높은 곳에서 어떻게, 혹은 왜 구름이 형성

Lee Montgomerie (280번 회원)

야광구름은 고도 50~80킬로미터 사이에서 형성되고, 밤에 빛난다.

되는지 전혀 감을 못 잡고 있다. 그곳은 최고 한계 고도가 30~40킬로미터 정도인 기상 관측용 기구氣球가 도달하기에는 너무 높고, 머물 수 있는 최저 궤도가 160킬로미터인 미국 우주왕복선이 도달하기에는 너무 낮은 영역이다. 이 대기권 영역은 극단적으로 추울 뿐만 아니라, 믿기 어려울 정도로 건조한 곳이다. NASA에 따르면 심지어 사하라 사막의 공기보다도 수백만 배나 건조하다고 한다.

신비한 야광구름에 대한 관찰 기록이 처음으로 남은 것은 1883년 인도네시아의 크라카토아 화산이 분출하고 난 다음이었다. 낮은 대기층으로 막대한 양의 화산재가 뿜어져 나왔고, 그로 인해 노을이 장관을 이루어 전 세계 사람이 온통 하늘을 올려다보는 일에 정신을 팔기도 했다. 이 화산재는 지구 전역으로 퍼져 나갔는데, 퍼지는 경과를 관찰하여 과학자들은 제트기류의 운동에 대해 상당한 통찰을 얻기도 했다. 이때 발견된 야광구름은 어쩌다 보니 화산재가 대기권 상층까지 올라가서 생긴 것에 불과하다고 생각되었다. 하지만 화산재가 결국 모두 흩어져 사라진 다음에도 구름이 계속해서 나타났다. 일부 과학자는 화산재가 어찌어찌 중간권까지 올라간 다음 빙정핵으로 작용해서 얼음 입자가 그 위로 얼어붙은 것이 아닐까 추측했다.

크라카토아 화산의 일은 지나간 역사일 뿐이고, 이제 어떤 입자가 야광구름의 빙정핵으로 작용하고 있는지는 그저 추측만이 가능하다. 빙정핵으로 작용하는 입자가 대류권에 있다가 그 위쪽까지 올라간 입자들인지, 운석이 대기권 외곽에서 부서지면서 나온 먼지들인지는 분명하지 않다. 한 가지 확실한 것은 야광구름이 계속해서 나타나고 있을 뿐만 아니라, 지난 백 년간 야광구름이 관찰되는 지역이 더 넓어지고, 횟수도 더 많아지고 있다는 점이다.

그래서 과학자들은 야광구름이 점점 더 자주 나타나는 원인이 지구온난화와 관련이 있다는 가설을 내놓고 있다. 대기권 하층과 중층(야광구름의 고도보다 아래 지역)에서 온실가스 농도가 증가하면 지구 복사열을 그 안에 더 많이 붙잡아 두기 때문에 지표면의 온도를 올리는 효과가 나타난다는 것은 이제 흔한 상식이 되었다. 하지만 이것이 반대로 나머지 대기를 냉각시키는 효과가 있음은 잘 알려지지 않았다.

지구온난화가 최근의 온실가스 증가로 나타난 결과가 아니라면 외곽 대기층의 냉각과 시기적으로 일치하지 않았을 것이다. 어쩌면 야광구름을 더 자주 목격하게 된 것은 그저 그 구름이 유명해지다 보니 알아보는 사람이 더 많아져서 나타난 결과인지도 모른다. 그러나 실제로는 최근의 지구온난화에서 인간 활동에서 비롯된 영향의 범위가 어느 정도인지를 가장 시각적으로 잘 보여주는 지표로 나타난 것일 수도 있다.

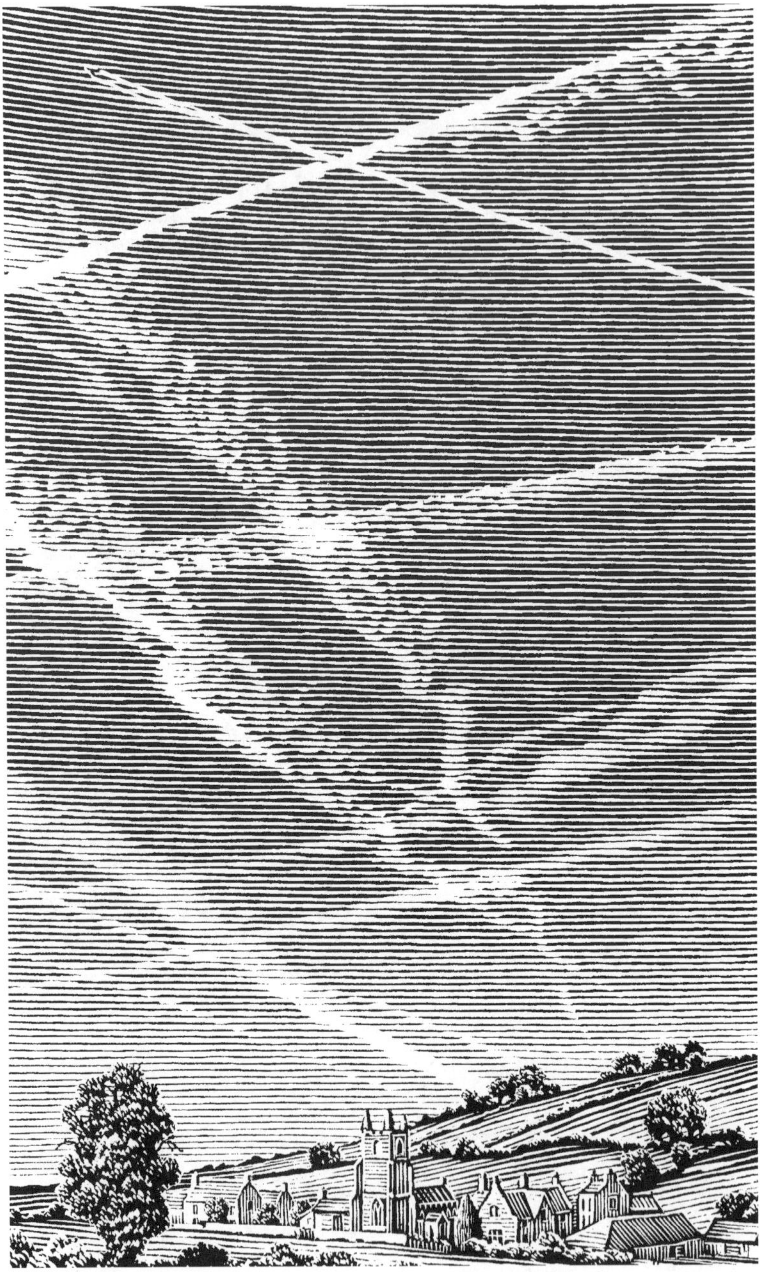

12

the Cloudspotter's Guide

비행운

飛行雲, Contrails

높이 나는 비행기가 뒤로 남기는 가늘고 긴 구름

선사시대 동굴에 사는 사람들 중에서도 틀림없이 한두 명쯤은 구름 관찰자가 있었을 것이다.

나는 이런 상상을 좋아한다. 대략 5만 년 전 즈음에 총명한 네안데르탈인 하나가 어느 아름다운 아침에 동굴 밖으로 걸어 나와서 하늘을 올려보았다가, 자기 짝한테 이런 의미를 담아 웅얼거리는 소리를 냈다. "자기야, 빨리 나와 봐. 빨리! 아주 기가 막힌 틈새 층상고적운이 떠 있어!" 그 옛날의 동굴 사람들도 우리가 지금 머리 위로 보는 것과 똑같은 종류의 구름을 보며 살았다고 생각하기 쉽다. 그런데 미안하지만 틀렸다.

알다시피 새로운 유형의 구름이 합류했다. 사실 이 구름은 워낙 최근에 추가된 것이라 200년 전 루크 하워드가 처음 구름에 이름을 지어주었을 때는 존재하지도 않았다.

'비행기구름' 혹은 '비행운'이라 불리는 이 구름은 제1차 세계대전 준비 기간에 생긴 것으로, 높이 나는 비행기가 뒤로 남기는 직선의 인공 구름이다. 너무 경멸적인 표현 같지만, 비행운은 구름계에 새로 등장한 사생아나 마찬가지다. 요즘 시대에는 이런 표현이 거북할 수도 있으니 그냥 앞선 의붓형제들과는 상당히 다른 상황에서 잉태되었다고 표현하는 편이 더 나을지도 모르겠다.

비행운을 애초부터 구름으로 쳐주었다는 사실에 놀랄지도 모르겠다. 하지만 사실 비행운과 다른 구름들 사이의 차이점이라면 비행운은 엔진 연소의 부산물인 배기가스 속 수증기로 생긴 인공 구름이라는 사실밖에 없다. 자연적인 구름의 유기적이고 어지러운 형태와 비교해보면 비행기가 남긴 이 밝고 선명한 띠 모양의 구름은 단순성을 추구한 모더니즘 예술처럼 우리의 하늘을 직선으로 나누고 있다. 이 구름은 몬드리안의 그림에서 나타나는 추상적인 단순함을 지니고 있다. 물론 〈붉은 구름The Red Cloud〉(1907)처럼 그가 젊은 시절에 느슨한 붓놀림으로 그린 그림이 아니라 〈파랑과 흰색의 수직 구성Vertical Composition with Blue and White〉(1936)처럼 그가 화가로서 원숙해진 시기에 그린 그림을 말하는 것이다(아쉽게도 이 그림들을 흑백으로 싣는 것은 금지되어 있어서 둘을 비교해 보여줄 수 없다. 독자께서 직접 찾아보는 수밖에 없겠다).

비행운의 형성 원리는 추운 날에 입김이 생기는 원리와 비슷하다. 대부분의 구름은 습한 공기가 상승하면서 냉각되어 형성되지만, 비행기 배기가스에 들어 있는 뜨거운 기체는 순항 고도에 있는 대단히 차가운 공기와 섞이는 과정에서 냉각되어 형성된다. 비행 고도는 보통 8.5~12킬로미터 사이인데, 이 고도에서 기온은 영하 30도와 영하 60도 사이이다. 비행기 배기가스의 뜨겁고 습한 기체는 이 차가운 공기와 섞이면서 급속하게 냉각되고, 습기 중 일부가 물방울을 형성한다. 그리고 이 물방울이 비행기 뒤로 날개 폭만큼 떨어진 위치에서 얼음 결정으로 얼어붙는다.

하지만 비행기가 항상 비행운을 만드는 것은 아니다. 심지어 순항 고도에서도 생기지 않는 경우가 있다. 어떤 날은 비행기가 하늘 높이 날아가는데도 그 뒤로 구름이 생기지 않기도 한다. 어떤 날은 구름꼬리가 생기기는 하지만 비행기 뒤로 몇백 미터 뒤에서 다시 사라져버린다. 하지만 또 어떤 날에는 비행운들이 파란 창공에서 이리저리 서로 교차하며 몇 시간이고 남아 있다가 바람에 차츰 형태가 일그러지기도 한다.

비행운의 등장 여부와 지속 시간은 순항 고도 대기의 조건에 달려 있다. 주변 공기가 충분히 따듯하고(상대적인 의미로) 충분히 건조하다면 얼음 결정이 형성되기도 전에 주변으로 증발해버린다.• 하지만 주변 공기가 차고 습도가 충분하다면 비행운이 생기기에 적합한 환경이 조성된다. 얼음 결정이 쉽게 형성될 뿐 아니라, 바람에 의해 퍼지는 과정에서 주변 공기로부터 습기를 더 끌어들여 크기가 커질 수 있기 때문이다.

• 좀 더 정확히 표현하자면, 얼음 결정이 수증기로 '승화'하는 것이다. 얼음이 액체 물방울로 녹는 과정을 거치지 않고 눈에 보이지 않는 기체 상태의 물로 바로 변화하는 것을 말한다-원주.

비행운이 오랫동안 사라지지 않고 남아 있으면, 대류권 꼭대기에서 부는 바람에 흩어지기도 한다.

공기는 영역별로 습도와 온도가 크게 다르다. 그래서 비행기가 서로 다른 영역들을 통과하다 보면 비행운이 끊어진 선처럼 나타나기도 한다. 이렇게 비행운을 보면 대류권 정상 부근의 습도와 기온 상태를 간접적으로 알 수 있기 때문에 날씨를 미리 내다볼 수도 있다.

온대지역에서 하늘 높이 나는 비행기 뒤로 비행운이 생기지 않거나, 잠깐 생겼다가 사라져버린다면, 보통 대류권 정상 부근의 공기가 가라앉고 있거나, 건조하다는 뜻이다. 이것은 좋은 날씨가 지속될 가능성이 높음을 암시한다. 만약 비행운이 사라지지 않고 퍼져 나간다면, 상층부의 공기가 습하고 상승 중이라는 뜻이다. 온난전선이 밀려오기에 앞서 이런 현상이 생긴다. 하늘에 아직 퍼져 나가는 권운이 나타나지 않았더라도, 만약 비행운이 오랫동안 사라지지 않고 남아 있다면 이것은 온난전선이 다가오고 있으니, 하루나 이틀

후에는 비가 올지도 모른다고 구름관찰자에게 미리 보내는 경고일 수 있다.

***

비행기 배기가스에는 수증기 말고도 상당히 많은 것들이 들어 있다. 그 내용물을 살펴보자면, 이산화탄소, 황산화물과 질소산화물, 탄화수소, 일산화탄소, 미연소 연료, 그리고 그을음이나 금속의 미세한 입자 등이다. 이 입자들은 비행운의 형성에서 중요한 역할을 한다. 수증기가 물방울이나 얼음 결정 형성을 시작할 수 있는 핵으로 작용하기 때문이다.

순항 고도에 있는 공기는 물방울이나 얼음 결정의 형성을 개시해 줄 핵이 충분하지 못할 뿐, 수분은 포화되어 있는 경우가 드물지 않다. 이런 경우라면 약간의 수분과 입자만 보태줘도 연쇄 반응이 시작될 수 있다. 비행기가 뿜어내는 배기가스는 공기 중의 수증기가 눈에 보이는 얼음 입자로 결합하기 시작하는 데 반드시 필요한 성분을 제공해주기 때문에 '구름 씨 뿌리기'로 작용한다.

드문 경우이기는 하지만, 비행기가 지나면서 구름을 흩어놓아 생기는 꼬리인 '흩어진 흔적distrail'을 볼 수도 있다. 이것은 비행운과는 정반대다. 마치 배기가스가 기존에 존재하던 권층운이나 권적운 같은 상층운 구름층에 길을 터서 그 사이로 맑은 하늘이 드러난 것처럼 보인다. 비행기가 지나간 자리에는 구름 대신, 구름층 사이로 선명한 틈새가 나타난다. 이런 현상은 비행기가 구름층을 뚫고 지나

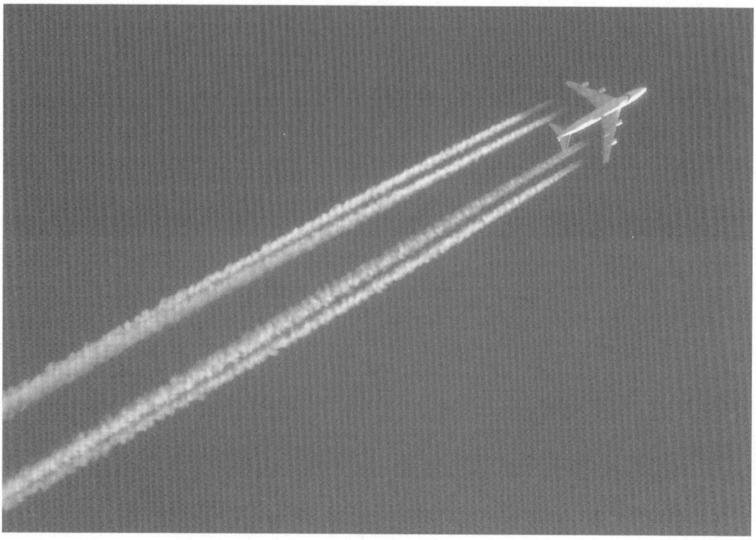

비행운. 구름계에서 가장 깔끔하면서 가장 고약한 구름이다.

가거나, 바로 그 위로 지나갈 때 일어나고, 다음 세 가지 과정 중 하나의 결과로 생긴다.

1) 배기가스의 열은 무척 뜨거워서 구름층을 가열해 그 물방울 입자 중 일부를 증발시켜버릴 수 있다. 2) 비행기가 지나간 자리에 생기는 난류는 구름층에 주변의 건조한 공기를 뒤섞어놓을 수 있는데, 이때도 같은 효과가 나타난다. 3) 배기가스가 구름층에 씨앗을 뿌리면 배기가스의 입자들 때문에 구름 속 물방울이 얼어붙으면서 커지고, 결국 무거워져 낙하하다가 아래쪽 따듯한 공기를 만나 증발해버리기도 한다.

의도하지는 않았지만, 우리는 비행운을 통해 구름의 풍경에 영향을 미치고 있다. 하지만 구름에 씨를 뿌리는 일은 그저 우연으로만 일어나는 일은 아니다. 지난 60년간, 과학자들은 구름의 행동을 바꾸기 위해 인공적으로 핵을 주입하는 실험을 해왔다. 구름에 씨를 뿌리는 기술은 인공강수로 가뭄 지역에 강수량을 늘리고, 우박을 쏟는 폭풍우의 피해를 줄이고, 공항에 낀 안개를 흩뜨리고, 심지어는 허리케인의 파괴적 특성을 약화시키기 위한 목적으로도 개발되고 있다.

***

이런 이유 때문이라면 구름을 그렇게 괴롭힐 만하고, 기특하다는 생각도 들지만, 구름 씨 뿌리기는 사실 훨씬 더 의심스러운 목적에 사용되기도 했다.

이 과정은 1940년대에 뉴욕주 스케넥터디의 제너럴일렉트릭 연구소에서 개발되었다. 이것은 어빙 랑뮈르Irving Langmuir와 빈센트 샤퍼Vincent Schaefer라는 두 과학자의 발명품이었다. 연구소 책임자였던 랑뮈르는 1932년에 노벨상을 수상한 존경받는 화학자였고, 샤퍼는 그보다 스물다섯 살 어린 연구 보조원이었다.

제2차 세계대전 동안 이 연구소는 미국 정부를 위해 군사 연구를 담당하기로 계약을 맺었고, 랑뮈르와 샤퍼는 적들이 아군의 군사작전을 볼 수 없게 막아주는 연막 발생장치 등의 장비를 개발하기도 했다. 두 사람은 비행기 날개에 얼음이 달라붙는 문제도 해결하려 했다. 이것은 비행에 심각한 위험을 부르는 현상이었다. 비행기가 영하로 과냉각된 구름 영역을 통과해 날다 보면 날개에 성에가

낄 수 있는데, 항공역학적인 관점에서 보면 재앙이다. 날개의 형태를 변형시키기 때문에 비행기가 양력을 잃어 자칫 치명적인 상태에 빠질 수 있기 때문이다.

하지만 머지않아 두 사람의 관심은 어떻게 하면 얼음의 형성을 줄일까 하는 문제에서 오히려 어떻게 그것을 촉진시킬 것인가의 문제로 옮겨갔다. 비행기 날개에 끼는 성에를 연구하던 두 사람은 얼음 결정의 형성이 구름 속 과냉각된 물방울이 강수로 떨어질 만큼 큰 입자로 자라게 해주는 주요 과정 중 하나라는 것을 배우게 되었다. 그들은 구름의 물방울이 얼어붙는 것을 촉진할 수만 있다면 비가 올 가능성도 높일 수 있지 않을까 생각했다.

랑뮈르와 섀퍼 모두 기상학과 관련해서는 아무런 교육을 받아본 적이 없는 사람이었다. 그들이 과냉각된 물방울을 처음으로 만난 것은 영하의 기온이었던 뉴햄프셔의 워싱턴산 정상에서였다. 열정적인 산악인이었던 두 사람은 전쟁 기간에 기상관측소에 자주 들렀었다. 해발 1919미터인 산 정상에서 구름 속에 서 있던 두 사람은 0°C보다 한참 낮은 온도에서도 구름이 액체 물방울로 이루어져 있는 사실을 알아내고는 깜짝 놀랐다. 구름 물방울은 고체와 만났을 때만 서리로 얼어붙었다. 물방울들은 과냉각 상태였다. 즉 얼음 결정을 형성할 수 있을 정도로 충분히 차가웠지만, 그 위에 달아붙어 결빙을 시작할 수 있는 무언가를 만났을 때만 얼어붙을 수 있었다.

과냉각된 구름 물방울의 기이한 행동에 흥미를 느낀 랑뮈르와 섀퍼는 인공 구름을 연구하기 위해 실험실에 위쪽이 트인 냉장고를 설치했다. 영하 20도로 냉각된 공기 안으로 숨을 불어넣으며 그들은 그들의 호흡에 들어 있던 습기가 어떻게 과냉각된 물방울을 품은 구름으로 응결되는지 관찰할 수 있었다. 두 과학자는 이 떠다니는 물방울에서 얼음 결정이 형성되도록 촉진해줄 빙정핵만 찾아낼 수 있다면 그 핵을 실제 구름에 주입해서 그 수분을 눈이나 비로 내리게 할 수 있을 것이라고 생각했다.

***

두 사람은 구름 씨 뿌리기의 이론적인 측면에 대해서는 분명히 잘 알고 있었지만, 빙정핵으로 작용할 입자를 실제로 찾아내는 일은 쉽지 않은 도전이었다. 랑뮈르와 샤퍼는 숨을 불어넣어 만든 과냉각 상태의 구름을 얼어붙게 하려고 냉각실에 그을음, 화산재, 황, 규산염, 미세하게 갈아놓은 흑연 등 온갖 첨가제를 다 주입해보았다. 이런 것들은 이미 대기 중에 존재하는 종류의 입자다. 두 사람은 이 입자들 중 일부가 자연 환경에서 구름 물방울이 부착해 얼어붙을 수 있는 빙정핵으로 작용할지도 모른다고 추측했다. 하지만 이 중 그 무엇도 호흡으로 만들어낸 구름의 과냉각 물방울에 대해서는 별다른 차이를 만들어내지 못했다. 두 사람은 점점 지쳐갔고, 자신들의 연구가 정말 얼음 결정의 형성을 촉진할 수 있을지 의문스러웠다. 무엇보다도 실험을 반복하다 보니 너무 숨이 찼다.

그러다가 어느 날 랑뮈르가 실험실을 비운 사이에 샤퍼가 돌파구를 찾아냈다. 그는 냉각실에 드라이아이스(이산화탄소를 얼린 것으로 온도는 -78°C 정도다)를 넣어 공기의 온도를 더 낮추기로 마음먹는다.

샤퍼가 드라이아이스를 냉각실 안으로 집어넣자마자 호흡으로 만든 구름이 빛을 받아 반짝이기 시작했다. 구름 물방울은 즉각적으로 결정으로 변했고, 결정은 자연 상태의 눈에서 볼 수 있는 별 모양으로 바닥에 떨어졌다. 영하 20도보다 훨씬 아래로 온도를 낮추자 빙정핵 없이도 과냉각 물방울을 얼어붙게 할 수 있었던 것이다.

두 과학자는 과냉각된 물방울이 빙정핵 없이도 얼어붙는 임계온도가 영하 40도라는 사실을 곧 발견했다. 두 사람은 구름 속에 드라이아이스 알갱이를 뿌리면 물방울이 충분히 냉각돼서 눈송이를 형성하며 강수로 내려오지 않을까 생각했다. 랑뮈르와 샤퍼는 빙정핵을 찾아내는 일은 일단 뒤로 제쳐두었다. 실제 구름 속으로 드라이아이스를 떨어트리면 무슨 일이 일어나는지 보고 싶어졌기 때문이다.

***

1946년 11월 13일. 샤퍼는 비행기를 타고 매사추세츠 피츠필드 하늘에 낀 과냉각된 층운 위를 날며 곱게 갈아놓은 드라이아이스 가루 1.3킬로그램을 뿌렸다. 그리고 5분 만에 구름 중 드라이아이스가 뿌려진 부분에서 눈송이가 형성되었고, 그 눈송이는 천 미터 정도를 떨어지다가 아래의 따듯한 공기를 만나 증발했다. 구름에서 과냉각된 물방울이 얼어붙어 떨어져버린 부분에는 구멍이 남았다.

나중에 관중들 앞에서 다시 한번 실험을 했을 때는 그 구멍이 자연적으로 생겨난 것이 아님을 증명하기 위해 드라이아이스를 이용해서 과냉각된 층운의 구름층에 제너럴일렉트릭사의 로고를 그렸다.

이 초기 시험비행에는 언론의 관심이 폭주했다. 구름의 행동을 마음대로 조정할 날이 당장이라도 손에 잡힐 듯 가깝게 느껴졌다. 랑뮈르는 들뜬 마음을 여과 없이 그대로 드러냈다. 그는 언론을 상대로 자신들의 발견이 가진 잠재력을 자랑했다. 이제 강수량을 늘려 가뭄을 퇴치하는 일은 시간문제일 뿐이었다. 폭풍우 구름에서 물방울의 결빙을 증가시키는 법을 알아내면 구름의 역학에 변화를 주어 우박 크기를 줄임으로써 소중한 농작물 피해를 줄일 수도 있을 것이다. 심지어 그는 이 방법을 사용해서 허리케인의 소용돌이를 비틀어 인구가 많은 지역을 피해가게 할 수도 있을 것이라고 제안했다.

기상학의 주류 학자들 눈에는 랑뮈르가 약속한 내용들이 근거가 너무 빈약해 보였다. 날씨를 정확히 예보하려고 아무리 애를 써보아도, 대중에게서 돌아오는 것은 조롱밖에 없음을 잘 알고 있던 기상학자들은 그렇지 않아도 이미 위태로운 자신들의 명성이 이 이방인의 주장으로 더 흔들리지 않을까 두려워졌다. 머지않아 과학계 언론에서는 랑뮈르와 기상학자들 간에 설전이 벌어졌다. 기상학자들은 설사 드라이아이스로 구름의 행동에 영향을 미칠 수 있다 해도, 그것이 정말 경제적으로 정당화될 수 있을지 확실치 않다고 주장했다. 광범위하게 구름의 씨를 뿌리려면 거기서 얻는 이득보다는 소모되는 비용이 훨씬 커질 것이라는 주장이었다.

하지만 랑뮈르와 섀퍼는 꺾이지 않았고, 그들의 연구는 제너럴

좌측 상단부터 시계 방향으로 어빙 랑뮈르, 빈센트 섀퍼, 버나드 보네거트. 이들이 인공강우의 아버지들이다. 제너럴일렉트릭 연구실험실 냉각기 앞에서 촬영한 모습.

일렉트릭 연구소에 합류한 제3의 과학자 버나드 보네거트Bernard Vonnegut의 도움으로 한발 더 전진하게 된다.

보네거트는 빙정핵으로 작용해서 물방울이 임계온도인 영하 40도 이상의 온도에서도 얼어붙게 촉진시키는 화합물질을 찾아낼 수 있을 것이라 확신하고 있었다. 자기와 비슷한 것을 만나면 물도 더 잘 얼어붙을 것이라 믿은 그는 얼음과 결정 구조가 비슷한 화합물을 찾아 나섰다.

보네거트는 X선 결정학 표를 참고한 후에 후보감으로 요오드화은을 지목했다. 그리고 과연, 그가 냉각실의 과냉각 구름으로 요오드화은 결정으로 된 연기를 불어넣자, 극적인 결과가 나왔다. 결빙 현상이 즉각적으로 나타난 것이다. 구름은 얼음 결정을 형성하면서 눈이 되어 냉각실 바닥으로 떨어졌다. 요오드화은이 빙정핵으로 작용해서 영하 4도라는 비교적 높은 온도에서도 과냉각 물방울들이 그 위로 얼어붙기 시작한 것이다. 이즈음해서는 제너럴일렉트릭 외부에서도 구름 씨 뿌리기를 통한 인공강우에 관심을 갖기 시작했고, 1947년에는 제너럴일렉트릭에서 이루어지는 인공강우 연구의 자금을 미국 정부에서 대기 시작했다. 이 연구는 '시러스 프로젝트Cirrus Project'라는 이름 아래 제너럴일렉트릭에서 계속 이어지다가 1950년대에 캘리포니아 차이나 레이크의 미해군 무기연구센터Naval Weapons Center로 넘어갔다.

그런데 잠깐만! 무기연구센터라고?

***

역사를 보면, 전투 결과에 더 큰 영향을 미치는 것은 군사력이 아니라 오히려 날씨임이 거듭거듭 증명되었다. 기원전 5세기경에 있었던 페르시아 전쟁을 예로 들어보자. 다리우스 왕이 그리스를 침략해서 페르시아 제국을 강화하는 일에 착수했을 때, 그의 군사력은 그리스의 군사력을 완전히 압도할 정도로 강력했다. 그럼에도 그는 언제나 날씨의 훼방 때문에 번번이 무릎을 꿇어야 했다. 한번은 그리스를 기습 공격했다가 엄청난 폭풍우로 인해 페르시아의 함대가 사실상 궤멸한 적도 있었다.

1815년 워털루 전투 전날 밤에는 프랑스 군대와 연합군 군대 양쪽 모두에 큰비가 내렸다. 프랑스 군대는 웰링턴이 이끌던 연합군보다 수적으로 우세했지만, 나폴레옹은 전투 당일 아침에는 공격을 시작하지 못하다가, 땅이 말라 포병부대를 제 위치에 배치하고서야 공격을 시작할 수 있었다. 이렇게 공격이 늦춰지는 바람에 프러시아의 군대가 때맞춰 전장에 도착해 연합군을 지원할 수 있었고, 결국 프랑스 군대는 패하고 말았다.

1944년 노르망디 상륙작전의 성공에 결정적인 역할을 한 것도 날씨였다. 연합군에서는 안정된 맑은 날씨, 적절한 조수, 달빛이 비추는 밤, 이렇게 세 가지 조합이 맞아떨어져야 상륙작전의 성공을 기대해볼 수 있음을 알고 있었다. 달이 차고 기우는 시기와 조수를 확인해보니 6월 5일이 최적의 밤이 될 터였지만, 그 앞쪽의 날씨만 보면 전형적인 불안정한 일기가 계속되고 있었다. 영국기상청, 해군기상과, 미육군항공대 기상과의 고참 기상학자들은 연합군 총사령관에게 적당한 날을 조언해주기 위해 모두 열심히 연구에 매달렸다. 아마도 이것이 역사상 가장 중요한 일기예보가 아니었을까 싶다. 결국 기상학자들은 6월 6일에 잠깐 날씨가 고요해지는 틈새가 열릴 것이라는 증거를 찾아내기에 이른다. 그리하여 상륙작전 일정

시러스 프로젝트를 진행하면서 비행기 조종사들이 과냉각된 구름층에 '4' 자를 새겨 넣었다.

이 하루 변경되었고, 그 결과는 여러분도 잘 알고 있을 것이다.

어렵지 않게 짐작할 수 있듯, 만약 전쟁터의 기상을 조종할 수 있는 능력이 생기면 그 나라는 군사적으로 막대한 이점을 누리게 될 것이다. 그래서 미국 정보기관들이 1950년대 후반에 소련에서 기상 조절에 대한 연구를 진행하고 있다는 첩보를 올리기 시작하자, 미 행정부에서는 자기들도 그 방법을 익히지 않으면 뒤처질 거라고 우려했다. 1957년에 기상 제어에 대한 대통령자문위원회는 다음과 같은 결론을 내렸다. "기상 제어는 핵폭탄보다 더 중요한 무기가 될지도 모른다."[1] 냉전 시대에 미국과 소련 사이에 군비 확장 경쟁이 있었던 것은 잘 알려져 있지만, 그와 동시에 비밀리에 기상 제어 경쟁도 진행되고 있었던 듯하다. 1960년대에 베트남전이 발발하고 2년 후에 미국은 극비리에 전투 환경에서 인공강우를 시도해볼 기회를 얻는다.

***

1972년 7월 3일에 〈뉴욕 타임스〉는 퓰리처상 수상 기자 시모어 허쉬Seymour Hersh의 기사를 일면에 실었다. 베트남 전쟁 동안 백악관과 CIA가 은밀하게 시행한 작전을 폭로하는 기사였다.[2] 허쉬는 미국이 비를 내릴 목적으로 지난 7년간 라오스, 베트남, 캄보디아 상공의 구름에 화학물질을 살포해왔다고 주장했다.

이곳은 몬순기후 지역이었다. 우기가 찾아오면 호치민 루트라고 불리는, 거미줄처럼 복잡하게 얽힌 정글 이동로가 비 때문에 진흙탕으로 변해서 이동이 거의 불가능했다. 미 행정부에서는 베트콩과 북베트남군에게 이 이동로가 얼마나 중요한지 잘 알고 있었다. 적군들에게는 생명과도 같은 보급로였기 때문이다. 미 행정부는 장마기 앞뒤로 이 보급로에 강우량을 늘리면 장마기를 연장할 수 있고, 따라서 적군의 이동을 방해할 수 있음을 깨달았다.

허쉬는 미 행정부가 인공강우를 처음 사용한 곳이 월남지역이었고, 그 목적은 해괴하게도 군중 해산을 위한 것이었다고 폭로했다. 월남에서 미국을 등에 업고 정권을 잡은 응오딘지엠 정권에게 민중 시위는 점차 큰 골칫거리가 되고 있었다. CIA의 정보원은 허쉬에게 이렇게 말했다. "응오딘지엠 정권은 불교 신자들 때문에 아주 골치를 앓고 있었습니다. 경찰이 시위대를 향해 최루탄을 던져도 그들은 꿈쩍하지 않았거든요. 하지만 그들도 비가 오면 피한다는 사실을 알게 됐죠. 정보국에서는 에어 아메리카 비치크래프트를 한 대 구해서 요오드화은을 장착해 두었죠. 다시 시위가 일어났고, 우리는 그 지역에 구름 씨 뿌리기를 했습니다. 결국 비가 내렸죠."

그러고 나서 미국은 1966년 9월 29일부터 10월 27일까지, 대부분 라오스에 속해 있는 안남산맥의 한 구역을 따라 대규모의 인공강우 실험을 극비리에 실시하기로 한다. 이 프로젝트에는 '뽀빠이 프로젝트Project Popeye'라는 암호명이 붙었다.[3] 프로젝트 자체가 대단히 민감했기 때문에 군부 말고는 대통령, 국방부장관, 국무장관, CIA 국장만 알고 있었다.[4]

56번의 인공강우 비행 중에 85퍼센트 정도는 만족할 만한 반응이 나온 것으로 판단됐고, 미 태평양 총사령관은 합동참모본부에 '라오스 침투 경로 위로 추가적인 비를 유도하는 인공강우는 귀중한 전술 무기로 사용할 수 있다'[5]라고 보고했다. 결국 작전용 인공강우가 1967년 5월 20일에 시작되어 라오스, 북베트남, 남베트남, 캄보디아 일부에서 6년간 이어졌다. 여기에는 대략 1년당 360만 달러의 경비가 들었다. 첫 시험 단계 이후로는 강수량을 체계적으로 평가한 것이 없어서 실제로 이것이 강수를 늘리는 데 효과가 있었는지 판단하기는 불가능하고, 시험 단계에서 이루어진 평가 자체도 통계학적으로 엄격하게 이루어졌다고 보기는 힘들었다. 그럼에도 불구하고 훗날 국방정보국에서는 인공강우 작전을 통해 제한된 영역 안에서 최고 30퍼센트까지 강우량이 증가했다고 추정했다.[6]

"All the News That's Fit to Print"

The New York Times

VOL. CXXI ... No. 41,399

NEW YORK, MONDAY, JULY 3, 1972

LATE CITY EDITION

15 CENTS

McGOVERN'S VIEWS ALARM BIG DONORS ON WALL STREET

Economic Policies Threaten to Cut Key Fund Source for Liberal Candidates

LEADERS ARE OPPOSED

Democratic Supporters May Withhold Their Backing or Switch to Nixon

Hijacker Killed in Saigon; Tried to Divert Jet to Hanoi

South Vietnamese Student, Said to Be From U.S. and Seeking 'Revenge' for Bombing, Is Shot by 747 Passenger

Rainmaking Is Used As Weapon by U.S.

Cloud-Seeding in Indochina Is Said to Be Aimed at Hindering Troop Movements and Suppressing Antiaircraft Fire

PAKISTAN REACHES ACCORD WITH INDIA ON MAJOR ISSUES

Mrs. Gandhi and Bhutto Set Freeze on Positions of Their Kashmir Troops

FORCE IS RENOUNCED

Soldiers All Along Borders Will Begin Withdrawing Soon After Ratification

U.S. Volunteer Agency

Judges Growing Lenient In Draft Amnesty Cases

1972년 7월 3일 자 〈뉴욕 타임스〉는 베트남전에서 인공강우가 사용되었다는 시모어 허쉬의 폭로기사를 일면에 실었다.

원래 이 이야기는 1년 전 잭 앤더슨Jack Anderson이 기고한 칼럼에서 제일 처음 알려졌지만, 허쉬가 폭로한 일면 머리기사를 계기로 본격적으로 대중의 시선이 쏠리게 됐다. 대중의 격렬한 항의가 이어졌고, 결국 미국 상원에서 베트남에서 기상 조절을 군사적으로 이용한 것에 대해 불편하고 민망한 질문이 던져졌다. 처음에는 어물쩍 얼버무리는 대답이 돌아왔지만, 결국 상원은 닉슨 대통령으로 하여금 전쟁 목적의 환경 조작을 금지하는 조약에 대한 협상을 시작하도록 촉구하는 결의안을 통과시킨다.

제럴드 포드가 대통령으로 있던 1977년 5월 18일에 '환경변경 기술사용 금지협약(ENMOD)'이 제네바에서 체결되었다. 그 당시 조인

국은 미국과 소비에트연방, 그리고 다른 40개 국가였다. 오늘날까지도 유효한 이 협약은 국가들이 전쟁을 목적으로 하는 기후 조작을 추구하지 않도록 막아줄 것으로 기대되었다.

***

하지만 환경변경 기술사용 금지협약은 애매하게 적혀 있었다. 그 협약은 '광범위하고 오래 지속되거나 심각한 효과를 유발할 수 있는 환경변경 기술을 군사적으로 사용하는 것'만을 금지하고 있었다. 이런 제약을 자기 편할 대로 해석한 미국 정부는 기상 조절의 군사적 잠재력을 계속해서 연구했다. 최근인 1996년에는 빌 클린턴 대통령이 재선된 후에 미 공군 참모총장 앞으로 〈군사력 증강 인자로서의 기상: 2025년 기상 장악Weather as a Force Multiplier: Owning the Weather in 2025〉이라는 연구보고서가 제출되었다.[7] 이것은 2025년까지 미 공군이 새로운 신기술을 이용해서 전쟁 무기로서 기상을 장악할 수 있는 방법에 대한 제안을 담고 있는 섬뜩한 보고서다.

'미국이 미래에 공군력과 우주군사력에서 지배적인 위치에 남는 데 필요한 개념과 능력, 그리고 기술'을 검토하라는 참모총장의 명령을 받은 일곱 명의 장교에 의해 편집된 이 44쪽짜리 연구보고서는 환경변경 기술사용 금지협약을 준수하는 것으로 보이기 위해 표현에 신중을 기했다. 이 연구보고서는 연구 범위를 '기상 조절의 국소적이고 단기적 형태'로 제한했다고 주장했다.

'2025년 기상 장악' 보고서가 그려낸 미래의 전쟁은 무시무시하다. 군대는 구름이나 안개로 병력이나 군장비의 이동을 숨겨줄 장막을 만들어낼 수도 있고, 강수를 유도해서 적군의 병참선을 물에 잠기게 할 수도 있고, 강수를 강제로 막아 가뭄을 만들어낼 수도 있고, 폭풍우를 적들의 머리 위로 이동시키고, 원하는 목표물을 향해 번개를 꽂을 수도 있다. 보고서에는 심지어 나노기술을 이용해서 현미경적으로 작은 컴퓨터 입자를 제작해 통제가 가능한 구름을 만들어내는 것까지 제안하고 있다. 이 컴퓨터 입자들은 진짜 구름 입자처럼 공기 중에서 부력을 띠고, 서로 소통이 가능하다. 이 보고서는 이렇게 열변을 토한다. '다양한 상황에서 심리작전에 사용할 수 있는 잠재력이 무궁무진하다.'

여기까지 오면 전쟁은 정말 무시무시한 것이 되고 만다. 이 보고서를 추종하는 사람들을 비판하는 한 익명의 비평가는 이렇게 말했다. "그들은 마치 뾰족한 막대기를 가지고 놀다가 잠든 곰을 발견하고는, 어떻게 되나 보려고 막대기로 그 곰 엉덩이를 찔러대는 꼬마애들 같다."[8] 분명 이 보고서를 작성한 사람들은 그저 다른 누군가가 자기보다 그런 능력을 빨리 얻게 되는 일만 걱정했지, 기상을 무기로 사용하는 것이 환경과 인류에게 어떤 영향을 미칠지는 눈곱만큼도 생각하지 않은 것 같다. 보고서는 이렇게 요약하고 있다. "사회 일각에서는 언제나 기상 통제 같은 논란이 큰 주제에 대해 검토하는 것을 꺼리는 움직임이 있기 마련이지만, 이 분야에서 얻을 수 있는 엄청난 군사적 능력을 무시하고 있다가는 우리가 심각한 위험에 처할 수 있다." 무슨 SF 소설에나 나올 법한 소리처럼 들린다. 사실, 제너럴일렉트릭 인공강우 연구에서 초기에 핵심적인 역할을 했던 버나드 보네거트는 SF 소설 작가인 커트 보네거트Kurt Vonnegut의 형이었다.

커트는 잠시 제너럴일렉트릭의 홍보 부서에서 일하기도 했는데, 거기서 형의 연구를 보며 영감을 받은 것이 틀림없다. 그가 쓴 암울한 디스토피아 소설《고양이 요람Cat's Cradle》은 구름 씨 뿌리기와 놀라우리만큼 비슷한 화학 과정을 설정하고 그것이 미칠 영향에 대해서 탐색한다.

소설의 내용을 살펴보자. 원자폭탄의 개발을 도왔던 노벨상 수상자인 호니커 펠릭스 박사는 대단히 불안정한 물의 동위원소를 만들어내고 '아이스나인'이라는 이름을 붙인다. 군대가 전쟁터에서 진창에 빠지는 것을 방지할 목적으로 개발된 아이스나인은 빙점이 영상 50도라서 진흙탕에 씨 뿌리듯 아주 조금만 뿌려도 연쇄 반응을 시작하면서 모든 수분이 딱딱하게 얼어붙는다.

SF 소설 속 공포의 얼음

하지만 호니커 박사는 이것이 결국 어떤 문제를 불러올지 철저하게 고민해보지 않았다. 이 촉매제는 너무도 불안정한 물질이라 지구상의 모든 습기가 얼어붙을 때까지 화학 반응을 멈추지 않을 것이다. 죽기 바로 전에 호니커는 아이스나인을 소량 만들어내고, 세 자녀가 그것을 나눠 갖는다. 미국과 소련 정부는 그 물질을 손에 넣고, 카리브해의 한 작고 가난한 국가의 독재자 손아귀에도 들어간다. 두말할 필요도 없이, 결국 소설의 결말은 재앙으로 끝난다. 아이스나인의 일부가 어찌어찌 바다로 흘러들고, 그 결과 모든 바다가 얼어붙어 세상은 종말을 맞게 된다. 맙소사!

***

어빙 랑뮈르가 인공강우를 사용하려 했던 애초의 이상적 목표는 이게 아니었는데, 아무래도 옆길로 너무 샌 것 같다. 어쨌거나 인공강우를 평화적 목적으로 사용하려는 시도는 여러 국가에서 활발하게 진행되었다.

인공강우에 대한 관심은 1970년대에 절정에 이르렀고, 당시 미국이 여기에 투자한 연구 자금만 해도 연간 2천만 달러로 추산된다. 하지만 인공강우 추종자들이 야심 차게 주장한 효과가 확실하게 증명된 경우는 드물었다. 인공강우 프로젝트는 성공 여부를 평가해줄 적절한 통계학적 방법론을 거의 갖추지 못한 채로 이루어지는 경우가 많았다. 구름은 본래 속성상 똑같은 구름이 존재하지 않기 때문에 '대조군'을 설정하는 일 자체가 불가능하다. 인공강우를 시도한 구름과 비교해볼, 같은 조건의 구름을 찾아낼 수가 없었던 것이다.

인공강우가 실제로 효과가 있는지 증명하는 것이 본질적으로 어렵다는 점 때문에 결국 1980년대에는 미국의 연구 투자액이 50만 달러로 감소한다. 그 이후로도 이 연구는 계속해서 내리막길을 걸어왔다.

한 가지 문제점은 원하는 결과를 얻기 위해 구름에 투입해야 하는 응결핵(또는 빙정핵)의 정확한 양을 판단하기가 매우 어렵다는 것이다. 강수량을 증가시키려고 할 때는 구름에 씨를 과도하게 많이 뿌리기가 쉽다. 핵을 너무 많이 투입하면 얼음 결정이나 물방울이 지나치게 많이 형성되어서, 이들이 공기 중의 습기를 차지하려고 서로 경쟁해야 하는 처지가 된다. 그 결과 구름의 씨가 모두 강수로 떨어질 수 있는 충분한 크기에 도달하는 데 실패하고, 오히려 구름의 강수 확률을 감소시킬 수 있다. 실제로 과학계에는 인공강우가 강수를 효과적으로 촉진할 수 있다는 주장을 뒷받침해줄 증거가 충분한지 의심스러운 눈길로 바라보는 사람이 여전히 많다.

그럼에도 활발한 프로그램이 계속 진행되고 있다. 1999년에 세계기상기구에서는 전 세계 24개국에서 제출한 100개가 넘는 기상 조절 전략이 자기들 앞으로 등록되어 있다고 보고했다. 현재 가장 연구가 활발한 곳은 중국으로, 기상 조절에 투자하는 연간 연구비용이 4천만 달러 이상으로 추정된다.

더 나은 유형의 구름 씨 뿌리기

기상 조절 전략은 안개 분산, 비와 눈 등의 강수 촉진, 우박 억제, 이렇게 세 가지로 분류할 수 있는데, 이 중 안개 분산이 가장 효과적인 것으로 여겨지고 있다. 이 프로그램은 안개가 자주 출몰하는 공항이나 도로에서 주로 사용된다. 한 프로그램은 솔트레이크시티 국제공항에서 수십 년 동안 성공적으로 진행된 바 있다.

영상의 기온에서 형성되는 안개를 분산할 때는 제트 엔진을 이용해서 공기를 덥히는 방법을 사용할 때가 많다. 하지만 기온이 영하일 때는 안개 물방울을 얼음 결정으로 얼려서 땅으로 떨어지게 하는 방법을 사용한다. 여기에는 두 가지 방법이 있다. 어떤 프로젝트에서는 로켓이나 공중의 분사기를 이용해서 요오드화은을 뿌리는 한편, 솔트레이크시티에서 시행 중인 프로젝트의 경우에는 빙정핵 대신 드라이아이스를 주입해서 안개가 얼어붙게 만든다.

강수량 증가를 목적으로 하는 구름 씨 뿌리기 프로젝트 중 대다수는 현재 적도 양쪽의 열대 반건조 기후대에서 이루어지고 있다. 상당수 프로젝트는 구름의 과냉각 영역에서 물방울의 결빙을 증가시키는 것을 목표로 하고 있지만, 일부 프로젝트에서는 과냉각된 부분이 많지 않은 따듯한 구름에서 강수를 촉진하는 방법을 찾아내려 노력하고 있다. 이런 경우에는 소금 입자, 소금 용액 물방울, 심지어는 그냥 맹물을 투입해서 물방울들이 유착이나 충돌을 통해 크기가 성장하도록 촉진한다. 산악지대 근처에 형성되는 산악구름이 구름 씨 뿌리기에는 가장 잘 반응하는 것으로 보인다. 특히 산악구름에 과냉각된 물방울과 얼음 입자가 섞여서 들어 있을 때 효과가 좋다. 이런 구름에 초점을 맞추는 것은 합리적인 선택이기도 하다. 산에 비나 눈이 내리면, 저수지나 쌓인 눈의 형태로 필요할 때까지 물을 저장할 수 있기 때문이다.

기껏 구름 씨 뿌리기를 해서 얻는 것이라고 해봐야, 어떤 식으로든 비를 내릴 가능성이 있는 구름을 쥐어짜서 그 양을 증가시키는 효과밖에 더 있겠느냐는 비판에 대해서는 대체로 동의하고 있지만, 세계기상기구는 이렇게 주장한다. "장기간에 걸쳐 이루어진 일부 프로젝트의 지표면 강수량 기록을 통계학적으로 분석해보면, 계절적 증가가 현실화되었음을 확인할 수 있다." 무슨 말인지는 모르겠지만, 아마도 효과가 있다는 말이 아닌가 싶다.

지난 10년간 미국에서 우박으로 인해 생긴 농작물 피해액은 연간 23억 달러로 추산된다.[9] 우박 억제를 목적으로 하는 구름 씨 뿌리기 프로그램은 일반적으로 폭풍계의 주변부에서 시행된다. 어떤 프로그램은 자연적으로 형성될 양보다 더 많은 우박의 싹이 만들어지도록 촉진한다. 우박의 싹이 많아지면 그 싹들이 구름의 습기를 서로 차지하려고 경쟁해야 하는 처지가 되어, 우박이 위험한 크기까지 자랄 기회를 차단할 수 있다. 또 다른 프로그램에서는 구름의 키를 낮춰서 우박이 거쳐 지나는 경로를 짧게 만들려고 한다. 경로가 짧아지면 그만큼 우박의 성장도 줄어들기 때문이다. 그리고 어떤 프로그램에서는 그냥 간단하게 구름이 위험한 우박을 만들 정도로 커지기 전에 미리 수분을 다 강수로 쏟아내게 하려고 노력한다.

이런 프로그램을 제공하는 상업적 회사들은 그들이 우박의 격렬함을 크게 줄일 수 있다고 말하지만, 그 주장을 뒷받침해줄 결정적인 과학적 증거는 아직 부족해 보인다. 구름 씨 뿌리기 분야가 익히 그래왔듯이, 우박 억제 전략 분야 역시 확실히 효과가 있다고 단언하기도, 그렇다고 효과가 없다고 부정하기도 힘든 애매한 상황이다.

***

최근 수십 년간 구름 씨 뿌리기를 지지하던 사람들 중 가장 이색적인 사람은 거침없는 언변을 자랑하는 모스크바 시장 유리 르지코프Yuri Luzhkov였다. 1992년에 처음 시장으로 당선된 이후로 르지코프는 구름 씨 뿌리기에 각별한 애정을 보였다. 하지만 그의 관심은 강수량을 늘리는 것이 아니라, 오히려 그 반대였다. 르지코프는 가두행진을 벌일 때 비가 내리는 것을 막으려고 구름 씨 뿌리기를 이용한다. 젊은 시절에 화학자였던 그는 날씨에 대해 조금 집착하는

면이 있다. 한번은 부정확한 일기예보 때문에 머리끝까지 화가 나서 모스크바시와 중앙정부 기상청 사이에 맺은 계약을 파기하고 자기가 직접 기상 업무를 시작하겠다고 위협하기도 했다.

르지코프는 1995년에 모스크바에서 열린 제2차 세계대전 승리 50주년 축하 기념식에서 구름 씨 뿌리기를 처음 도입했다. 요오드화은을 이용해서 구름이 도시에 닿기 전에 비를 뿌리게 촉진한 것이다. 가두행진은 밝은 햇살 속에서 치러졌다. 1997년에 르지코프는 모스크바 850주년 기념행사 동안에 확실하게 비를 막을 요량으로 55만 루블이라는 비용을 들였다. 사흘의 행사 동안 비행기 여덟 대를 동원해서 도시 외곽 100킬로미터 지점에서 구름 씨 뿌리기를 했다. 처음 이틀간은 비가 오지 않았으나, 마지막 날 야외에서 치러지는 폐막식 행사가 다가오자 날씨가 변하고 말았다.

행사가 최고조에 이를 무렵에는 쉴 새 없는 폭우가 군중들을 흠뻑 적셨다. 비에 젖은 무대에서 공연을 펼치던 곡예사와 춤꾼들이 여기저기서 모두 미끄러지고 난리가 아니었다. 하지만 르지코프 시장은 여기에 굴하지 않았다. 그는 반드시 성공하리라는 확신 속에서 아직도 큰 행사가 있기 전에는 구름 씨 뿌리기 프로그램을 계속 진행하고 있다.

이런 일회적인 구름 씨 뿌리기와는 대조적으로, 비행운을 통해서 우리 인류는 일상적이고 지속적으로 구름에 변경을 가하고 있다. 우리가 구름 씨 뿌리기를 사악하게 적용하려는 시도에 대한 글을 읽으며 걱정에 빠져 있는 사이에도 이렇게 아무 생각 없이 지속적으로 이루어지고 있는 구름 씨 뿌리기가 가져올 충격이 실제 우려

비행운은 이따금씩 오톨도톨한 모양으로 나타나기도 해서, 마치 반쪽만 남은 지퍼처럼 보인다. 비행운이 떠 있는 고도의 대기가 불안정해서이기도 하고, 비행기가 떠난 자리에 생기는 난류 때문이기도 하다.

할 만한 결과를 초래할 거라는 과학적 증거는 쌓여가고 있다.

***

비행운은 구름관찰자들에게 약간의 딜레마를 안겨준다. 한편으로 비행운을 보고 있으면 즐겁기도 하고, 구름 자체가 무척 아름다운 경우도 많다. 예를 들어 순항 고도의 대기가 불안정하면, 비행운 아래쪽으로 이빨 모양이 돋아 나와 반쪽만 남은 지퍼처럼 보이기도 한다. 마치 비행기가 하늘을 가로지르면서 하늘의 옷을 우아하게 벗겨내고 있기라도 한 듯이 말이다. 때로는 비행운이 잠깐 푸실 조건이 맞아떨어지면 비행운이 오랫동안 남아 퍼지면서 수천 제곱킬로미터를 뒤덮는 권층운 구름층이 생기기도 한다.

Mike Davies (1633번 회원)

리 파스타처럼 꼬인 모양으로 나타나기도 한다. 어떻게 이런 형태가 나타나는지는 아직 설명을 못 하고 있다. 그리고 조건이 맞아서 바람을 타고 퍼져 나가면, 비행운은 서로 얽혀 있는 아름다운 격자 형태로 발달할 수도 있다. 넓게 퍼져 나간 오래된 비행운 자리를 생긴 지 얼마 안 된 비행운의 선명한 줄무늬가 가로지르는 것이다.

반면, 비행운이 수적으로 많아짐에 따라서 지표면의 기온에 큰 영향을 미친다는 증거들이 점차 늘어나고 있다. 그리고 눈치챘겠지만, 이 영향을 모두 종합해보면 지표면의 온도를 증가시키는 방향으로 작용하고 있다.

뜨거운 구름관찰 논쟁

항공이 환경에 미치는 영향에 대한 평가는 전통적으로 비행기 배기가스에서 배출되는 이산화탄소가 지구온난화에 얼마나 기여하는지에 초점이 맞춰져 있었다. 대기 중에 존재하는 다른 모든 온실가스와 마찬가지로 이산화탄소도 지구가 내보내는 열을 흡수했다가 다시 지표면으로 복사하는 효과가 있기 때문에 지구의 냉각을 늦춘다. 비행기에서 배출하는 이산화탄소의 양은 인간이 대기 중으로 뿜어내는 총 이산화탄소 양의 2퍼센트 정도에 해당하지만,[10] 그것이 환경에 미치는 영향은 지표면에서 방출되는 이산화탄소보다 더 클 가능성이 있다. 이들은 대기권 상층에 직접 배출되기 때문이다. 그리고 비행운을 사랑하는 구름관찰자들을 다시 한번 생각하게 만드는 부분이 있다. 항공이 환경에 미치는 가장 심각한 영향은 비행기가 배출하는 온실가스 때문이 아니라, 사실 비행 과정에서 나타나는 구름 때문이라는 공감대가 과학자들 사이에서 점차 커지고 있기 때문이다.

구름은 일반적으로 지표 기온에 조금 상반되면서도 큰 영향을 미친다. 물이 눈에 보이지 않을 때, 즉 수증기라는 기체 상태로 존재할 때는 온실가스로 작용해서 열을 가둠으로써 지구를 뜨겁게 만든다는 사실은 이해하기가 어렵지 않다. 사실, 대기 중에 가장 풍부한 온실가스는 다름 아닌 수증기로, 전체 온실효과 중 36~70퍼센트 정도가 수증기 때문에 생긴다. 하지만 대기 중의 수증기가 물방울이나 얼음 결정으로 응결해서 구름이 되었을 때는 지구의 기온에 어떤 영향을 미치는지는 이해하기가 그리 간단하지 않다.

한편으로 보면, 구름은 태양의 복사열 중 일부를 우주 공간으로 반사해내는 역할을 한다. 일광욕을 즐기다가 구름이 해를 가리면 춥다고 느끼는 이유다. 따라서 구름은 국소적으로 지표면의 온도를 낮추는 역할을 한다. 하지만 다른 한편으로는, 수증기나 다른 온실가스와 마찬가지로 구름도 지구가 내보내는 열의 일부를 흡수해서 그중 일부를 다시 지표면을 향해 복사로 되돌려 보낸다. 일반적으로 맑은 밤보다는 구름이 끼어 있는 밤이 더 따듯하게 느껴지는 이유다. 이렇게 해서 구름은 지구의 냉각을 늦추는 데 두 가지 상반된 영향을 미친다.

대부분의 구름 유형은 햇빛의 일부를 차단함으로써 전체적으로는 지구를 냉각시키는 효과를 낳는다고 볼 수 있다. 하지만 얼음 입자로 이루어진 상층운, 즉 권운, 권층운, 권적운 등의 '권운형 구름cirriform cloud' 중 상당수는 여기에 해당되지 않는다. 이들 구름이 아주 얇아서 햇빛을 대부분 그대로 통과시켜버리는 경우에는 지구의 열기를 붙잡는 효과가 냉각시키는 효과보다 커지게 된다. 권운형 구름의 이러한 특성을 비행운이 환경에 미치는 효과에도 적용할 수 있다.

구름관찰자라면 비행운이 그저 선명한 줄무늬로 계속 남아 있지 않는다는 것을 잘 알 것이다. 순항 고도에서 기온은 낮고 습도는 높은, 비행운에 친화적인 조건이 형성되면 비행운의 얼음 결정이 바람을 타고 퍼질 수 있다. 비행기 배기가스에서 나온 작은 입자들은 응결핵이나 빙정핵으로 작용해서 대기 중에 자연적으로 존재하는 수증기가 물방울이나 얼음 결정을 형성하도록 촉진한다. 비행운에 있는 얼음 결정 자체도 마찬가지로 핵으로 작용해서 물 분자를 흡수하며 자라난다. 이렇게 되면 몇 시간 만에 비행운은 수 킬로미터 넓이로 퍼져 나갈 수 있다. 실제로 개개의 비행운이 2만 제곱킬로미터의 하늘을 뒤덮을 때까지 퍼져 나가는 것이 관찰되고 있다.[11] 수분이 포화된 대기 중에 씨를 뿌림으로써 비행운은 얇은 권운형 구름의 형성을 촉진한다. 이 높이의 구름들이 바로 지표면 기온을 상승시키는 것으로 알려진 구름이다.

***

2001년 9월 11일에 뉴욕의 세계무역센터에 가해진 테러 공격은 비행운이 지표면의 기온에 미치는 영향을 밝히는 뜻하지 않은 계기가 되었다. 이 참사가 일어난 후 3일 동안 미국 상공 위로는 모든 상업적 비행이 취소되었다. 제1차 세계대전 이후 처음으로, 짧기는 하지만 그래도 일정 기간 미국 상공에서 비행운이 사라진 것이다. 2002년에 〈네이처〉에 발표된 한 보고서[12]에서 기상학자들은 서로 인접한 미국의 48개주 전체에 걸쳐 비행운이 없었던 3일 동안의 지표면 온도를 조사했고, 그 이전 30년 동안 기록한 지표면 온도와 비교해보았다. 그리고 실제로 의미 있는 차이를 발견했다. 비행운이 없는 상태에서는 미국 전체 낮과 밤의 평균 온도 차이가 평소보다 1.1도 더 커진 것으로 밝혀졌다. 비행운과 그로 인해 생겨나는 권운형 구름이 낮 동안에는 지표면 온도를 낮추고, 밤에는 올리는 것으로 보였다.

지표면 온도에서 1.1도의 차이는 대단히 극적인 영향이 있었음을 의미하지만, 이 연구에서는 전반적인 지표면 온도 상승이 비행운 때문이고, 결국 비행운이 지구온난화에 기여할 가능성이 있음을 분명하게 못 박아 결론 내리지는 못했다. 하지만 좀 더 최근의 연구들을 보면, 바로 이런 부분이 확인되고 있다.

2004년에 발표된 한 논문[13]에서는 1974년에서 1994년 사이에 미국 상공에서 관찰되는 권운형 구름이 증가했는지를 살펴보았다. 이 기간 미국 전역에서 권운 높이 대기권의 평균 습도는 일정했던 것으로 밝혀졌기 때문에, 항공 교통량의 증가와 그에 따른 비행운의 증가로 권운형 구름이 증가했다는 결론이 나왔다. 이러한 증가로 인해 예상되는 온난화 효과 추정치는 10년당 0.2~0.3도로 추산되었다. 놀랍게도 권운형 구름의 증가에 따른 효과만으로도 지난 25년간 미국 전역에서 일어난 기온 상승의 대부분을 설명하기에 충분하다는 결론이 나온 것이다. 지구온난화가 아닌 지역적인 온난화 효과에 관한 연구이기는 하지만, 비행운에서 발생하는 상층운이 지표면 온도 상승에 크게 기여한다는 것이 이 연구 보고서가 제시하는 핵심 주장이다.

2003년에 발표된 또 하나의 핵심 논문[14]도 마찬가지로 정신이 번쩍 드는 내용을 담고 있다. 이 논문에서 과학자들은 기상 위성사진으로 확인한 유럽 대륙 상공 권운형 구름의 지역적 분포 변화를 같은 기간의 정확한 지역별 항공 교통량 분포 기록과 비교해서 둘 사이에 연관 관계가 있음을 보여주었다. 이 보고서는 항공 교통으로 인해 발생하는 권운형 구름 때문에 생기는 온난화 영향이 비행기의 이산화탄소 배출에서 발생할 것으로 예상되는 온난화 영향보다 열 배나 더 크다고 결론 내리고 있다.

이렇게 서로 다른 인자들이 환경에 미치는 영향을 의미 있게 비교하기는 힘들다. 비행기에서 배출하는 이산화탄소는 대기 중에 백 년 넘게 남아 있으면서 지표면 온난화에 범지구적이고 누적적인 영향을 미치는 반면, 항공으로 인해 생긴 구름 덮개의 온난화 영향은 국소적이며 일시적이기 때문이다. 하지만 이런 연구들은 비행운이 만들어내는 상층운이 지구온난화 과정에서 비행기가 배출하는 이산화탄소보다 더 중요한 요인임을 암시한다.

항공 교통량은 해마다 5퍼센트 정도 증가하는 것으로 추산된다.[15] 그리고 이런 증가분 중 대다수가 비행운을 형성하는 장거리 비행이다. 역설적이게도 연소 효율을 높여서 이산화탄소 배출량을 줄인 현대의 비행기 엔진은 사실 비행운을 더 많이 만들어낸다.

***

런던 임페리얼 칼리지의 과학연구팀은 비행운을 줄이는 한 가지 가능한 방법을 검토해왔다. 비행기가 높이 날지 못하도록 막는 것이다.

이들은 항공 교통량 관리를 위해 설계된 컴퓨터 시뮬레이션을 이용해서, 유럽지역의 순항 고도를 비행운 형성 높이 아래로 제한하면 어떤 영향이 있을지 연구했다.[16] 여기서 한 가지 문제점은 비행 고도를 낮추면 밀도가 더 높은 공기를 뚫고 날아야 하기 때문에 연료를 더 많이 태워야 한다는 것이다. 이것은 온실가스 배출 증가라는 문제와 더불어 경제적인 문제도 있다.

그래서 이 연구팀은 비행운 없이 비행할 수 있는 순항 고도 최고 한계를 설정해주는 시스템을 평가해보았다. 이 순항 고도 최고 한계는 대기의 기온과 습도의 변화에 따라 역동적으로 계산해낼 수 있다.

이 프로젝트를 뒷받침하는 과학자들 중 한 사람인 밥 놀런드Bob Noland 박사는 이렇게 설명한다. "유럽지역에 그렇게 순항 고도 제한을 두면 이산화탄소 배출량이 4퍼센트 증가하는 결과가 나옵니다. 하지만 그로 인한 비행운의 발생 감소를 고려하면 우리는 그쪽이 더 좋은 정책이라고 결론 내렸습니다." 그들이 발견한 바에 따르면 여기에는 교통 혼잡과 비행 시간 연장 등 시행상의 어려움이 분명히 따르겠지만, 이산화탄소 배출량은 겨우 4퍼센트만 증가하는 반면, 비행운의 형성은 65~95퍼센트까지 줄이는 효과가 있다고 한다.

James Townsend (회원 169번)

우리의 창공에서 비행운을 추방하는 일을 고려해야 할까?

비행운이 줄어들면 지표면을 덮는 얇은 권운형 구름의 전체적인 양도 상당히 줄어들 것으로 보인다. 놀런드는 이렇게 말한다. "비행기에서 나오는 이산화탄소가 무시하기 힘든 양이고, 증가 추세에 있는 것도 사실이지만, 발생량을 줄이면 별다른 영향을 미치지 않을 것입니다. 하지만 내일 당장 비행운을 90퍼센트 줄이는 일은 전적으로 실현 가능한 이야기이기도 하고, 당장에 큰 영향을 가져올 수 있는 부분입니다. 비행운을 막으면 즉각적인 이점이 발생하죠."

***

구름은 기후 변화 예측에 있어서 예측이 불가능한 와일드카드다. 지구온난화가 우리 구름의 규모와 특성에 어떤 영향을 미칠지, 구름량cloud cover의 변화가 지구의 '복사수지radiation budget(지구가 태양으로부터 오는 열을 얼마나 간직하는지를 나타내는 정도)'에 어떤 피드백 영향을 미칠지는 누구도 모른다. 지난 세기 지구의 기온은 섭씨 0.6도가량 상승했고, 그 상승 중 대부분은 지난 50년 동안 일어났다. 이 변화가 부분적으로는 인간에 의해 생겨난 것임을 현재 과학계 대다수가 인정하고 있다.

우리가 온실가스 배출과 관련해서 여느 때와 다름없는 정책을 계속 고수한다면, 산업화 이전 시기와 비교했을 때 대기 중 이산화탄소의 양이 두 배로 증가할 것이라고 과학자들은 추산한다. 여기서 발생하는 직접적인 영향으로 지표면 온도가 1도 이상 급등할 것으로 추정된다. 그 자체로는 재앙이 아닐지 모르지만, 거기에 따라올 수 있는 연쇄 반응은 재앙이 될 수 있다. 피드백 효과에 의해 기온 상승이 증폭될 수 있다.

일반적으로 그러한 피드백 요소로 크게 세 가지를 생각한다. 첫 번째는 지구를 덮고 있는 얼음의 양이다. 얼음은 땅보다 햇빛을 더 잘 반사하기 때문에 얼음이 덮는 부위가 줄어들면 온난화를 가속하는 영향을 미친다. 두 번째는 대기 중에 존재하는 수증기의 양이다. 이것은 눈에 보이지 않는 기체 상태의 물로, 이산화탄소와 마찬가지로 담요처럼 열을 가두는 온실가스로 작용한다. 지표면의 온도

Ken Bushe (1525번 회원)

비행운이 그 아래 있는 권층운에 그림자를 드리웠다.

상승으로 수분의 증발이 더 많아지면, 이 역시 온난화를 가속할 것이다. 그리고 세 번째 요소가 있다. 바로 구름이다.

구름은 이 셋 중 가장 불확실하다. 우리는 지구의 기온 상승이 구름의 규모와 특성에 어떤 영향을 미치게 될지 예측하는 데 필요한 준비가 되어 있지 않기 때문이다. 만약 기온 상승으로 두꺼운 구름이 증가한다면, 햇빛을 우주 공간으로 더 많이 반사해서 온난화 효과를 감소시킬 것이라 기대할 수 있다. 하지만 이것이 얇은 상층운 구름의 양만 늘리는 역할을 한다면 오히려 상황을 악화시키는 온난화 가속 효과를 불러올 것이다.

하지만 아마도 가장 큰 문제는 지구 기온 상승으로 구름이 더 줄어드는 경우일 것이다. 이것은 우리 '구름감상협회'의 존립을 위태롭게 만들 뿐만 아니라, 지표면 온도 분포 범위에도 급격한 영향을 미칠 수 있다.

만약 기온 상승으로 증발해 사라지는 구름이 더 많아지거나, 수분을 비로 쏟아버리고 빨리 사라지는 구름이 많아진다면, 하늘은 더 맑아질 것이다. 실제로 미 항공우주국 랭리연구센터의 브루스 비엘리키Bruce Wielicki는 현재의 열대지역이 25년 전보다 구름의 양이 줄어들었음을 발견했다. 그는 뜨거운 적도 지역에서 발생하는 상승기류의 강도가 과거보다 강해진 것으로 보이는데, 그 결과 폭풍우 구름이 비를 빨리 쏟아내서 나머지 열대지역의 구름이 줄어드는 현상을 설명할 수 있을지 모른다고 했다. 이것이 과연 기온 상승 때문에 일어나는 현상인지, 그리고 이 현상을 열대지역이 아닌 곳에도 적용할 수 있을지는 아직 불확실하다. 확실한 것은 구름이 줄어들면 햇빛을 지구에서 반사하는 효과가 줄어들겠지만, 지구의 열을 가두는 담요 효과도 마찬가지로 줄어든다는 것이다. 구름양 감소의 효과를 판단하려면 지구의 복사수지에 이 두 가지가 어떻게 기여하는지를 비교할 수 있어야 한다.

막연하게나마 추정치가 필요한 시점이 왔다. 전체적으로 볼 때, 구름이 지구에서 달아나려는 열을 차단해서 가두는 양은 30W/m^2 정도, 반면 지구에 흡수되지 않게 막아주는 태양 복사의 양은 대략 평균 50W/m^2 정도로 추정된다. 이런 추정치가 정확하다면, 지구의 구름이 복사수지에 기여하는 알짜 값은 20W/m^{2}의 에너지 손실이다. 쉽게 말하자면, 구름이 있기 때문에 지구가 더 시원한 것이다. 다른 조건이 모두 같은 상태에서 구름이 사라져버린다면 지구는 훨씬 더 뜨거워질 것이다.

우리 솜털 친구들을 보고 불평하는 사람이 보이면 구름관찰자들이 가서 이런 사실을 좀 알려주기 바란다.

***

과학자들과 정치인들이 우리가 어느 정도까지 지구온난화에 영향을 미치고 있고, 이산화탄소 배출량을 얼마나 규제해야 하는지를 두고 계속 논쟁을 벌이고 있는 것을 보면, 나는 17세기 프랑스 철학자 블레즈 파스칼Blaise Pascal이 신의 존재 여부를 두고 벌인 논쟁이 떠오른다.

파스칼은 신이 존재하는지, 존재하지 않는지를 확실히 알 수 없으므로, 만일을 대비해서 신의 존재를 믿는 쪽으로 내기를 거는 것이 더 좋다고 주장했다. 여기에는 아주 큰 판돈이 걸려 있다. 만약 우리가 그의 존재를 믿었는데, 죽어서 저승에 가보니, 실제로 신이 존재하고 있었다면, 그야말로 만세다! 우리는 천국에 갈 테니 말이다. 만약 신의 존재를 부정했는데, 나중에 저승에 가보니 결국 신이 존재하고 있었다면, 우리는 영원한 지옥살이의 나락으로 빠지게 된다. 물론, 만약 신이 정말 존재하지 않는다면, 이랬든 저랬든 아무런 문제도 생기지 않으니 밑져야 본전이다. 따라서 파스칼은 제대로 생각이 박힌 사람이라면 분명 신의 존재를 믿고, 종교적인 삶을 살아갈 것이라고 주장했다.

지구온난화에서도 마찬가지 논리를 적용할 수 있다. 비록 여기에 걸린 판돈은 영생의 삶이 아닌 이승에서의 삶이 고작이지만, 그래도 마찬가지로 우리에게는 중요한 삶이 아니던가? 지구온난화에서 어디까지가 우리의 책임인지 우리는 정확히 알지 못한다. 하지만 지구온난화 현상(구름양의 변화와 같은 피드백 요소로 인해 증폭되고 있는 것으로 보이는)이 우리에게 미치는 영향이 얼마나 심각한 것인지를 생각해보면, 그것이 우리의 책임이라 가정하고 과감히 행동에 변화를 주는 것이야말로 합리적인 선택이 아닐까?

***

시인 루퍼트 브룩Rupert Brooke은 제1차 세계대전이 있기도 전에 이렇게 짐작했다. '망자는 죽지 않나니,' 구름이 되어 고요한 중천을 타고 날면서, '달을 바라보고, 미친 듯이 몰아치는 바다와 땅 위를 오가는 사람들을 바라보나니.'[17] 이 말이 사실일지는 모르지만, 그래도 어쩐지 나는 우리가 죽어 비행운이 되리라고는 상상할 수가 없다.

이 구름계의 사생아를 사랑하기는 쉽지 않다. 어떤 구름관찰자들은 나처럼 상반되는 감정을 동시에 느낄 테지만, 과연 얼마나 많은 사람이 이 신참 구름을 두 팔 벌려 환영해줄까? 비행운은 장밋빛으로 물든 가을 저녁 하늘을 가로지르며 멋들어진 모양을 재단해놓을지도 모른다. 하지만 이 진보의 얼음 띠는 분명 구름관찰자들과 그 밖의 모든 사람들에게 불길한 미래를 경고하는 상징일 것이다.

13

the Cloudspotter's Guide

모닝글로리

Morning Glory

활공기 조종사들이 타는 구름

몇 년 전, 나는 한 구름 책[1]에 나온 구름 사진을 보며 시간을 보내고 있었다(나는 구름관찰자에게는 이것이 '히트' 잡지•를 읽는 일과 비슷하지 않을까 생각한다). 그런데 그 안에서 내가 그전에 보았던 어떤 구름과도 닮지 않은 사진을 우연히 만났다. 그 항공사진에는 흰 머랭••을 말아 놓은 것 같은 낮은 구름이 엄청 길고 매끄러운 튜브 모양으로 지평선 이쪽에서 저쪽까지 뻗어 있었고, 앞뒤로는 맑은 하늘이 펼쳐져 있었다. 그 구름은 굽이치는 강과 맹그로브 습지가 어우러진 이국

● 여성들이 많이 찾는 영국의 대중 잡지로 연예인 이야기나 패션, 미용 등에 대한 이야기 등이 실려 있다.

●● 설탕을 넣고 휘저어서 거품을 낸 달걀 흰자.

적인 지형 위에 떠 있었다. 나는 이것이 층적운에 속하는 특별한 형태의 '두루마리구름'으로 분류될 것임을 알 수 있었지만, 다른 일반적인 구름과 한 부류로 엮어 넣기에는 너무나 장엄해 보였다. 실제로 그 사진에 나온 설명을 보니 그 구름에는 자기만의 이름이 있었다. 바로 '모닝글로리Morning Glory'였다. 그 구름이 지나가며 불러일으키는 들뜨고 기쁜 마음을 전하는 이름이라고 했다.

구름관찰자가 책이나 보면서 인생을 허비해서는 안 될 일이다. 그래서 나는 바로 그 자리에서 이 모닝글로리라는 구름을 볼 가능성이 제일 큰 곳을 알아내서, 이 아름다운 구름을 내 눈으로 직접 보고야 말겠다고 맹세했다.

***

그때 이 구름이 호주에서도 가장 외딴 장소인 퀸즐랜드 북부 걸프 사바나 지역에서만 생긴다는 글이 눈에 들어왔다. 갈 수 없는 곳은 아니지만 내가 사는 곳에서는 너무 먼 곳이었다. 아무리 열정적인 구름관찰자라고 해도 그렇지, 구름 하나 보겠다고 지구를 반 바퀴 가로질러 간다는 것은 분명 너무 우스꽝스러운 일임이 틀림없었다. 내가 조금은 너무 성급하게 맹세를 했다는 생각이 들어 아차 싶었다.

하지만 이 구름에 대해서 알아갈수록 나는 점점 더 이 구름에 이끌렸다. 모닝글로리는 길이가 영국 땅덩어리만큼이나 긴 1000킬로미터까지 뻗을 때도 있고, 최고 55km/h의 속도로 이동할 수도 있다. 더군다나 매년 모닝글로리를 만나겠다는 희망을 품고 호주를 수천 킬로미터씩 가로질러 오는 용감무쌍한 활공기 조종사들도 있다. 이들은 9, 10월 봄 동안에• 퀸즐랜드 버크타운에 있는 작은 정착지에 모여 때를 기다린다. 이곳은 모닝글로리가 나타나는 곳으로, 그들이 이곳에 모이는 이유는 딱 하나다. 바로 모닝글로리를 타고 날아오르는 것이다. 이것은 최고의 활공 체험으로 꼽힌다. '구름타기cloud surfing'라는 말 말고는 달리 표현할 방법이 없다.

갑자기, 호주가 뭐 그리 먼 곳인가 하는 생각이 들었다. 호주의 활공기 조종사 무리와 둘러앉아 맥주를 마시며 최고의 구름이 머리 위를 휩쓸고 지나갈 때를 기다린다… 마치 캘리포니아 해변 마을에 사는 세 친구의 우정을 파도타기를 통해 그린 영화, 〈빅 웬즈데이Big Wednesday〉의 배경을 호주의 하늘 위로 옮겨놓은 것 같았다. 이 정도면 지구 반대편으로 날아가야 할 이유로 충분하지 않은가!

***

여행을 준비하고 있으려니, 빅토리아 시대의 돈 많은 구름 마니아였던 랠프 애버크럼비가 떠올랐다. 그는 1896년에 최초의 《국제구름도감》을 만들어낸 기상학자들의 모임인 '구름위원회'를 소집한 사람이다. 애버크럼비는 1880년대 말에 몇 년에 걸쳐 증기선과 기차, 그리고 마차를 타고 구름을 찾아 전 세계를 여행했다.

• 남반구의 9, 10월은 봄이다.

그는 자신의 여행 이야기를 《다양한 위도의 바다와 하늘: 날씨를 찾아 떠난 방랑의 여행기Seas and Skies in Many Latitudes, or Wanderings in Search of Weather》[2]라는 책으로 엮어냈다. 이 책은 마치 《80일간의 세계일주》의 기상판처럼 읽힌다. 애버크럼비는 이 세상의 구름이 지역에 따라 다른지, 같은지를 알아보고 싶었고, 여행을 다녀본 결과 대체적으로 다 비슷비슷하다는 결론을 내렸다. 기상 사진의 개척자인 그는 외딴 지역에서 만난 구름의 형태를 사진 기록으로 남겨놓았다. 그가 남긴 사진 중 상당수는 후에 《구름도감》에 사용되었다. 이 책은 그가 1890년에 스웨덴의 기상학자 힐데브란드 힐데브란드손과 함께 쓴 책으로, 《국제구름도감》의 전신이 된 책이다.

호주로 떠나기 전 몇 주 동안, 애버크럼비가 자랑스럽게 기르고 다닌 인상적인 콧수염처럼 나도 콧수염을 길러 왁스를 발라 멋을 내볼까 생각했다가, 그랬다가는 호주 사람들한테 놀림감이나 되겠다 싶어 그만두기로 했다. 하지만 막상 호주로 출발할 때는 그의 책에서 읽은 내용이 자꾸 귓가를 맴돌았다.

> 저자의 가장 큰 소원 중 하나는 바다에서든, 땅에서든 열대 허리케인을 만나보는 것이었다. (…) 하지만 일부러 허리케인이 잦은 계절을 골라 모리셔스를 찾아가고, 또 태풍을 만나보고 싶다는 일념 하나로 중국해를 가로질러 항해해보기도 하였지만, 결국 실패하고 말았다.[3]

모닝글로리를 찾아 나서기는 했지만 나라고 그런 일을 당하지 말란 법이 있나? 사실 구름이야말로 자연이 드러내는 모든 존재들 중에서도 가장 예측 불가능한 존재가 아니던가. 흔하디흔한 구름이라고 해도, 막상 언제 나타날지 예측하라고 하면 도무지 종잡을 길이 없다. 이 거대한 구름을 타고 날아보겠다고 호주 대륙을 가로질러 운전하고 왔다가 결국 땅바닥에서 바퀴를 띄워보지도 못하고 1~2주 후에는 발길을 돌려야 했다는 조종사들 얘기를 듣기도 했다.

런던발 비행기가 도시를 뒤덮은 층적운 층을 뚫고 올라가는 동안 혹시나 구름을 찾아 나선 내 여행이 결국 비참한 결말로 끝나버리지나 않을까 두려워졌다. 이런 생각이 들자 나는 머나먼 이국으로 여행을 가는 마당에 구름관찰자가 아니고선 절대로 하지 않을 짓을 했다. 눈을 감고 제발 구름이 끼게 해달라고 기도한 것이다.

***

앨버트강 위에 자리잡은 버크타운은 호주 북쪽 해안 중간 부근에 있는 장대한 카펀테리아만에서 30킬로미터 정도 내륙으로 들어와 있었다. 이곳은 인구가 178명에 불과한 곳으로, 도무지 지구를 가로지르면서까지 찾아올 그런 장소로는 보이지 않는다. 남쪽으로 300킬로미터 정도 떨어진 마운트아이자에서 경비행기를 타고 오며 창밖을 보니 이 마을은 끝없이 펼쳐진 칠흑같은 밤의 어둠 속에 조그맣게 무리 지어 있는 불빛에 불과했다. 전세 경비행기 회사를 운영하는 폴 풀Paul Poole 씨가 비행기를 활주로에 착륙시키고 이동하면서 말했다. "맞아요. 여긴 진짜 오지죠. 호주에서 마지막 남은 야

Russell White (23번 회원)

북부 퀸즐랜드의 버크타운. 이곳은 진짜 오지다.

생 지역 중 하나입니다."

풀은 카펀테리아만의 외딴 여러 마을 사이에서 비행기를 운항한다. 마을과 마을 사이의 거리도 엄청날뿐더러, 사람이 살 수 없는 대초원 지형이 끝없이 펼쳐져 있는 곳이라 사실상 비행기 말고는 대안이 거의 없다. 12월에서 2월까지의 우기가 찾아오면 마을은 풀의 비행기에 더더욱 의지할 수밖에 없다. 이때는 평지 전체가 물에 잠기기 때문에 비포장도로가 모두 통행이 불가능하기 때문이다. 풀은 이렇게 말한다. "일단 마운튼아이자에서 여기까지 길만 제대로 뚫리면 이 마을은 몰라보게 달라질 겁니다. 정말 믿기 어려울 정도로 달라질걸요? 모닝글로리는 호주 활공 산업계에서 대박을 칠 겁니다."

풀은 여자친구 아만다와 함께 몇 안 되는 버크타운의 숙박업소 중 한 곳을 운영하고 있었다. 나는 여행으로 완전히 지쳐서 바로 침대로 기어오르려고 했는데, 두 사람이 나에게 주의를 주었다. 그날 아침 모닝글로리가 지나갔기 때문에 새벽녘에 또 하나 지나갈 가능성이 아주 크다는 것이다. 풀은 이렇게 덧붙였다. "그 구름은 주기적으로 움직이는 경향이 있어요. 모닝글로리가 일단 한번 찾아오고 나면 보통은 며칠 동안 동이 틀 때마다 연속으로 나타납니다. 활공기 조종사들은 늦지 않으려고 새벽 네 시 반이나 다섯 시 정도에 일어나요." 비록 42시간이나 여행을 하고 온 상태였지만, 늦잠은 말도 안 될 소리였다.

나는 아직 어두운 다섯 시에 침대에서 일어났다. 그리고 지프차를 빌려 타고 마을 북쪽의 소금 평지•로 나가보았다. 그곳에서 나는 파리 떼와 끝없이 펼쳐진 범람원에 둘러싸인 채 동트는 하늘을 바라보며 서 있었다.

모닝글로리는 보통 버크타운 북동쪽에서 다가오고, 처음에는 아득한 지평선 위에 검은 줄을 하나 그어놓은 것처럼 보인다. 하지만 지금은 구름 한 점 없는 맑은 하늘 속에서 해돋이의 오렌지빛, 연보라, 쪽빛 색조만이 대초원의 평지를 가로질러 퍼지고 있었다.

• 바닷물이 증발하고 남은 염분으로 뒤덮인 평지.

***

1860년대에 소를 키우는 농부들을 위한 물자 보급용 마을로 세워진 버크타운은 카펀테리아만 북쪽의 습지대와 남쪽의 초원지대를 가르는 천연의 경계지역 위에 자리잡고 있다. 이곳은 이 주에서 가장 오래된 정착지고, 사이클론, 전염병, 황열병 등을 견디며 살아남았다. 곧 무너질 듯 위태위태한 기둥 위로 올린 양철지붕 집들이 붉은 먼지투성이 길을 따라 늘어서 있는데, 마치 호주의 오지 마을이 갖춰야 할 특징들을 고스란히 전시해놓은 마을처럼 보였다.

'브롤가스'라는 커다란 회색 두루미가 아침 열기가 올라오는 큰 도로 위를 느긋하게 걷고 있었고, 내가 차를 몰고 지나가자 왈라비들이 수풀로 재빨리 숨어 들어갔다. 1865년에 지어진 세관 건물이 아직도 버티고 서 있었고, 마을의 유일한 선술집으로 보존되어 있었다. 거기서 나는 늙은이 프랭키 와일리를 만났다. 프랭키는 이곳에 살다시피 하는 사람이라 아예 식사도 이 술집으로 배달시켜서 먹었다.

맙소사, 지평선에 구름이 없다.

와일리는 낙담한 구름관찰자를 격려하는 일에는 아주 익숙해진 것 같았다. 그는 이렇게 말했다. "이 구름이 언제쯤 올 거다 하는 말들은 다 소용이 없다니까. 보통은 9월 말 정도면 올 거라고들 얘기하지만, 어떨 때는 1월이 될 때까지 코빼기도 보이지 않아. 그 사람들도 확실히는 모르는 거지. 그걸 누가 알겠어?" 그는 바에서 자기 이름이 새겨진 가죽 쿨러에 담은 맥주병을 들고 '주차 금지'라고 표시된 의자에 앉아 있었다.

그는 추억에 잠겼다. "여기 1979년에 이사 왔을 때 모닝글로리를 처음 봤소. 구름이란 것들은 당연히 사방팔방에서 날아오기 마련이지만, 이것들은 거꾸로 움직이지." 그는 손으로 굽이치는 동작을 만들어 보이면서 관 형태의 모닝글로리가 진행 방향에서 어떻게 회전하며 사라지는지 보여주었다. "모닝글로리가 자기를 향해 오는 것을 보면 이렇게 생각할 거요. '잠깐, 이거 뭔가 이상한데? (그는 마치 술을 깨려는 듯 고개를 저었다) 내 눈이 침침해졌거나, 아니면 술을 너무 많이 마신 것이겠지.' 내 눈으로 보고도 믿을 수가 없었어."

선술집에서 받은 위로

선술집 코르크 게시판에는 지역 사람들이 대물 바라문디•를 들고 서 있는 모습을 찍은 사진이 붙어 있었고, 그 옆으로 마을 위를 통과하는 거대한 구름 사진들이 있었다. "모닝글로리가 다가오면 바람이 일면서 먼지며, 이파리며, 온갖 것들을 다 휘저어놓지. 하지만 일단 그것이 지나고 나면 바람이 쥐 죽은 듯이 가라앉아버려. 바람 한 점 남지 않는다니까. 거참 신기하기도 하지. 모닝글로리만 지나가면 바람이 왜 그렇게 다 멈춘다지?"

• 호주의 인기 낚시 어종.

***

캔버라의 호주 국립대학교 지구과학 연구학교에 있는 더그 크리스티Doug Christie는 와일리가 던진 질문의 해답을 알고 있다. 그래서 다음 날 나는 그에게 전화하려고 공중전화로 갔다. 그 공중전화는 버크타운 우체국 외부에 있었는데, 거기에도 계산대 위에 모닝글로리 사진이 있었다. 인적이 드문 이 오지 마을에서는 모닝글로리가 마치 마을을 찾아온 유명 연예인처럼 대접받는 것을 보고 깊은 인상을 받았다. 뉴욕의 피자 전문점에서 마르게리타 피자를 주문하는 로버트 드니로의 사진에 사인을 받아서 자랑스럽게 걸어놓는 것처럼, 버크타운의 모든 공공장소에는 이 유명한 봄 손님의 기록이 곳곳에 남아 있었다. 이 사진들과 마주칠 때마다 이 구름을 내 눈으로 직접 보고 말겠다는 열망은 더욱 강렬해졌다.

모닝글로리 박사에게 전화를 하다

크리스티는 '대기의 거대 진폭 파동 교란large amplitude atmospheric wave disturbances'의 전문가이고(누군가는 해야 할 일이라고 생각한다), 모닝글로리에 대한 세계적인 권위자로 인정받고 있다. 1970년대에 그는 호주 중부의 대학 연구소에서 고감도 미기압계 배열ultrasensitive micro-barometer array에서 읽은 측정값을 보고 흥미를 느낀다. 그는 이 측정값들이 아주 거대한 개개의 공기 파동에 의해 생긴 것이라 판단하고, 결국 북쪽으로 650킬로미터 떨어진 카펀테리아만까지 추적해 들어간다.

1980년에 버크타운을 처음 방문한 이후로 크리스티는 이 지역에

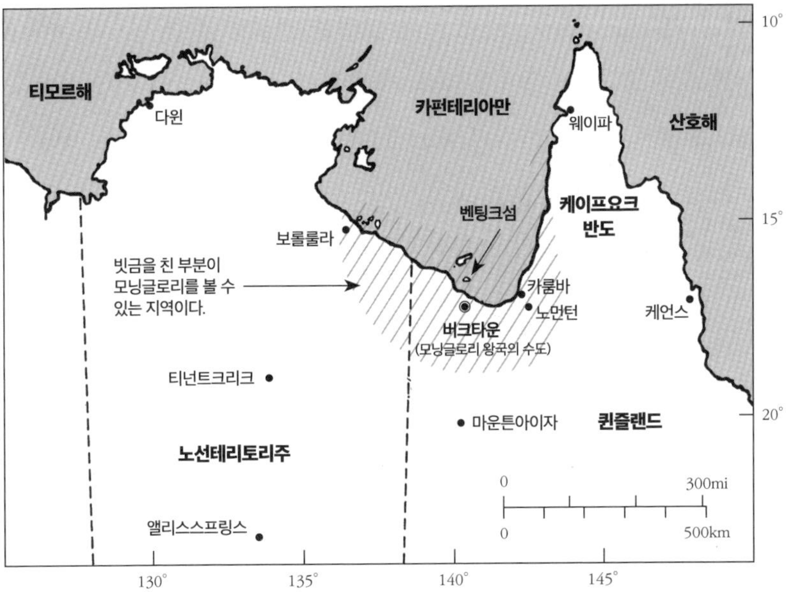

버크타운. 모닝글로리 사냥꾼들의 중심지이다.

서 수많은 실험을 진행했고, 결국 모닝글로리 현상의 이유로 가장 널리 인정받는 설명을 찾아낸다. 그는 이 구름이 거대한 공기의 '고립파solitary wave' 가운데서 형성된다고 설명했다. 이 고립파는 케이프요크반도 위에서 카펀테리아만을 가로질러 북동쪽으로 자주 발생하는 것으로 보인다. 이 파동은 영국의 세번강을 거슬러 오르는 조수해일•의 공중판인 것처럼 독립적인 하나의 물마루로 이동할 수 있다. 크리스티는 이렇게 말했다. "이것은 케이프요크 위에서 반대 방향에서 오는 해풍의 기류가 충돌하면서 생기는 것이 거의 분명합

• 강어귀의 조수가 곧은 파도를 이루어 강 안쪽으로 밀려드는 현상.

니다. 하지만 우리가 이런 교란 현상을 자세한 부분까지 이해하고 있는 것인지는 자신이 없어요. 수수께끼 같은 특성이 아주 많거든요. 일례로 모닝글로리의 종류가 왜 그렇게 다양한지는 잘 모릅니다. 어떤 경우에는 한두 개 정도의 고립파로 이루어지는데, 어떤 때는 여러 개가 폭넓게 연속적으로 몰아치기도 하거든요. 그리고 어떤 것은 아주 먼 거리까지 퍼져 나가는데, 어떤 것은 전혀 그렇지 않아요."

구름은 전 세계적으로 거의 비슷하다는 사실을 규명하려 애썼던 랠프 애버크럼비를 떠올리며 나는 크리스티에게 모닝글로리와 같은 유형의 구름이 다른 곳에서는 생기지 않느냐고 물어봤다. 그는 이렇게 대답했다. "미국 중부에서도 생깁니다. 영국 해협에서도 발생한 사례가 있고요. 그리고 베를린의 안개파fog wave도 아주 비슷한데, 특히 그중에서도 1968년에 생겼던 것들은 대단히 비슷했죠. 러시아 극동지역에서도 발생하고, 사실상 호주의 거의 모든 해안 지역에서 이런 구름이 관찰된 적이 있습니다."

뭣이라? 그럼 내가 그 빌어먹을 영국 해협에서도 볼 수 있는 구름을 보려고 지금 여기 지구 반대편까지 그 고생을 하면서 찾아왔다는 말인가? 크리스티는 구름관찰 여행을 위해 버크타운을 찾아온 것은 절대로 괜한 짓이 아니라고 안심시켜주었다. 모닝글로리는 다른 사례들과는 그 규모에서 비교 자체가 불가능하기 때문이다. 그리고 나에게는 이보다 더 중요한 이유가 있었다. "지금까지 알려진 장소 중에서 연중 어느 특정 시기에 모닝글로리를 볼 가능성이 높아지는 곳은 이곳밖에 없어요." 다른 곳에서는 이런 구름이 언제 생

1992년 10월 8일에 촬영한 위성사진(현지 시각 08:00). 모닝글로리 구름의 장대한 규모가 잘 나타나 있다.

길지 예측 자체가 불가능하다.

크리스티에게 어떤 기후 조건이 형성되기를 기다려야 하느냐고 물어보니, 그는 하루 종일 바닷바람이 넉넉하게 부는 날을 기다려 보라고 했다. 이런 바람은 수증기를 많이 실어 날라줄 뿐만 아니라, 좋은 '도파관waveguide' 역할을 해주기 때문이란다. 나는 이런 바람이 구름이 이동할 경로를 따라 공기를 매끈하게 다려주는 역할을 해서 고립파가 부서지거나 흩어지는 일 없이 해안에 도달할 수 있게 해준다는 점을 깨달았다. 크리스티는 이런 조건이 케이프요크반도 위에 형성된 고기압 마루•와 잘 맞아떨어지면 모닝글로리를 틀림없이

• 설형고기압이라고도 하며, 저기압 사이로 고기압이 쐐기 모양으로 나타나는 기압 배치.

보게 될 것이라고 말해주었다.

이 지역 사람들은 '고기압 마루'야 생기든 말든 신경 쓸 사람들이 아니다. 이들에게도 덜 과학적이기는 하지만 모닝글로리 구름의 도착을 예측하는 자신만의 방법들이 있다. 그런 방법 중에는 당연히 맥주와 관련된 방법도 있다. 공기 중에 구름이 형성되기에 충분할 만큼 습기가 많은 날에는 냉장고 유리문에 성에가 잘 낀다. 그리고 같은 이유로 폴과 아만다의 카페에 있는 싸구려 나무 탁자 모퉁이가 위로 휘어져 있는 것을 볼 수 있다.

하지만 혹시나 하는 마음에 이틀 연속으로 네 시 반에 일어났건만, 냉장고 유리문은 성에 하나 없이 깨끗했고, 카페 탁자는 사방으로 끝없이 펼쳐진 대초원처럼 편평하기 그지없었다.

***

조바심에 속이 타는 사람이 나만 있는 것은 아니었다. 멜버른 근처에서 온 마흔여덟 살의 목재상 켄 젤레프Ken Jelleff는 아내와 함께 초경량 항공기를 싣고 사륜구동 자동차로 12일 동안 거의 3000킬로미터를 달려 버크타운까지 왔다. 우리는 또다시 찾아온 구름 한 점 없는 맑은 아침에 편평하기 그지없는 카페 탁자에 앉아 머가치노를 마시고 있었다.

이번은 젤레프가 모닝글로리를 타고 날기 위해 버크타운을 찾은 다섯 번째 순례였다. 그전까지는 늘 운이 좋아서 모닝글로리를 만나고 갔건만, 이번만큼은 그도 자기의 운이 다한 것은 아닌가 의문이 들기 시작하고 있었다. 그는 이렇게 말했다. "이제 여기 온 지도 닷새나 지났네요. 하루나 이틀 후에는 돌아가야 하는데."

젤레프는 몇 년 전에 만났던 조종사를 떠올렸다. 그 사람은 두 주나 기다렸지만, 모닝글로리를 하나도 보지 못했다고 한다. 그래서 한 주 더 기다렸고, 그래도 나타나지 않자 또 한 주를 더 기다렸다. 하지만 모닝글로리는 끝내 얼굴을 보여주지 않았고, 결국 그가 떠나고 난 다음 날에야 그 모습을 나타냈다고 한다. 그가 초조한 웃음을 지으며 말했다. "우리도 운이 안 따르면 같은 꼴을 당할지 몰라요."

기껏 비행기를 끌고 그 먼 길을 달려와놓고 결국 구름은 코빼기도 구경 못 하고 돌아가게 될 가능성이 있건만, 그런 위험을 무릅쓰면서까지 이런 고생을 할 가치가 있는 것일까? 젤레프가 열변을 토했다. "당연하죠. 일단 한 번 모닝글로리 위를 날아보세요. 구름을 타고 서핑하는 기분이 들어요. 그 구름을 만들어낸 공기의 파동도 어찌나 맑은지, 그 속을 뚫고 나는 기분은 정말 견줄 데가 없어요. 정말 최고의 활공 경험이죠."

하늘에 떠 있으려면 활공기는 상승기류가 필요하다. 그리고 모닝글로리에는 이런 상승기류가 대단히 풍부하다. 눈에 보이지 않는 공기의 고립파는 전 세계적으로 여기저기서 자주 나타나지만, 그 중심부에서 두루마리구름이 형성될 수 있는 적절한 조건이 형성되는 곳은 이 지역밖에 없다. 모닝글로리는 활공기 조종사들에게 이 파동이 어디쯤 움직이고 있는지 알려주는 역할을 한다. 대기의 움직임을 눈으로 볼 수 있게 해주는 신호판인 셈이다.

젤레프에게는 안타까운 일이지만, 이틀 더 머물면서 동이 틀 때마다 활주로에 나가보아도 모닝글로리는 모습을 보여주지 않았다. 부부는 더 기다릴 수가 없어서 아침에 경비행기를 챙겨 멜버른으로 다시 긴 여정을 떠나야만 했다. "내년에 오면 되죠, 뭐." 밝은 목소리를 내려고 애쓰며 젤레프가 말했다.

이곳에 머문 지 일주일이나 지나자, 그저 나도 같은 운명이려나 보다 하고 달관하고 앉아 있을 기분이 아니었다. 벤팅크섬 근처에 사는 늙은 호주 원주민 여성이 모닝글로리를 실어오는 바람을 불러일으키는 전통춤을 알고 있다는 얘기를 들었다. 나는 조금도 망설이지 않고, 영적인 도움을 찾아 그곳에 갈 계획을 세웠다. 가능성이 거의 없는 얘기였지만, 솔직히 말하면 나는 그만큼 점점 더 죽기 아니면 살기로 달려들고 있었다.

***

섬의 콘크리트 부두에서 배를 대주어 내리고 보니, 벤팅크섬의 여자들이 맹그로브 나무 아래서 수다를 떨고 있었다. 다가가 말을 걸어보니 네타 로가타가 일요일은 쉬는 날이라 오늘은 고기 잡으러 나가지 않는다고 설명해주었다.

그날 하루 집으로 놀러 온 손자들이 파도 속에서 놀고 있었다. 이렇게 어쩌다 찾아오는 손님들 말고는 벤팅크섬에는 여자들만 살고 있었다. 우울증에 빠진 호주 원주민 지역 사회에 술이 끼친 해악을 이유로 들어 여자들이 술을 금지한 이후로 이곳에는 남자들이 살지 않았다.

머지않아 호주 원주민 여성들과 모닝글로리 구름 사이에 맺어진 관계는 이곳을 찾아오는 활공기 조종사나 과학자들과는 사뭇 다르다는 점을 분명히 느낄 수 있었다. 네타는 이렇게 말했다. "예전에 우리는 그것을 '이뻬피'라고 불렀었지. 그게 원주민들이 부르는 이름이야." 10월 말 정도에 시작하는 우기를 몰고 오는 구름이라는 뜻이다.

네타는 어렸을 적에 본 모닝글로리를 기억할까? "엄마는 바람이 불 때는 이뻬피를 몰고 오니까 어린 남동생 챙기고 단단히 준비하고 있으라고 했지. 그러고 나면 용오름이 생기고는 했어. 우린 그것을 '천둥 사나이'라고 불렀지. 아주 위험한 거야."

그리고 마치 이 점을 강조하기라도 하려는 듯 네타는 몇 년 전에 동네 사람 넷을 옆 섬에서 태우고 본토로 날아가다가 바다로 추락한 작은 비행기 얘기를 들려주었다. 이 추락 사고는 희한하게도 모닝글로리 몇 개가 한꺼번에 생겨나는 바람에 일어난 것이었다. "난데없이 사방팔방에서 이뻬피가 몰려왔어." 다른 여성들이 모래사장을 바라보고 있는 동안 네타가 설명을 이어갔다. 알고 보니 그 추락 사고는 아침 일찍 일어난 것이었다. "구름들이 굴러오면서 서로 부딪히더라고. 사내 녀석들은 웃으면서 말했지. 대체 이런 날씨에 비행을 하다니 머리가 어떻게 된 거 아니냐고 말이야."

자기 여동생도 그 비행기에 타고 있었다는 얘기를 꺼내면서 네타의 목소리가 떨렸다. "오후에는 풀이 잔해를 찾아 비행기로 날고 있는 것이 보였지. 시체는 찾지 못했어… 그저 내 동생 가방만 찾아냈지." 어제가 바로 그 기일이었다.

더그 크리스티가 모닝글로리는 보통 케이프요크반도의 북동쪽에서 오지만 항상 그런 것은 아니라고 설명했던 것이 생각났다. 그보다 드물기는 하지만 남쪽에서 오기도, 남동쪽에서 오기도 한다. 그는 이런 경우에는 구름을 형성하는 공기의 파동이 마운튼아이자 북쪽의 고지대에서 생긴 뇌우 활동에서 생기는 것 같다고 했다. 나도 다른 방향에서 온 모닝글로리 구름들이 서로 교차할 때는 그 교차 부위의 대기에 엄청난 난류가 발생하고 무척 위험하다는 얘기를 들어봤다.

그들의 작은 동네에 일어났던 비극에도 불구하고, 벤팅크섬의 여인들은 그 구름에 대한 원한 같은 것은 없어 보였다. 그들은 자연의 파괴적인 힘은 자기들의 통제를 넘어선 무엇이라 생각하고 체념한 듯 보였다. 심지어 네타는 그들 중 가장 연장자인 던 나라나칠에게 모닝글로리를 몰고 오는 바람을 일으키는 '와무르' 춤을 보여달라고 부탁해보라고 말했다. 던은 영어라고는 한마디도 못 하는 사람이었다.

나는 던이 해변에서 모래를 한 줌 들어 올려 허공에 뿌리는 모습을 지켜보았다. 그러고 나더니 발을 쿵쿵 구르면서 주문을 외우기 시작했다. 던은 파도를 타며 놀던 손자들을 손짓으로 불러 같이하자고 했다. 손자들은 할머니의 동작을 따라 하면서 낄낄거렸고, 마치 한 의식을 다음 세대로 물려주는 과정처럼 보였다. "바람이 오는 것이 느껴져?" 네타가 물었다.

미풍이 살짝 이는 것 같기는 했지만, 솔직히 말하면 야자수 이파리가 살짝 바스락거릴 듯 말 듯 한 정도의 바람으로 이삐피를 불러

던이 모닝글로리를 불러오는 춤을 추고 있다.

올 수 있을지 미심쩍은 마음으로 자리를 떴다.

***

아니나 다를까, 다음 날 아침에는 아무것도 찾아오지 않았다. 폴 풀이 아침 식사 시간에 실망한 내 표정을 읽으며 얘기했다. "우리가 신은 아니잖아요. 우리가 원할 때마다 스위치 만지듯 구름을 켰다, 껐다 할 수도 없는 노릇이고. 하여간 영국에서 여행 왔다는 인간들은 모든 게 다 자기 뜻대로 되기를 바란다니까!"

하지만, 그날은 하루 종일 내 운에 무언가 변화가 오기 시작했다는 느낌을 받았다. 북동쪽에서 바닷바람이 불어오기 시작했고, 오후에는 술집 사람이 냉장고 유리문에 살짝 낀 성에를 가리켰다. 그다음 날 새벽 다섯 시에 창밖을 바라보니 지평선에 검은 줄이 하나 보였다. 드디어 올 것이 왔다.

나는 옷을 입는 둥 마는 둥 하고 오두막 앞에 있는 빈 길가로 뛰쳐나갔다. 날은 아직 어두웠고, 개 한 마리가 미친 듯이 짖고 있었다. 구름이 길 끝에 도착하자 내 주위로 바람이 이는 것을 느낄 수 있었다.

거대하게 솟구쳐 오른 구름의 앞면에 보름달 빛이 비단처럼 부드럽고, 빙하처럼 하얀 은은한 광택을 드리웠고, 구름은 양쪽 방향으로 지평선 끝까지 뻗어 있었다. 나는 마을의 제한 속도보다 조금 높은 속도로 길을 따라 나를 향해 다가오는 구름을 바라보며 꼼짝도 하지 않고 서 있었다. 구름이 나아가는 동안 그 앞면에서는 물결무늬와 파도무늬가 솟구쳤다가 꼭대기 너머로 사라지고 있어서, 구름이 자기를 중심으로 회전하는 것처럼 보였다. 구름은 거대해서 지나는 길에 달과 남십자성을 완전히 가리며 마을에 그늘을 드리웠다. 구름의 뒷면은 앞면과는 사뭇 다른 모습이었다. 뭉게구름처럼 생긴 브로콜리 덩어리 벽이 낙하하며 달빛을 받아 은회색, 검은색을 띠고 있었다.

이 구름을 보겠다고 내가 지구를 반 바퀴 돌아 여기까지 온 것 아니던가. 하지만 구름이 동트기 전에 찾아오는 바람에 부분적으로만 볼 수 있었다. 커피를 한 잔 마시려고 오두막으로 돌아오는 길에 마치 내가 악명 높은 상어를 잡으러 온 사냥꾼이 된 기분이 들었다. 이제 막 처음으로 수면을 가르고 올라온 그놈의 등지느러미를 얼핏 본 것이다. 이 야수가 한낮의 밝은 햇살 아래서는 어떻게 보일지 궁금해 견딜 수 없었다.

***

활주로에는 더 많은 활공기 조종사들이 나와 있었다. 바이런만에서 그 지역 활공기 조종 모임을 위해 취미용 비행기편을 운영하는 릭 보위는 거기서 여기까지 1900킬로미터를 이동해 왔다. 그가 버크타운을 찾은 것은 세 번째였고, 자체 이륙이 가능한 Pik 20E 활공기를 가지고 왔다. 이 비행기는 동체 내로 접어 넣을 수 있는 팔 끝에 2행정 사이클 엔진을 장착하고 있었다. 보위가 설명하기를 이륙할 때는 이 엔진을 사용한 다음에 활공을 시작하고 나면 동체 안으로 접어 넣으면 된다고 했다. 보위가 말했다. "상승기류가 좋은 모닝글로리를 만나면 이걸 타고 정말 제대로 날 수 있어요. 나는 시속 260km/h까지 속도를 내봤죠."

모닝글로리의 앞에서는 믿음직한 상승기류가 생기기 때문에 가장 모험적인 활공을 시도해볼 만한 이상적인 조건이 만들어진다. "구름 표면 위로 올라가 그것을 타고 내려올 수 있어요." 보위가 손을 펼쳐서 활공의 움직임을 보여주었다. "날개 한쪽 끝을 구름 속에 넣고 구름의 면을 따라 날 수도 있어요. 그렇게 바닥 가장자리까지 내려오는 겁니다. 공중곡예도 할 수 있어요. 원을 그리면서 날 수도 있고…." 모닝글로리를 타고 나는 게 위험하지는 않을까? "그렇죠. 이 두루마리구름은 아주 조심스럽게 다루어야 해요. 구름이 어떻게 나올지는 아무도 모르니까요. 파동이 바다에서 땅으로 올라와 약해지면, 상승기류가 사라져버리기도 해요."

구름의 중앙이나 꼬리 부분에 생기는, 난류가 심한 하강기류는 무슨 일이 있어도 피해야 한다. 파도타기를 할 때는 어쩌다 파도에 휩쓸린다고 해도 고작 물에 빠지는 것 말고는 보통 별일이 없지만, 활공기 조종사가 12킬로미터 높이에서 바람을 타다가 그런 일을 당한다면 상황이 크게 달라진다. 보위는 이렇게 경고한다. "이곳은 인적이 없는 외딴 지역입니다. 악어들이 득실거리죠. 낙하산을 이용해서 땅에 무사히 착륙한다고 해도, 서둘러 구하러 와줄 사람이 없죠."

이런 위험에도 불구하고, 아니, 어쩌면 그런 위험 덕분에 모닝글로리는 활공기 조종사들에게 활공 거리와 속도 기록을 깨뜨릴 수 있는 기회를 제공해준다. 브리즈번 북쪽 물루라바에서 온 콴타스 항공 파일럿 데이브 젠슨Dave Jansen은 이런 얘기를 꺼낼 자격이 있는 사람이었다. 버크타운을 처음 찾은 젠슨은 기록 경신에 대해서는 둘째가라면 서러워할 사람이었다. 그는 호주 활공 대회에서 다섯 번이나 우승을 차지했고, 활공 연맹의 공식 기록 관리인이기도 했다. 그는 호주 신기록을 세웠다는 주장이 나오면 그것을 확인하는 책임을 맡고 있었다.

"여기서 기록을 깨려면 세 바퀴 정도는 돌아야죠." 그가 말했다. 아. 그렇지. 세 바퀴라… 그 정도는 해야지…. "그러려면 11시간 정도를 비행해야 합니다. 누군가 모닝글로리에서 그 기록을 깨는 것은 이제 시간문제죠."

젠슨은 뉴사우스웨일스에 있는 '레이크 키핏 소어링 클럽Lake Keepit Soaring Club' 소속의 다른 활공기 조종사들 세 명과 함께 있었다. 그들은 ASH 25 활공기를 가지고 왔는데, 아주 멋진 활공기 같아 보였고, 26.5미터의 거대한 날개폭을 자랑했다. 모닝글로리에서 기록

위: 버크타운 선술집의 냉장고 문에 성에가 끼었고, 카페 테이블이 위로 휘어 있다. 둘 다 모닝글로리가 찾아오리라는 징조다.
오른쪽: 제프 프랫이 모네라이 자가 이륙형 활공기를 타고 오를 준비를 하고 있다.

을 깰 가능성이 크다면 왜 그것을 타려고 모인 조종사가 이것밖에 안 될까? 그가 즉각적으로 대답했다. "여기까지 오려면 엄청 머니까요. 여긴 아무것도 없잖아요. 날씨도 덥고 고립되어 있는데다, 날벌레들은 또 어떻고요."

젠슨과는 달리 제프 프랫Geoff Pratt은 버크타운까지 오는 수고쯤이야 대수롭지 않게 여기는 것 같았다. 케언스 출신의 전기 기술자로 말투가 부드러운 그는 자신의 '모네라이 V-꼬리 자가 이륙형 활공기Monerai V-Tail self-launching glider'를 끌고 15시간을 운전해 전날 밤 이곳에 도착했다. 그는 지난 9년 동안 같은 여행길을 계속 반복해왔다. 이렇게 더울 때 며칠이고 지루하게 구름이 나타나기만을 기다리다 보면 지겹지 않을까? "버크타운은 시간을 보내기에 그리 나쁜 곳이 아니에요. 난 이곳이 고립된 지역이라 좋아요. 이곳이 아직은 소문을 덜 탔는데, 그래서 좋은지도 모르죠. 난 이곳이 사람들로 버글거리는 게 싫거든요."

그날 저녁에 보니 조종사들 사이에서 기대로 들뜬 분위기가 손에 잡힐 듯 생생히 느껴졌다. 조짐들이 모두 하나같이 아침에 다시 모닝글로리가 나타날 것임을 말해주고 있었다. 바닷바람이 하루 종일 끊이지 않고 불었고, 카페 탁자는 구석 부분이 확연하게 위로 휘어 있었다. 버크타운 선술집에 서 있던 프랭키와 나는 어떻게 보더라도 냉장고 문에 성에가 낀 것이 분명하다고 결론을 내렸다. 모닝글로리가 안 나타나려야 안 나타날 수가 없었다.

내 마음속에 딱 하나 의문이 든 것은 과연 구름이 지난번보다는 덜 고약한 시간에 나타나줄 것인가 하는 점이었다. 아침에 일어나기가 힘들어서 그런 것이 아니라, 모닝글로리가 마음을 좋게 써서 밝은 낮에 찾아와주지 않으면 활공기가 모닝글로리를 타고 오를 수 없기 때문이다.

***

새벽 5시에 나가보니 활주로에 나와 있을 만한 사람들은 모두 다 나와 있었다. 나는 릭 보위가 그의 Pik 20E 날개에 서린 이슬을 닦아내는 것을 도왔다. 그는 이슬이 낀다는 것은 구름이 형성될 정도로 넉넉한 습기가 공기 중에 있다는 좋은 징조이기는 하지만, 이슬 때문에 날개 위로 흐르는 공기 흐름이 달라져서 활공기를 조종하기가 어려워질 수 있다고 설명했다. 폴 풀도 역시 활주로에 나와 있었다. 그는 자신의 세스나 187 동력 비행기에 나를 태우고 구름을 가까이서 볼 수 있게 해주기로 했다. "저기 틀림없이 하나 오고 있네요." 그가 동트는 지평선을 응시하며 말했다. 비행이 가능할 만큼 날

두 사진 모두 Russell White (23번 회원)

이 밝아지자마자 활공기 조종사들은 너나 할 것 없이 자기 비행기로 뛰어들어 떠오르는 태양을 향해 차례차례 서둘러 이륙했다. 폴과 나도 그 뒤를 바짝 쫓았다.

마을에서 30킬로미터 정도 북쪽으로 이동하자 해안가에 닿았다. 거기 도착하고 보니 모닝글로리는 하나가 아니었다. 무려 세 개가 우리를 향해 굴러오고 있었다. 제일 앞에 오는 구름은 비단처럼 매끄러운 표면을 하고 있어서 지표면 위로 150미터 상공에 떠 있는, 눈 덮인 거대한 빙하처럼 보였다. 두 번째, 세 번째 구름은 표면이 고르지 않아 여기저기 부풀어 오른 형태였고, 첫 번째 구름이 뒤로 남긴 난류 속에서 퍼져 나가고 있었다.

위에서 보니 모닝글로리의 엄청난 길이가 한눈에 들어왔다. 구름은 만을 따라 양방향으로 뱀처럼 굽이치며 뻗어 있었다. 공기의 파동 앞쪽 전선 일부가 벤팅크섬 위를 지나가면서 그 주변의 탁 트인 바다 위를 지나는 부분보다 진행 속도가 느려졌다. 그래서 구름이 드리운 줄에 선명하게 꼬인 부분이 생겼다. 이륙하기 전에 세스나 비행기의 옆 창문을 경첩에서 떼어두었기 때문에 나와 구름 사이를 가로막는 유리창이 없었다. 모닝글로리는 너무도 깨끗하고, 매끄럽고, 밝았다. 말리지만 않으면 정말 그 속으로 뛰어내리고 싶었다.

거대한 구름을 배경으로 바라보니 활공기들이 모두 작아 보였다. 하와이 와이메아 해변에서나 몰려올 거대한 파도를 타는 사람들처럼, 활공기 조종사들도 구름의 앞쪽 가장자리를 타고 미끄러지듯 날아올랐다. 마치 활공기로 다이빙을 하듯 속도를 높였지만, 파동 앞쪽에서 끊임없이 올라오는 상승기류 덕분에 다이빙해도 고도가 낮아지지 않았다. 그러고 나서 그들은 구름 앞쪽의 경사를 타고 올라가 날개 한쪽을 아래로 낮추고 가파른 곡선을 그리며 선회한 후에 다시 반대 방향을 향해 날았다.

저 멀리서 릭 보위가 구름 앞쪽에서 원을 그리며 나는 것이 보였다. 제프 프랫은 고도를 높여 첫 번째 구름 위로 뛰어넘은 다음 더 거친 두 번째, 세 번째 구름을 타러 갔다. 거대한 대기의 파도를 가르며 반짝이는 활공기의 날개가 마치 아침 낮은 햇살에 반짝이는, 왁스를 칠해놓은 하얀 서핑보드 같았다.

켄 젤레프가 올해 이렇게 멋진 모닝글로리를 놓친 사실을 알게 되면 얼마나 속상해할까 하는 생각이 들었다. 그는 나에게 이렇게 말했다. "태양이 구름 꼭대기에 걸쳤을 때 거대한 구름의 파도 위로 황금빛 햇살이 부서지는 것을 뒤돌아보면서 날면 마치 르네상스 시대의 이탈리아 화가가 그려놓은 명화를 보고 있는 듯한 느낌이 들어요. 여기가 천국이 아닌가 하는 생각이 들죠. 그 정도로 멋있어요."

젤레프의 말이 옳았다. 구름은 정말 눈부시게 빛났다. 바로 전날, 제프 프랫은 침을 튀기며 이렇게 얘기했다. "실제로 경험해보기 전에는 이 구름을 타는 것이 얼마나 특별한 일인지 절대로 이해하지 못해요. 어떤 때는 꿈인가 생시인가 싶어 나를 꼬집어볼 때도 있다니까요."

나는 이 구름을 만나기 위해 지구 반대편에서 날아왔다. 그리고 드디어 지금 여기서 그 구름과 얼굴을 마주했다. 이제는 태양이 북동쪽 지평선 높이 떠오른 상태라 눈이 부셔서 손으로 햇살을 가렸다. 그리고 이 햇살은 구름 앞쪽으로 쏟아져 내려 표면에 생긴 물결

두 사진 모두 Russell White (23번 회원)

무늬를 따라 길고 따듯한 그림자를 드리우고 있었다. 파도 무늬는 파동의 진행을 따라 부드럽게 위로 솟았다가 꼭대기 너머로 사라졌다.

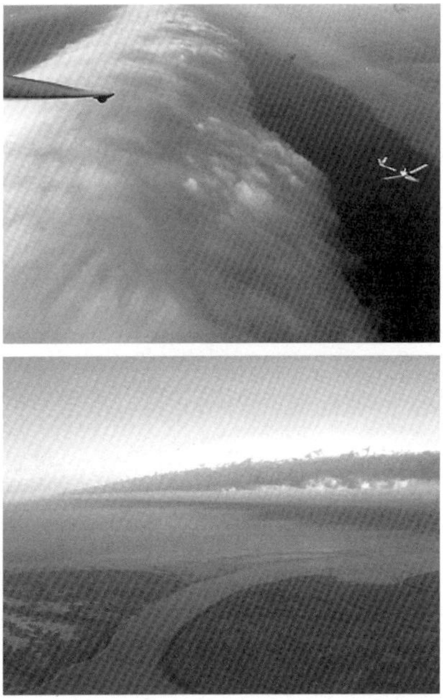

아래 사진: Russell White (23번 회원)

제프 프랫이 구름 주변을 움직이는 공기의 파동 앞면을 따라 날고 있다.

***

이 일을 처음으로 시도한 사람의 기분은 대체 어땠을까? 남들은 이것이 가능하다는 생각도 못 하고 있을 때, 누구보다도 먼저 이 구름을 타고 솟아오른 기분이 어땠을까? 이 질문에 대답할 수 있는 자격이 있는 사람은 전 세계적으로 딱 두 사람밖에 없다. 러셀 화이트Russell White가 그 둘 중 한 사람이다. 버크타운의 활공기 조종사들 입에서 그의 이름이 자주 오르내렸다. 분명 모두 그를 활공의 전설이라 여기고 있었다. 하기야 모닝글로리를 타고 오르는 유행의 탄생 자체가 모두 화이트와 그의 활공 동료 랍 톰슨Rob Thompson이 1989년에 시도한 선구자적인 비행 덕분이었으니 말이다. 화이트는 모닝글로리를 쫓는 사람들 틈에서 보통 빠지지 않고 보이는 얼굴이지만, 올해는 버크타운에 오지 못했다. 하지만 나는 바이런만의 자기 집에 있는 화이트에게 전화를 걸어 모닝글로리와의 첫 만남에 대해 대화를 나눌 수 있었다.

화이트와 톰슨은 대보초로 날아가 배를 타며 며칠을 보내고 있었는데, 배의 선장이 이 아주 특별한 구름 얘기를 꺼냈다고 한다. 몇 해에 걸쳐 두 활공기 조종사는 UFO 비슷한 렌즈 고층운을 만들어내는 산악 주변의 기류를 타고 활공을 즐기곤 했다. 이런 구름을 만들어내는 정상파는 움직이지 않는 파동이라서 모닝글로리를 만들어내는 이동성 파동과는 다르다. 그 차이는 개울물이 바위 위를 지나면서 생기는 고정된 물마루와 해변 위로 움직이며 떠밀려오는 파도의 차이에 비유할 수 있겠다. 하지만 두 사람은 양쪽 모두 활공의 원리는 똑같을 거라고 확신했다. 그들은 움직이는 모닝글로리 파동은 정말 멋진 활공 경험을 선사해줄 가능성이 있다고 확신했고, 배 위에서 맥주를 마시다 다음 날 화이트의 동력활공기를 타고 모닝글로리를 찾아 버크타운으로 날아가기로 결심했다.

최초의
모닝글로리
사냥꾼

그는 이렇게 기억했다. "우리는 10월 12일 오후 늦게 도착했습니다. 그런데 숙소를 잡자마자, 직장에서 큰일이 벌어졌다는 소식이 날아들었습니다. 다음 날 돌아가야 할 상황이 되고 말았죠." 두 사람은 실망 속에 잠자리에 들며 결심했다. 기적이 일어나서 모닝글로리가 아침에 때맞춰 도착해준다면 떠나기 전에 그것을 타고 날아올라보기로 말이다.

"알람 시계는 비행기에 두고 왔고, 저는 샤워실에 들어가 있었는데 랍이 오두막으로 뛰어 들어오면서 소리쳤습니다. '온다, 와!'" 두 사람은 미친 듯이 뛰어나가 비행장까지 차를 얻어 타고 나갔다. 그리고 활주로를 따라 비행기를 이동하고 있으니, 구름이 거의 머리 위까지 다가와 있었다. "모닝글로리에서 멀어지는 방향으로 이륙했습니다." 화이트가 말했다. 지금은 절대로 구름을 향해서 이륙하면 안 된다는 것이 규칙으로 정해져 있다. "그 당시에는 규칙이고 뭐고 없었죠. 그냥 닥칠 때마다 하나하나 규칙을 만들어갔습니다."

구름을 향해 활공기를 돌리니 300미터도 안 되는 높이에서 상승 기류를 느낄 수 있었다. 화이트가 열변을 토했다. "진짜 최고의 비행이었습니다. 경외감 속에 무아지경으로 빠져들었죠. 이 구름을 찾아내서 그 위를 타고 날고 있다는 사실에 정말 미칠 듯이 행복하더군요. 정말 놀라운 비행이었어요." 그 뜻깊은 날에 두 사람이 타고 날았던 모닝글로리는 900미터 정도의 높이에 길이는 50킬로미터 정도로 비교적 수수한 편이었다.

하지만 한 시간 반 동안의 이 선구적 비행은 두 사람을 모닝글로리 타기의 매력에 완전히 빠져들게 했다. 남쪽으로 돌아오는 길에 두 사람은 호주 최대의 활공 동호회 중 하나가 자리잡은 뉴사우스웨일스의 키핏 호수에 잠시 들렀다. 그리고 자기들이 방금 모닝글로리 위를 타고 날았다고 알렸다. 화이트가 웃으면 말했다. "사람들이 안 믿더군요. 정말 아무도 안 믿었어요. 우리가 다 지어낸 얘긴 줄 알더라고요. 그래서 다음 해에 다시 돌아올 때는 사진기를 들고 왔죠."

활공 관련 신문에 화이트의 기사가 실리고, 이어서 톰슨이 짧은

Russell White (23번 회원)

모닝글로리 조종사 러셀 화이트.

다큐멘터리를 촬영해 소개하면서 소문이 퍼져 나가기 시작했고, 결국 봄이 되면 황홀감을 느끼기 위해 버크타운으로 순례를 오는 사람들이 생겨나기 시작했다. 하지만 화이트의 추산으로는 지금까지 모닝글로리를 실제로 타고 날아본 사람은 수십 명 정도에 불과할 것이라고 했다. 자기가 처음 시작한 일에 자부심을 느낄까? "아주 기쁘죠. 히말라야를 한 번도 보지 못했던 사람한테 히말라야의 웅대함을 제대로 설명할 수 있겠어요? 불가능하죠. 직접 눈으로 보지 않고는 히말라야를 제대로 이해하기 어렵습니다. 모닝글로리도 마찬가지예요. 정말 놀랍기 그지없는 경험이지만, 그것을 이해하려면 직접 구름 위를 날아보는 수밖에 없어요."

***

폴과 아만다가 운영하는 숙소로 돌아온 나는 비행을 축하하는 저녁 식사 자리에서 바라문디 물고기 요리와 맥주를 즐기다가, 그곳에 모인 조종사들에게 내가 최근에 '구름감상협회'를 창립했다는 말을 꺼냈다. 자기가 최근에 출연한 영화를 홍보하러 나온 B급 배우처럼 나는 우리 솜털 친구들을 옹호하기 위해 그동안 잘 갈고 닦아놓은 연설을 펼쳐 보였다. 나는 사람들 앞에서 단언했다. 매일매일 구름 한 점 없는 파랗고 단조로운 하늘만 올려보며 살아야 한다면 삶은 너무도 지루해질 것이라고 말이다. 그리고 하늘을 '우리 눈의 일용할 양식이며 하늘 위에 펼쳐진 궁극의 미술관'이라 묘사했던 미국의 수필가 랠프 에머슨의 말과 함께,[4] 그래서 우리 모임은 '파란하늘주의'를 만나면 결연히 맞서 싸우려 한다는 점도 덧붙여 얘기했다.

나는 구름이 대기의 얼굴이라 선포하고, 구름에게는 대기의 기분을 표현할 수 있는 능력, 그리고 눈에 보이지 않는 대기 흐름의 구조를 우리에게 알려줄 수 있는 능력이 있다고 열변을 토했다. 그러고 나서 구름이 자연의 시임을 강조하는 부분으로 넘어가려는데 제프 프랫의 번쩍거리는 금니가 다시 한번 내 눈에 들어왔다.

다른 조종사들처럼 그도 나를 보며 웃고 있었다. 나 바보 아냐? 이미 프랫이 자기가 구름과 어떤 관계인지 얘기하는 것을 듣지 않았던가? 그는 활주로에서 이렇게 털어놓았다. "나는 구름 사이를 날고 있을 때면 마치 집에 와 있는 것처럼 편안해져요. 그 위에 오르면

하늘 높이 날아오르는 새들과 함께할 수 있죠. 쐐기꼬리독수리 같은 새들 말이에요. 구름 덕분에 나는 그 새들과 나란히 날 수 있어요. 저 높은 구름 위에 있으면 정말이지 창조자의 존재를 믿지 않을 수가 없다니까요."

진정한 구름관찰자가 아니고서야 대체 어느 누가 그 고생을 하면서 이 작고 외딴 오지 마을까지 찾아올까? 이때만 그랬겠는가마는,

Russell White (23번 회원)

결국 지구를 반 바퀴나 돌아와서 한다는 짓이 고작 목사님 앞에서 설교를 한 꼴이 되고 말았다.

• 주 •

1 적운

1. Descartes, René: from Vrooman, J.R., *René Descartes: A Biography*, 1990.
2. Ruskin, John: *Modern Painters*, Volume III (1856), Chapter XVI.
3. Ovidius Naso, P.: *Metamorphoses*, ed. Brookes More.
4. 작자미상, *A Book Of Contemplation The Which Is Called The Cloud Of Unknowing, In The Which A Soul Is Oned With God*, Chapter 3.
5. 앞의 책, Chapter 9.

2 적란운

1. 이것을 포함해서 다른 랭킨의 말은 모두 다음 서적에서 가져온 것이다. *The Man Who Rode the Thunder*, William H. Rankin, 1960.
2. 이 책에 나온 루크 하워드에 관한 내용은 주로 Richard Hamblyn의 뛰어난 전기 *The Invention of Clouds: How an Amateur Meteorologist Forged the Language of the Skies*에서 참고했다.
3. Shakespeare, William: *King Lear*, Act III, Scene II.
4. Hale, M.R. trans.: 'The Meghaduta of Kalidasa', stanzas 7 & 8.
5. 앞의 책, stanza 24.

3 층운

1. Sandburg, Carl: 'Fog', *Chicago Poems*.
2. Hugo, Victor: *Victor Hugo's Intellectual Autobiography*, trans. Lorenzo O'Rourke.
3. Stieglitz, Alfred: Letter to J. Dudley Johnston, 3 April 1925.
4. Stieglitz, Alfred: Letter to Heinrich Kühn, 14 October 1912.

5. Stieglitz, Alfred: Letter to Hart Crane, 10 December 1923.
6. Stieglitz, Alfred: 'How I Came to Photograph Clouds', *Amateur Photographer and Photography*, 19 September 1923.
7. Lowell, James Russell: *The Vision of Sir Launfal*.

4 층적운

1. Aristophanes: *Birds*, Loeb Classical Library, ed.&trans. Jeffrey Henderson.
2. Thoreau, Henry David: Journal, 10 July 1851.
3. Swift, Jonathan: *Travels into Several Remote Nations of the World by Lemuel Gulliver*, Part III, Chapter II.
4. 앞의 책.

5 고적운

1. Shakespeare, William: *Hamlet, Prince of Denmark*, Act III, Scene II.
2. Aristophanes: *Clouds*, Loeb Classical Library, ed.&trans. Jeffrey Henderson.
3. Lucretius: *De Rerum Natura*, IV. Loeb Classical Library, trans. W.H.D. Rouse.
4. Wilde, Oscar: *The Decay of Lying: An Observation*.
5. Aristotle: *On Dreams*, trans. J.E. Beare.

6 고층운

1. Thoreau, Henry David: Journal, 7 September 1851.
2. Thoreau, Henry David: Journal, 20 July 1852.
3. Thoreau, Henry David: *A Week on the Corcord and Merrimack Rivers*.
4. *King James Bible*, Matthew, Chapter XVI.
5. Thoreau, Henry David: Journal, 25 December 1851.
6. Keats, John: *Lamia*, Part II.

7 난층운

1. Milton, John: *Paradise Lost: The Second Book*.
2. Keats, John: 'Ode on Melancholy'.
3. Shelley, Percy Bysshe: 'Adonais'.
4. Updike, John: *Self Consciousness: Memoirs*.

8 권운

1. Howard, Luke: *On the Modifications of Clouds, and on the Principles of Their Production, Suspension, and Destruction … Philosophical Magazine* XVI (1802).
2. Yeh Meng-te: from *The Weather Companion* by Gary Lockheart.
3. Pliny the Elder: *The Natural History*. Book II, ed. John Bostock & H.T. Riley.
4. Varahamihira: *Brihat Samhita*, Chapter 32, trans. M. Ramakrishna Bhatt.
5. Li, D.J.: *Earthquake Clouds*. Xue Lin Public Store, Shanghai, China.
6. Shou, Zhonghao & Harrington, David: 'Bam Earthquake Prediction and Space Technology', 다음의 워크숍에서 발표된 내용이다. United Nations/ Islamic Republic of Iran Regional Workshop on the Use of Space Technology for Environmental Security, Disaster Rehabilitation and Sustainable Development, Tehran, Islamic Republic of Iran, 8~12 May 2004. 유엔 우주업무사무국 웹사이트(www.oosa.unvienna.org)에서 확인할 수 있다.

10 권층운

1. Gary Lockhart의 책 *The Weather Companion*을 읽고 나도 이런 해석에 관심을 두게 되었다.
2. www.meteoros.de/indexe.htm
3. www.forspaciousskies.com
4. 라바룸 상징이 밀비아 다리 전투 이전에도 나타난 경우가 있지만, 극히 드물고 반드시 기독교적인 맥락에서 채용된 것이라 보기도 힘들다.

12 비행운

1. Venkataramani, M.S.: 'To Own The Weather', published in *Frontline*, India's National Magazine, 16~29 January 1999.
2. Hersh, Seymour M.: 'Rainmaking Is Used As Weapon by U.S.', published in the *New York Times*, 3 July 1972.
3. Frisby, E.M.: 'Weather Modification in Southeast Asia, 1966~1972', *The Journal of Weather Modification*, April 1982.
4. Breuer, G.: *Weather Modification*.
5. Congress, 93rd, 2nd Session, 1974. Hearing, 20 March 1974. 'Briefing on Department of Defense Weather Modification Activity' by Col. Soyster.
6. 앞의 자료.
7. House, Col. Tamzy J.; Near, Lt-Col. James B. Jr.; Shields, L.T.C. William B. (USA); Celentano, Maj. Ronald J.; Husband, Maj. David M.; Mercer, Maj. Ann E.; Pugh, Maj. James E.: *Weather as a Force Multiplier: Owning the Weather in 2025, A Research Paper Presented to Air Force 2025*, August 1996.
8. Venkataramani, M.S.: 'To Own The Weather', published in *Frontline*, India's National Magazine, 16~29 January 1999.
9. Changnon, S.A.: *Natural Hazards of North America*.
10. *IPCC Special Report on Aviation and the Global Atmosphere*, 1999.
11. Minnis et al, 2002: 'Spreading of isolated contrails during 2001 air traffic shutdown'. American Meteorological Society, J9~J12.
12. Travis, D.J.; Carleton, A.M.; Lauritsen, R.G.: 'Contrails Reduce Daily Temperature Range'. *Nature*, 8 August 2002.
13. Minnis, P.; Ayers, J.K.; Palikonda, R.; Phan, D.: 'Contrails, Cirrus Trends, and Climate'. 2004, *Journal of Climate*, 17.
14. Mannstein, H. & Schumann, U.: 'Observations of contrails and Cirrus over Europe'. Proceedings of the AAC Conference, 30 June~3 July 2003, Friedrichshafen, Germany.
15. *IPCC Special Report on Aviation and the Global Atmosphere*, 1999.
16. Williams, V. & Noland, R.B.: 'Variability of contrail formation conditions

and the implications for policies to reduce the climate impacts of aviation', 아직 출간되지 않음.
17. Brooke, Rupert: 'Clouds'.

13 모닝글로리

1. Scorer, Richard & Verkaile, Arjen: *Spacious Skies: The Ultimate Cloud Book*.
2. Abercromby, The Hon. Ralph: *Seas and Skies in Many Latitudes, or Wanderings in Search of Weather*, 1888.
3. 앞의 책, page vii.
4. Emerson, Ralph Waldo: Journal, 25 May 1843.

• 사진 및 인용문 수록에 대한 감사의 말 •

1. 사진

모든 구름 사진은 '구름감상협회' 회원들의 허락을 받아서 수록했고, 관련 페이지에 사진을 제공해준 사람의 이름을 실었습니다. 사진의 저작권은 모두 촬영자에게 있습니다. 제공자를 따로 언급해놓지 않은 경우, 그 사진의 저작권자는 개빈 프레터피니입니다.

14~15: Anthony Haythornthwaite. 26: Jasmine De Aragüés. 44: Kunsthistorisches Museum, Vienna/photo Bridgeman Art Library. 61, 94: Taken from *The Man Who Rode the Thunder* by William H. Rankin, Prentice-Hall, Inc., Englewood Cliffs, NJ, 1960. 91: Image reproduced with permission of Walter Lyons, © Sky Fire Productions, www.Sky-Fire.TV. 113(both images): © Beat Widmer, design by Diller Scofidio+Renfro. 116: Debra Hill Prods/The Kobal Collection. 141: © Nicolas Reeves & NXI GESTATIO. 148: Olana State Historic Site, Hudson, NY. New York State Office of Parks, Recreation and Historic Preservation. 165: San Francesco, Arezzo/photo Bridgeman Art Library. 176: Kunsthistorisches Museum, Vienna/photo Bridgeman Art Library. 224: Getty Images. 245: J.C. Dollman, from Myths of the Norsemen by H.A. Guerber, George G. Harrap & Co Ltd, London, 1922. 273: IndoEx satellite image from

21 December 2003. 289: Eric Winter, from *The Princess and the Pea* © Ladybird Books, Ltd., 1967. Reproduced with permission of Ladybird Books, Ltd. 300(fish illustrations): Anthony Haythornthwaite. 339: British Museum (1890.8.4.11). 374, 377: Schenectady Museum, Schenectady, NY. 380: © The New York Times Company, 1972. Reprinted with permission. 417: Courtesy of National Oceanic & Atmospheric Administration USA (NOAA)

2. 인용문

다음 저작물의 사용을 허락해주신 데 대해 감사합니다. 121쪽의 알프레드 스티글리츠의 인용문은 1998년에 워싱턴 국립 미술관의 사라 그리노와 후안 해밀턴이 편집한《알프레드 스티글리츠: 사진과 글Alfred Stieglitz: Photographs and Writings》에서 인용한 것입니다[(© 2006 The Georgia O'Keeffe Foundation/Artists Rights Society(ARS)]. 239쪽의 인용문은 존 업다이크의 허락을 받아《자의식: 회고록Self Consciousness: Memoirs》(1989)에서 인용했습니다. 2장에 나온 윌리엄 랭킨에 대한 인용문은 사이먼&슈스터 출판 그룹의 허락을 받아《천둥을 탄 사람The Man Who Rode the Thunder》[© 1960 by Prentice-Hall, Inc, © 1988 by Prentice-Hall, Inc.(갱신)]에서 재인용했습니다.

모든 저작권자를 확인하려 애를 썼으나 혹시 누락된 부분이 있다면 다음 개정판에서 수정할 것을 약속드립니다.

· 감사의 말 ·

이 책이 나오는 데 도움을 주신 여러분께 진심으로 감사드립니다.

호더 출판사의 편집자 리처드 앳킨슨은 런던의 다른 출판사 모두가 시큰둥할 때 이 책의 출판에 관심을 보여주었습니다. 그가 나와 함께 여기에 쏟아부은 노력과, 이 책의 디자인을 나에게 맡겨준 열린 마음에도 감사드립니다. 그리고 내 에이전트 패트릭 월셔에게 감사드립니다. 그는 이 책의 제안서를 개선하는 데 더할 나위 없이 값진 도움을 주고, 늘 변함없는 지지를 보냈습니다. 레딩대학교 기상학과의 로스 레이놀즈에게 감사드립니다. 그는 귀한 시간을 내어 이 원고를 검토하고, 과학적 설명이 들어간 부분을 더 쉽게 고치고, 틀린 부분도 지적해주었습니다. 또한 로더릭 잭슨에게 감사드립니다. 그가 없었다면 감히 이 책을 쓰겠다고 마음먹지 못했을 것입니다.

그리고 이분들께도 감사드립니다.

포트 엘리엇 문학 축제에서 구름에 대한 강의를 요청하여 '구름감상협회'을 창립할 수 있게 해준 세인트 저먼스 부부(페러그린 경과 아내 캐시), 사이먼 교수에게 감사드립니다. 그리고 모닝글로리 구름에 대해 글을 쓰도록 의뢰해준 〈데일리 텔레그래프〉의 미셸 레이버리에게 감사드립니다. 13장은 〈데일리 텔레그래프〉의 토요판에 실었던 일련의 기사를 바탕으로 작성된 것입니다. 저를 호주까지 비행시켜준 콴타스항공에도 감사드립니다. 훌륭하게 교열을 봐준 호더&스토턴 출판사의 니콜라 도어티, 헨리 제프리스, 줄리엇 브리트모어, 아우리오 비숍, 요카스타 브라운리에게도 감사드립니다. 스티브 도벨에게도 훌륭한 교열에 대해 감사드립니다. 또한 내가 안식년에 로마에 머무는 동안 크나큰 영감을 불어넣어준 모든 친구들에게 감사드립니다. 초기에 많은 조언을 주었던 필립 에던과 마지막에 조언을 아끼지 않았던 팀 가래트에게 감사드립니다. 미국의 '공활한 하늘을 위하여'에 있는 잭 보든에게 감사드립니다. 그는 늘 격려를 아끼지 않았고, 지속적으로 인용문과 도움되는 여러 내용들을 제공해주었습니다. 그리고 값지고 공정한 조언을 아끼지 않은 클래어 패터슨에게도 감사드립니다.

그리고 마지막으로 이분들께 고마움을 전합니다.

내 아내가 되어줄 리즈 피커링, 초기 단계에서 내 글의 주제를 잊지 않도록 일깨워준 알렉스 벨로스, 오래전에 구름에 대한 책을 내는 것은 전혀 바보같은 생각이 아니라고 확신을 심어준 톰 션과 톰 호지킨슨에게도 감사드립니다.

그리고 기막힌 사진들을 제공해준 우리 '구름감상협회'의 모든 회원분께 정말로 감사드립니다.

• 역자 후기 •

이제 나도 번역으로 먹고산 지 꽤 됐고, 그동안 번역한 책 중에는 내가 번역했나 싶을 정도로 가물가물한 책도 있지만, 소중한 추억처럼 마음속 책장 한편을 차지하고 있는 책도 있다. 이 책《구름관찰자를 위한 가이드》가 그렇다. 가장 즐겁게 번역한 책이었고, 이번에 역자 교정을 위해 다시 페이지를 여니 역시나 또 설레고 즐거웠다.

이 책을 보면서 사람은 다 자기가 좋아하는 대상을 닮는구나 싶었다. 저자는 정말 구름처럼 자유롭고 변화무쌍한 상상력을 지닌 사람이다. 어디가 시작이고 어디가 끝인지 꼬집어 말하기 어려운 구름처럼, 저자도 구름의 과학을 얘기하다가 어느새 인문학을 얘기하면서 양쪽을 버무려놓았다. 그렇게 둘 사이를 절묘하게 오가며 독자의 상상력을 자극한다. 비유와 예시를 들 때면 반전이 있지 않을 것 같은 곳에서 자칫 놓치기 쉬운 반전들이 이어진다.

구름이라는 대상에 얼마나 빠졌길래 이런 글이 나올 수 있을까. 그 관심과 경험이 발효되어 농익어야만 나올 수 있는 글이다. 저자의 체험과 탁월한 비유, 예시를 보면 무릎을 치지 않을 수 없다. 거기다가 깨알 같은 유머까지 더해져 이야기는 더욱 고소해진다. 비유와 유머는 언뜻 관련 없어 보이는 대상들 사이에서 공통의 패턴을 찾아내는 능력에서 나온다. 그 패턴을 다리 삼아 한 주제에서 다른 주제로 정말 능청스럽게 넘나드는 저자를 넋 놓고 쫓아다니다 보면 어느새 이거 내가 당했다는 생각도 절로 든다. 저자는 구름으로 독자들을 '현혹'한다. 아무렴! 나는 기꺼이 현혹당하련다!

구름은 다들 친숙하면서도 실상은 제대로 알지 못하는 대상이다. 어찌 보면 이름이라는 것은 참 고약하다. 이름을 모르는 대상은 호기심을 사로잡지만, '이름'이 붙는 순간 그 이름은 대상의 본질을 대신하는 가면이 된다. 이름은 관계의 '시작'이어야 옳지만 관계의 '소외'로 변질되는 경우가 참 많다. 하늘에 뜬 구름을 보고 우리는 지나가듯 '아, 구름이네' 생각하고는 시선을 다시 땅으로 내린다. 마치 이름을 아니까 그 대상의 본질을 알고 있다는 것처럼. 하지만 이 책과 만난 이후로는 구름과의 관계가 예전 같지 않을 것이다. 구름이 끝없이 당신에게 수다를 걸어올 테니까(사실은 당신도 모르는 사이에 그대의 시선이 자꾸 구름에게 말을 걸기 때문이다. 구름의 수다는 당신의 관심에 대한 고마움의 표시일 뿐이다). 그 수다에 귀를 기울여보자.

요즘 나는 막걸리 담그는 취미가 생겼다. 향긋하고 달달한 막걸리를 채주해서 병에 담아놓으면 그 술을 함께 나누고 싶은 얼굴들이 떠오른다. 이 번역서도 같은 마음이다. 저자의 좋은 글을 재료 삼아 여러 사람의 손을 거치면서 나름 애써서 맛을 낸 책이니 모두들 시원하게 한잔 마시고 얼큰하게 구름에 함께 취했으면 좋겠다. 그리고 이 답답한 세상에서 모두들 구름처럼 자유로워졌으면 좋겠다.

2023년 2월 김성훈

· 찾아보기 ·

ㄴ

ㄷ

ㄹ

ㅈ

ㅊ

ㅋ

ㅌ

구름감상협회 구름관찰자 졸업시험

무슨 구름인지 맞혀보세요

구름관찰자들은 이 책을 처음부터 끝까지 모두 읽고,
걱정 없이 편안한 마음으로 오랫동안 구름을 감상한 뒤에
이 시험에 응하기 바란다. (정답은 맨 뒤에)

Angelo Storari (2378번 회원)

① 이 구름에 이름을 붙이시오('영희', '철수' 같은 이름을 붙이라는 것이 아니라 이 구름이 속한 속과 종을 맞추라는 뜻이다). 이 구름 뒤에서 뻗어 나오는 빛줄기의 이름도 함께 맞추면 보너스 점수가 있다.

Alex Raistrick (1712번 회원)

② 이 하늘에는 유형이 서로 다른 구름들이 섞여 있다. 그중에서 사진의 중앙 하단부와 오른쪽에 머물고 있는 구름의 종은 무엇인가?

Richard Atkinson (11번 회원)

③ 공식적인 이름은 없지만 발전소 굴뚝에서 나오는 뜨겁고 습한 연기에서 만들어지는 적운은 영어로 별명이 있다. 한번 추측해보시라. (힌트: 연기는 'fume', 적운은 'cumulus')

Barry Slade (1665번 회원)

④ 이 사진에서 보이는 구름은 권운으로, 마치 신경쇠약에 걸릴 듯 위태로운 모습이다. 이렇게 방향이 혼란스러운 경우는 권운의 변종인 방사구름, 얽힌구름, 늑골구름, 이중구름 중 어디에 해당하는가?

Bob Jagendorf (1480번 회원)

⑤ 이 층적운을 보면 그리도 기분이 좋아지는 이유는 무엇인가?

Glen E. Friedman (21번 회원): Burning Flag Press(BurningFlags.com)의 허가를 받아 수록

⑥ 렌즈구름이 아닌가 싶겠지만, 아니다! 이것은 중위도 지역에서 지구를 도는 강한 바람이 휘어지며 불어서 생긴 구름 대형이다. 그런 바람을 무엇이라고 부르는가?

Bill Miller (21번 회원)

⑦ 적란운의 모루구름으로 보이는 이 구름에는 '유방구름'이 함께 나타나고 있다(사진 위쪽). 그런데 저 괴상한 광학 효과는 대체 무엇인가?

두 사진 모두 Peg Zenko (1527번 회원)

⑧ 이 사진 두 장에는 두 가지 '무리 현상'이 각각 나타나고 있다. 이 현상은 햇빛이 높이 떠 있는 얼음 결정 구름(사진 속 구름은 권층운)을 통과할 때 가끔 일어난다. 이것은 무슨 무리 현상인가?

Dr. Peter and Mrs. Gill Smith (1522번 회원)

⑨ 진주모운이라고도 하는 자개구름은 대류권 위에서 형성된다. 이 구름이 일반적으로 관측되는 고도는 어디인가? 그리고 그 고도가 대류권이 아니라면 대체 대기권의 어느 영역에 속하는가?

Nick Lightbody (95번 회원)

⑩ 이 사진 속 구름은 평소에는 다소 따분해 보이지만, 동이 터오는 태양의 따뜻한 빛 속에서는 별다른 특징이 없어도 눈부시게 빛난다. 이 구름은 무엇인가?

⑪ 이것은 무슨 구름인가?

정답

① 이 구름은 적운이다. 그리고 키보다 폭이 더 크므로 편평운이다. 구름 뒤에서 뻗어 나오는 빛줄기는 '부챗살빛'이다.

② 이 구름은 렌즈구름이다. 이 경우에는 습기를 머금은 기류가 언덕이나 산 뒤편에서 파동처럼 움직일 때 형성되는 렌즈고적운일 가능성이 매우 크다.

③ Fumulus.

④ 얽힌구름.

⑤ 어떤 이유를 찾아냈건 모두 정답이다.

⑥ 제트기류. 이런 구름은 '제트기류 권운'이라고 한다.

⑦ 이 광학 효과는 지평선에 솟아 있는 봉우리적운이 그림자를 드리운 것에 불과하다.

⑧ 위: 천정호 CZA. 아래: 무리해 sundog, 혹은 환일 parhelium. 이 경우에는 빛이 보름달에서 나오기 때문에 엄격히 말하면 '무리달 moondog'이라고 해야 옳다.

⑨ 16~24km. 성층권.

⑩ 고층운.

⑪ '애완용 해마가 자기를 무시하고 고개를 돌려서 화가 난 히말라야 설인' 구름.